西安交通大学 研究生创新教育系列教材

噪声分析与控制

（第2版）

吴九汇 著

西安交通大学出版社

XI'AN JIAOTONG UNIVERSITY PRESS

内容简介

本书主要为工科研究生和专业人员提供噪声分析和控制的思路和方法。本书的创新独到之处是将噪声的基础理论和工程应用充分结合在一起,从而能够从基础理论中找寻解决实际工程问题的技巧和方法。书中很多内容是作者及作者所在研究所长期以来的研究成果,如旋转声源的辐射、薄壁球壳的声散射特性研究、Kirchhoff 公式在声振耦合分析中的应用、声学互易原理应用、适用于恶劣环境应用的噪声控制技术等。此外,书中还引入和分析了声学照相机这一国内外噪声研究方面的最新技术。

本书特别注重为工科研究生和专业人员提供噪声分析的研究基础和思维方法,有利于开拓思路,力求提高相关专业人员分析问题和解决问题的能力。通过融入作者多年的教学实践经验,本书在第 1 版基础上添加了许多分析细节,从而增加了可读性。

本书是高等院校师生和从事工程噪声控制工作的专业技术人员不可多得的教材和有价值的参考书。

图书在版编目(CIP)数据

噪声分析与控制/吴九汇著.—2 版.西安:
西安交通大学出版社,2017.1(2021.1 重印)
西安交通大学研究生创新教育系列教材
ISBN 978 - 7 - 5605 - 9394 - 4

Ⅰ.①噪… Ⅱ.①吴… Ⅲ.①噪声-分析-研究生-教材②噪声控制-研究生-教材 Ⅳ.①0422.8②TB535

中国版本图书馆 CIP 数据核字(2017)第 024593 号

书　　名	噪声分析与控制(第 2 版)
著　　者	吴九汇
责任编辑	田　华
出版发行	西安交通大学出版社
	(西安市兴庆南路 1 号　邮政编码 710048)
网　　址	http://www.xjtupress.com
电　　话	(029)82668357　82667874(发行中心)
	(029)82668315(总编办)
传　　真	(029)82668280
印　　刷	西安日报社印务中心
开　　本	727mm×960mm　1/16　**印张** 15.5　**彩页** 3 页　**字数**　276 千字
版次印次	2017 年 1 月第 2 版　　2021 年 1 月第 3 次印刷
书　　号	ISBN 978 - 7 - 5605 - 9394 - 4
定　　价	38.00 元

读者购书、书店添货,如发现印装质量问题,请与本社发行中心联系、调换。
订购热线:(029)82665248　(029)82665249
投稿热线:(029)82664954　QQ:190293088
读者信箱:190293088@qq.com

《研究生创新教育》总序

创新是一个民族的灵魂,也是高层次人才水平的集中体现。因此,创新能力的培养应贯穿于研究生培养的各个环节,包括课程学习、文献阅读、课题研究等。文献阅读与课题研究无疑是培养研究生创新能力的重要手段,同样,课程学习也是培养研究生创新能力的重要环节。通过课程学习,使研究生在教师指导下,获取知识的同时理解知识创新过程与创新方法,对培养研究生创新能力具有极其重要的意义。

西安交通大学研究生院围绕研究生创新意识与创新能力改革研究生课程体系的同时,开设了一批研究型课程,支持编写了一批研究型课程的教材,目的是为了推动在课程教学环节加强研究生创新意识与创新能力的培养,进一步提高研究生培养质量。

研究型课程是指以激发研究生批判性思维、创新意识为主要目标,由具有高学术水平的教授作为任课教师参与指导,以本学科领域最新研究和前沿知识为内容,以探索式的教学方式为主导,适合于师生互动,使学生有更大的思维空间的课程。研究型教材应使学生在学习过程中可以掌握最新的科学知识,了解最新的前沿动态,激发研究生科学研究的兴趣,掌握基本的科学方法;把教师为中心的教学模式转变为以学生为中心教师为主导的教学模式;把学生被动接受知识转变为在探索研究与自主学习中掌握知识和培养能力。

出版研究型课程系列教材,是一项探索性的工作,也是一项艰苦的工作。虽然已出版的教材凝聚了作者的大量心血,但毕竟是一项在实践中不断完善的工作。我们深信,通过研究型系列教材的出版与完善,必定能够促进研究生创新能力的培养。

西安交通大学研究生院

前　言

目前,噪声和振动这门学科正在迅速成为世界范围许多大学和理工学院的必修课程。随着工业生产技术水平的不断提高,对军用和民用产品的低噪声设计及工程方案的噪声预估等提出迫切要求。

本书根据西安交通大学机械工程学科研究生课程的教学要求,以培养研究生具有较高理论分析水平和解决复杂噪声工程问题的能力出发而撰写。引入国内外最新研究成果,将噪声的基础理论和工程应用充分结合在一起,从而引导读者能够从基础理论中找寻解决实际工程问题的技巧和方法,论述简明精练、深入浅出,具有较强的实用性。

《噪声分析与控制》经过多年的教学实践,获得了研究生的广泛好评。通过融入作者多年的教学实践经验,《噪声分析与控制》(第 2 版)在第 1 版基础上添加了许多分析细节,从而增加了可读性。

全书包括 8 个独立章节。第 1 章为绪论。从有趣的声音现象谈起,介绍了本教材中涉及到的噪声方面的基础知识。第 2 章主要介绍噪声基础知识。首先从人耳的构造谈起噪声对人的生理影响,接着详述声压的基本概念及声学度量指标,最后论述了声质量评价以及心理声学的基本概念等。第 3 章介绍声波方程及声场分布。先从弹性介质波动方程得到 Helmholtz 方程,并利用分离变量法求解出 Helmholtz 方程在不同坐标系下方程解的形式,进而求解出圆柱薄壳和圆球薄壳的散射声场,并分析其声场分布特性。第 4 章介绍气动噪声原理。从单极源、偶极源和四极源的特性出发阐述了气动噪声产生的物理过程,接着详细推导和分析了旋转声源的辐射特性。作为旋转声源的典型工程应用,最后给出了旋转叶片的辐射噪声计算公式及其特性。第 5 章介绍 Kirchhoff 公式在声振耦合分析中的应用。首先推导 Kirchhoff 公式,详细阐述其物理意义,并举例说明该公式在声振耦合分析中的应用。第 6 章介绍声学互易定理及其应用。从经典互易定理入手,分别详述了力声变换结构和电声换能器的参量之间的互易关系,接着详细推导了声学互易定理,并给出声学互易定理的不同形式,最后举例说明了声学互易定理在工程实际中的广泛应用,如应用互易定理校准传声器,计算力激励下的辐射噪声和球体碰撞噪声等。第 7 章从基本的信号分析方法入手,主要阐述噪声源识别中常用的和新近发展的几种技术。第 8 章首先阐述工程常规噪声控制技术,包括室内噪声和管道噪声的控制原理和方法;然后详述适用于恶劣环境应用的噪声控制技术,包括气体泵动阻尼技术、豆包冲击阻尼技术、非阻塞微颗粒阻尼技术及金属橡胶阻尼技术等。

本书特别注重为工科研究生和专业人员提供噪声分析的研究基础和思维方法，有利于开拓思路，力求提高相关专业人员分析问题和解决问题的能力。

西安交通大学机械工程学院黄协清教授审阅了《噪声分析与控制》(第2版)的全部书稿，提出了许多宝贵意见和建议，给本书增色很多，在此特别深深感谢；这里还要非常感谢作者恩师陈花玲教授的大力帮助。此外，还要非常感谢在撰写本书过程中给予帮助的本研究所陈天宁教授、吴成军教授、贾书海教授、王小鹏副教授等所有同事和作者的研究生们。

在撰写本书过程中，除依据作者自己的科研成果外，还参考本单位的研究成果及国内外同行有关文献，在此特一起致谢。

最后，作者衷心感谢西安交通大学研究生创新教育系列教材建设。

由于作者水平所限，难免有错误和不妥之处，望读者批评指正，以便日后完善和修改。

吴九汇

2016.11.28

目　录

参考文献

第1章 绪 论

本章从有趣的声音现象谈起,介绍我国古代、现代的卓越声学成就及国内外声学发展情况,阐述声学跨层次和跨学科的特点,并从声固耦合、噪声的频谱范围、工程和科学的关系等方面对本教材做一引言。

1.1 有趣的声音现象

1.1.1 我国古代的"相控阵列"和"窃听器"

两千多年前,春秋战国时期鲁国人墨翟发明的"听瓮"装置可以说是世界上最古老的"相控阵列"。战国初期,华夏大地上群雄争霸,战事接连不断。各国通过筑起高耸的城墙和坚固的城防工事来守卫自己的疆土,而入侵敌方会通过悄悄挖掘地道,穿过城墙下直通到城里某个地方的方法,从背后打击守军。这种攻城方法十分隐蔽,常常给守军一个措手不及,使其伤亡惨重。在这种情况下,许多军事家都在研究应对策略。其中,墨翟应用共鸣原理发明的"听瓮"装置提供了一种及早发现敌方挖掘行动的好方法。陶瓮的安置方法有下面两种。

一种是类似于现代的"相控阵列"技术。沿着城墙根每隔五步(约 6 m)周期性挖井数口,每口井内放置一口陶瓮,并在瓮口蒙上薄皮,这样就形成一个阵列陶瓮装置。挖井遇高地时挖约 3 m 深,遇低地则挖到地下水位以下约 60 cm 为止。当敌军在城外挖掘地道时,掘地的振动声就会沿着地面传到瓮中,引起瓮内空气的共鸣声,瓮内声响又引起瓮口薄皮振动,就会被听觉灵敏的"伏罂"人听到。利用相邻几个瓮中声音的响度差,还可判断出声音传来的方向。

另一种则类似于现代的"矢量阵列"技术。在城墙根周期排布的系列井中的垂直方向同时埋设两个不同深度的陶瓮,埋设的深度以瓮口与城基相平为准。瓮口放上木板,使人侧耳伏板细听。从上、下两口瓮中声音的响度差即可估计出声源偏向哪边,再根据相邻两口井中四瓮的响度情况,就能确定出声源所在方位。

唐朝时我国又发明了古代的"窃听器"——"地听"器。它是用精瓷烧制形似空心葫芦的枕头,据说人侧头贴耳枕在上面能听到 15 km 外的马蹄声。北宋时还发明了用牛皮做的"箭囊听枕",士兵"枕矢而眠",亦可听到数里外的人马声。

　　这些古代的声学技术都跟本书第 8 章要讲述的单腔共振吸声结构有关。

1.1.2　天坛回音壁和莺莺塔的蛙鸣

　　北京的天坛有一个著名的"回音壁"。如图 1.1(a)所示,回音壁墙高 3.72 m,厚 0.90 m,直径 65.20 m,周长 204.73 m,占地面积 3335.67 m²。墙壁是用磨砖对缝砌成的,墙面极其光滑整齐,围墙弧度十分规则,墙头覆着蓝色琉璃瓦。回音壁的奇妙之处在于,当有人在墙内面向墙壁小声说话时,声音就会沿着围墙传到一二百米的另一端,无论说话声音多小,对方都可以听得清清楚楚,而且声音悠长,堪称奇趣,给人造成一种"天人感应"的神秘气氛,所以称之为"回音壁"。谁都知道,两个人低声耳语,相隔几米远就听不到了。而在回音壁前,相距几十米远都能听得一清二楚,这就不能不让人感到神奇了。回音壁的奥妙在于,回音壁半径大,局部可看作平面,人贴墙说话的声波传播到光滑墙面上会产生全反射,这样声波就会沿着围墙壁连续反射前进,如图 1.1(b)所示。虽经辗转多次反射,声音的强度衰减不大,因此在远处仍能听得清清楚楚。由此可见,回音壁是巧妙利用了声音的反射作用所创造的人间奇迹,体现了我国古代建筑声学的卓越成就。

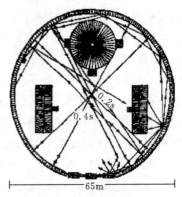

(a)天坛回音壁　　　　　　　　　　　　(b)回声原理示意图

图 1.1　天坛回音壁结构和回声原理示意图

　　在我国古代建筑中,除北京天坛的回音壁外,山西普救寺的莺莺塔、河南省三门峡市区的蛤蟆塔、四川省潼南县大佛寺的石琴亦都能产生声反射现象,它们并称为我国著名的四大回音建筑。

　　在山西省永济县城附近有座佛教古刹——普救寺,寺内有一闻名中外的古塔,由于《西厢记》中张生和崔莺莺的故事就发生在这里,因此人们叫它"莺莺塔"。塔高 36 m 多,共有 13 层,塔身是四方形的,全塔与塔檐都由青石砌成。此塔的神奇之处在于,每当人们在塔前拍手或击石时,均可听到清晰、悦耳、宏亮的"咯哇、咯哇"的蛙叫声。有趣的是,在不同的地点发声,听到的青蛙回声来自不同的地方,如在离塔面 15 m 左右的地方拍手或击石,听到的蛙声好似从塔底传出;而当在离塔面 20 m 以外的地方敲击时,听到的蛙声则由上空传来,且能听到的蛙声空间较广,从离塔面 4 m 的塔基台阶到离塔面 100 多米的空间范围内都可以听到蛙叫声,且蛙声从地面一直延伸到空中。为什么该塔能有蛙声效应? 莺莺塔的蛙声效应是由于多层塔檐反射造成的,这种塔檐必须具备两个条件:第一是塔檐应是内凹的弧形,对声波没有汇聚作用;第二是每一层塔檐各处的曲率半径、角度和收缩情况各不相同而又要科学组合,从而使通过各层塔檐反射后的声波能在较广阔的空间范围内具有产生蛙音回声的特别效果。从史料记载来看,这种声学效应是人们事先计划的,这就更加显示出其学术价值。我国古代劳动人民的聪明智慧实在令后人折服。

1.1.3　人民大会堂的声学设计

人民大会堂的万人礼堂,体积有 9 万多立方米,表面积有 1 万多平方米。一般在礼堂中可以存在两种声音:自声源直接到达接收点的声音叫直达声;而声波经过壁面在各个方向来回反射又逐渐衰减后到达接收点的声音听起来好像是直达声的延续叫做混响声。室内存在混响是有界空间的一个重要声学特性。混响时间和建筑物的结构有关,混响时间过长会干扰有用的声音,而混响时间过短会使人觉得声音单调。

除了混响声外,室内还存在回声。如果到达听者的直达声与第一次反射声之间,或者相继到达的两个反射声之间在时间上相差 50 ms 以上,而反射的强度又足够大,使听者能明显分辨出两个声音的存在,那么这种延迟的反射声叫做回声。回声与混响是不同的概念,一定的混响声是有益的,而回声的存在将严重破坏室内听音效果,一般应力求排除,即在设计厅堂时要使直达声和反射声的时间差不要超过 50 ms。

对人民大会堂的音响性能要求:有合适的混响时间;噪声小于 35 dB;开会发言时,每个座位都能听到 70 dB 的清晰声音;舞台演奏时,每个座位都要听到 80 dB 的丰满乐曲。这就要根据声波特性和人对声音的感觉,从建筑设计、建筑材料、建筑构造、扩音设备等方面进行综合设计。

万人会堂的扩音设备采用了分布放大系统,分别在座位上安装了 8000 只小喇叭,每只喇叭只有 0.1 W 的功率但能产生 75 dB 声级。由于这么多小喇叭分布在全场,电传输的速度又极快,主席台上讲话声音瞬间就传遍大会堂的各个角落,使听众感到是在直接聆听发言。此外,礼堂的舞台上配置了 14 个传声器并采用立体声放大系统,这样文艺演出时观众听到的乐曲更真切。大会堂满座时的混响时间是 1.6 s,全空时只有 3 s,很好控制了大会堂的混响时间。人民大会堂的巧妙声学设计,是在我国著名声学家马大猷教授亲自领导下完成的,体现了我国 20 世纪 50 年代建筑声学的水平。

1.1.4 声音的速度

声波能在空气和固体中传播,但声音的速度是多少呢?

1738 年,法国几位科学家为了测定空气中的声速,做了如下实验:他们把两门大炮分别架在相距 27 km 的两个山头上,先在甲山放炮,乙山上的人测量看见炮火到听到炮声的时间;然后再由乙山放炮,甲山上的人测量时间。实验结果是,从甲到乙和从乙到甲的声速是相同的,都是 337 m/s。

后来的多次实验又证明了声波在空气中的速度和声音本身没有关系,炮声和雷声、高音和低音,声速都是相同的。但空气温度不同,声速就不同,温度越高声速越大。气温大约每升高 1℃,声速就要增加 0.6 m/s。在 20 ℃ 的空气中,声波的速度是 344 m/s,现在常说的声速就是指的这个速度。

早先,没有电子计时装置,在运动场举行百米赛时,发令员要把信号枪举到起跑处竖起的黑牌前并发出起跑枪声,这是为什么呢? 其实道理很简单:起点处运动员是按信号枪的枪声起跑的,而终点处裁判员却不能按枪声启动秒表计时,因为枪声传播到终点需要一定时间(大约需 0.3 s)。为了保证计时准确,发令员在信号枪背后安一黑牌,这样信号枪在发出枪声同时发出的白色光在黑牌反衬下能被终点的裁判员清楚看到。由于白色光传播 100 m 所需时间可忽略不计(光速比声速快 90 多万倍),因此终点裁判员在看到白色光时启动计时,就不会有什么误差了。

1.1.5 水下通道和远距离声呐

几十年前美国拉蒙特地质实验室的科学家在南澳大利亚沿海做实验时,向海洋中投掷了一枚深水炸弹,结果发现爆炸产生的声波在三个多小时后传到了北美洲的百慕大群岛,行程达 19200 km。声波在海洋中能传播这么远的距离,就是水下声道的作用。

科学家早就探明,海洋中海水温度是从海平面向下随着深度增加而逐渐降低的,声波速度逐渐在减小,到达一定温度后才不再变化;然而随着深度的继续增加,压力越来越大,声波速度又逐渐增大。这样,在海洋中就存在一层海面,声波在那里的传播速度最小,这层海面称作声道轴面。

为了说明水下声道,现在设想一枚炸弹在海洋上部爆炸,那里上层水温高、声速大,越往下水温越低、声速越小。根据声波弯射原理,爆炸声的传播路线要向前下方弯曲。当声波越过声道轴面一旦进入海洋下部,由于越往下压力越大,声速也就越大,这时声波的传播路线变成了向前上方弯曲。当声波越过声道轴面再进入上部海面,它又要向前下方弯曲。如此反反复复,声波就像扭秧歌一样,沿着声道轴面上下弯弯曲曲地前进。海洋深处这条传播声波的宽广大道就叫做水下声道。实验观测表明,声波在水下声道传播时,就像在管道中传播一样,能量损耗最小,因而传播距离最远。大洋中的水下声道大约在海面下几百米到一千米的深处。

声呐(SONAR)全称为声音导航与测距,是一种利用声波在水下的传播特性,通过电声转换和信息处理来完成水下探测和通信任务的电子设备,是水声学中应用最广泛、最重要的一种装置。水下通道的发现为研制远距离声呐的声发系统(用固定声道远距离测距的系统)提供了可能,即利用安放在深海声道区的不同方位测声站,准确确定水下发射导弹的位置或宇宙飞船溅落海面的位置。

1.2 声学既是跨层次也是跨学科的

声学既是跨层次也是跨学科的。我国著名声学家魏荣爵教授曾指出:"研究'基本粒子'的人可以不懂声学,但是费米在讲授他自己的 β 衰变理论时却应用了

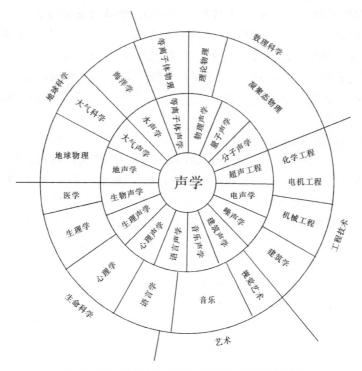

图 1.2 声学和各门学科相互交叉的跨学科结构图

当年瑞利对封闭空间声传播模式的概念;最近物理学家研究氦 II 第三声却发现和'夸克'有了联系;固体物理学家正在自觉或不自觉地从事声学方面的问题。"

声学的确具备着现代科学的各门学科相互交叉并形成边缘学科的特点。图1.2 很好显示了声学和各门学科之间相互交叉的跨学科及跨层次的结构关系。

1.3　关于本教材的引言

本教材的目的是为读者提供噪声分析和控制的思路和方法。在撰写过程中力求将噪声的基础理论和工程应用充分结合在一起,从而使读者能够从基础理论中找寻解决实际工程问题的技巧和方法。

下面将从以下几个方面对本教材做一阐述。

1.3.1　本教材涉及流体力学和振动力学

本教材虽然主要讲述噪声分析及控制的理论和方法,但由于工程中许多噪声现象都是由振动产生的,声波和固体结构机械振动之间的交互作用是工程噪声和振动控制中极其重要的部分,因而教材内容将涉及流体力学和振动力学。

声是在弹性介质中以一定特征速度传播的压力波。当介质具有惯性和弹性时,振动反映了结构元件中的声波波动,噪声则反映了流体中的声波波动。一般来说,声波产生有两种基本机理:①固体振动导致声能的产生和辐射,这类声波通常称为结构声;②由湍流和非定常流诱导的压力波动引起的流动诱导噪声,这类声波通常称为气动声。

图 1.3 给出了大音叉振动时在空气介质中产生的媒质疏密相间变化的声传播过程及其对应压力随传播距离余弦波动的示意图。当音叉向右振动时,受碰撞的空气媒质质点必定也向右运动,这样形成密集区 I;此时碰撞后的空气媒质质点已经取得了净速度,也就具有动量,它们又碰撞右边相邻 II 处的质点,在碰撞中将向前的动量传递给那些原来静止的质点,于是右边 III 处的空气又趋向于密集,波动就这样继续下去。当音叉向右达到最大位移时改变方向向左运动,音叉右边会出现一空隙,I 处空气就充满这个空隙而变成稀疏区,此时原先处于密集的 III 处空气继续向左挤压,使 II 处的空气又趋于密集……。这样,由于空气媒质的弹性和惯性,音叉振动使其周围的空气密度出现疏密相间的变化,这个疏密过程在空气中顺序地从振源向外传播,此即为声波的传播。这里存在两类运动:质点运动和声波运动。在质点运动中,每个质点在它的平衡位置附近来回运动,其方向与动量转移的方向一致;声波运动实际上是质点运动的表现形式,它是质点动量转移速度的量度,这种转移速度即称为声速。对音叉振动产生的声辐射和声传播,必须应用基本

的波动方程来分析和理解,这些内容将在第 3 章介绍。

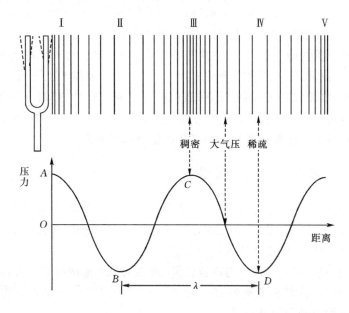

图 1.3　声波在大气介质中产生的稠密、稀疏及其余弦波动图

　　声波和固体结构机械振动之间的交互作用通常称为声固耦合或声振耦合,即紧邻结构表面的压力波动将在该表面上产生声辐射载荷,从而改变了作用在结构上的外力激励,在流体和结构之间建立起反馈耦合。由于固体能贮存剪切和压缩能量,因而能在结构内保持所有形式的波,即压缩(纵向)波、弯曲(横向)波、剪切波和扭转波。而由于流体只能贮存压缩能量,所以流体仅能维持压缩(纵向)波。弯曲波是在声辐射和传播中起直接作用的唯一结构波型,这是因为弯曲波微粒速度垂直于波传播方向而引起结构和流体之间有效的能量交换。这部分内容将在第 4章介绍,而声振耦合分析的基本理论及其计算公式将在第 5 章介绍。

1.3.2　减振和降噪之间的关系

　　在噪声控制方面,抑制结构振动是非常重要的。但我们要认识到,在减振和降噪方面不存在一对一的关系。

　　对于结构振动引起的辐射噪声,有意义的区域通常是在离振动结构有一定距离的流体中,因此这个区域不包括任何声能的源,即产生声扰动的源在它之外,这样可利用齐次波动方程来分析由这类源发生的声波。在这种结构声中,有的结构振动模态可能比其它模态更有效发声,如外界激励频率与结构某阶固有频率重合时出现的共振现象。根据普遍经验,低频模态产生结构疲劳和破坏,而高频模态产生噪声,因为低频模态具有更高的振级,而较高频率模态的辐射声也与人耳听觉的敏感频率范围有关(见第 2 章内容)。

此外,对于流动诱导的气动声,声源不那么容易识别,有意义的区域可能在流体流动自身的内部,它们包含声能的源,因为源在不断地生成或随流动在对流(如湍流、涡等)。因而包含了气动力源的波动方程是非齐次的,其解中既描述了源又描述了波场,这时振动和噪声之间会存在复杂的交互作用,如在管路中流体诱导的噪声和振动,其中高频模态既产生噪声又产生结构疲劳。

1.3.3　噪声的频谱范围

噪声一定是可听声音,声波被人耳接收后就会产生听觉,但并不是任何大小的声音都会引起人耳的听觉,只有在声音强度达到一定的量值才行。同样地,也并不是所有频率范围的声音都能被人耳听觉感受到。

图 1.4 首先比较了电磁波与声波波谱,两者的频率范围都非常大,跨度均高达 10^{24} 倍。其中可听声频率范围为 20~20000 Hz,而低于 20 Hz 的声波称为次声,高于 20000 Hz 的声波称为超声。

人耳可听到的声音频率范围与人耳的耳蜗结构有关。耳蜗是听觉系统的核心,形似蜗牛壳,人的耳蜗由一个螺旋形的骨管绕耳蜗的中轴即蜗轴旋转 2.5~2.75 圈到蜗顶所形成。从骨螺旋板的外缘到耳蜗的外壁,有薄膜连接,这就是基底膜,它也随着骨螺旋板盘旋上升,直达耳蜗顶部。基底膜约由 29000 根横行纤维所构成,总长约 31.5 mm,它从蜗轴底部盘旋上升,直达蜗顶,其宽度则自耳蜗底周至耳蜗顶周逐渐增宽。与此相对应,基底膜上的螺旋器的高度和重量,也随着基底膜的加宽而变大。这些因素决定了基底膜愈靠近耳蜗底部,共振频率愈高;愈靠近耳蜗顶部,共振频率愈低。不同频率的振动会引起基底膜不同位置和不同形式的行波传播。靠近底端最窄,宽约 0.04 mm,对应 20000 Hz 的听阈上限频率;顶端最宽,宽约 0.5 mm,对应 20 Hz 的听阈下限频率,如图 1.5 所示。不同频率的声音引起不同形式的基底膜的振动,被认为是耳蜗能区分不同声音频率的基础。既然每一种振动频率在基底膜上都有一个特定的行波传播范围和最大振幅区,与这些区域有关的毛细胞和听神经纤维就会受到最大的刺激。这样,来自基底膜不同区域的听神经纤维的神经冲动及其组合形式,传到听觉中枢的不同部位,就可能引起不同音调的感觉。

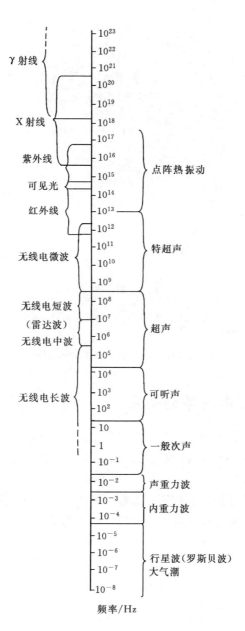

图 1.4 电磁波与声波波谱的比较

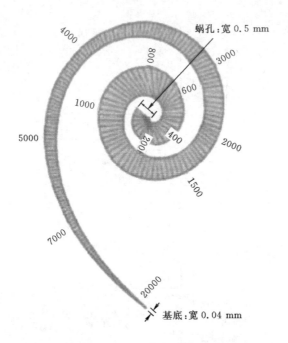

图 1.5　耳蜗基底膜频率对应分布示意图(单位:Hz)

1.3.4　工程和科学的关系

　　本教材力求为读者提供分析和解决工程实践中噪声控制问题的指导理论与方法。文中涉及了相关的科学理论和方法,因而这里有必要谈谈工程和科学的关系问题。

　　科学问题不同于实际工程问题。工程问题主要是解决实际应用,具有多因素、多层次、多特定条件、多维性等特点。而科学问题则是从一类工程问题中提炼出来的需要探索和解决的核心关键难题,虽然其来源于工程实践,但一定高于或超前于实际工程应用。很多工程问题解决不了,是因为工程问题背后的科学问题或物理机理没搞清楚。科学问题的解决并应用于工程实践能够促使社会发生整体性飞跃式发展。因此,从工程现象中提炼出科学问题对于推动人类社会和科学技术的进步具有非常重要的作用和意义。

　　如何从工程实践中准确地提炼出相应的科学问题不仅关系到科研工作的方向和目标,而且直接影响到科研工作的方法与途径。在第 4 章中将通过具体应用来详述如何从一类工程问题中紧紧抓住主要矛盾来提炼出科学问题,又如何利用该科学问题的解决来进一步指导工程应用。

第 2 章　噪声基本概念

本章主要介绍噪声基础知识,首先从人耳的构造谈噪声对人的生理影响,接着详述声压的基本概念及声学度量指标,最后论述了声质量评价以及心理声学的基本概念。

2.1　噪声对人的生理影响

声音的种类之多是不可胜数的,可以说人们生活在充满声音的环境里。有的声音悦耳动听使人心旷神怡,有的声音却使人感到心烦意乱。即使是同一种声音,人们在不同的情况下可以产生截然不同的感受。也就是说,在日常生活中,有的声音是人们所需要的,而另一些声音则是人们不需要的,这就是人们常说的噪声。

人们研究噪声的危害是从研究噪声对人体听觉器官的影响开始的。随着现代工业的迅速发展,噪声对人们的危害就显得更为突出。与此同时,人们对噪声危害的认识也从研究噪声对听力的影响扩展到研究噪声对身体其他方面的影响,而且陆续制定出相应的噪声标准。

2.1.1　人耳的构造及听觉特性

为了搞清噪声对听觉的影响,这里先简单介绍人耳的构造及其听觉特性。

1. 人耳的构造

人耳的构造可分成三部分:外耳、中耳和内耳,如图 2.1 所示。在声音从自然

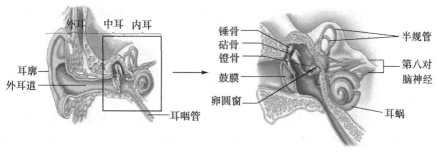

图 2.1　人耳构造示意图

环境中传送至人类大脑的过程中,人耳的三个部分具有不同的生理作用。

(1)外耳

外耳包括耳廓和外耳道。耳廓的作用是帮助收集外来声音,辨别声音的方向。将手作杯状放在耳后,很容易理解耳廓的作用效果,因为手比耳廓大,能收集到更多的声音,所以这时听到的声音会感觉更响。外耳道是声波传导的通路,一端开口,一端终止于鼓膜——在声波作用下振动的振动膜片。外耳道为截面积向内略缩小的长约 2.5 cm 的小管。根据物理学原理,充气的管道可与波长为 4 倍管长的声波产生最大的共振作用,因而外耳道作为一个共鸣腔的最佳共振频率约在 3500 Hz 附近,这种频率的声音由外耳道传到鼓膜时其强度可以增强 10 倍。由于鼓膜具有一定的阻尼性同时吸收较多能量,外耳道的共振曲线(即频率响应曲线)比较宽且不是很陡,4000 Hz 附近的频率的声压都有所提高。这说明外耳道同时起着谐振器的作用,可使声音增强。

(2)中耳

中耳由鼓膜、中耳腔和听骨链组成。正是从鼓膜处开始,客观的声音转变成主观的声音。中耳的主要功能是将外耳道内空气中的声能传递到内耳的耳蜗淋巴液,这种由气体到液体的声能转换是通过鼓膜与听骨链的振动耦联来实现声波变压增益作用的。听骨链包括锤骨、砧骨和镫骨,悬于中耳腔。声音以声波方式经外耳道振动鼓膜,鼓膜斜位于外耳道的末端呈凹型,正常为珍珠白色,振动的空气粒子产生的压力变化使鼓膜振动,再通过听骨链之镫骨足板作用于前庭窗。根据物理学原理,若不考虑微量机械摩擦损耗,则作用于鼓膜上的总压力应与作用于前庭窗上的总压力相等。由于鼓膜的面积大大超过镫骨足板的面积,故作用于镫骨足板(前庭窗)单位面积上的压力大大超过作用于鼓膜上的压力。人的鼓膜有效振动面积约为 59.4 mm²,镫骨足板面积约为 3.2 mm²,两者之比等于 18.6,即作用于鼓膜的声压传至前庭窗时,单位面积压力增加了 18.6 倍。另外,听骨链杠杆系统中锤骨柄(长臂)与砧骨长突(短臂)的长度之比为 1.3∶1,因此,通过中耳的增压作用使前庭窗膜单位面积的压力增加到 $18.6 \times 1.3 = 24.1$ 倍,相当于 27.6 dB($20 \lg 24.1/1 = 27.6$)。这样,整个中耳的增压作用基本上补偿了声波从空气传入内耳淋巴液时,因两种介质之声阻抗不同所造成的 30 dB 能量衰减。此外,中耳结构也具有共振特性,听骨链对 $500 \sim 2000$ Hz 的声波有较大的共振作用,且呈带通功能。为了使鼓膜有效地传输声音,必须使鼓膜两侧的压力一致。当中耳腔内的压力与体外大气压的变化相同时,鼓膜才能正常发挥作用。耳咽管连通了中耳腔与口腔,这种自然的生理结构起到平衡内外压力的作用。由此可见,通过中耳、外耳道及耳廓对声波的共振作用以及中耳的转换功能,使中耳及外耳的传音结构正好对语言频率的声波有最大的增益和传导效能。

　　此外,中耳内有两条非常小的肌肉:鼓膜张肌和镫骨肌,能保护内耳在强噪声影响下不受损伤。在通常情况下,振动或多或少是直接通过这三块小骨传递的。但在强噪声时,鼓膜张肌收缩使鼓膜向内运动;而镫骨肌收缩时使旋转轴发生移动。由于鼓膜内移、听骨链之间的紧密连接、砧镫关节的移位和镫骨板的横向牵拉,使中耳刚度阻抗明显增加,可使 1500 Hz 以下的声音衰减 10dB 左右,这在过量强声传入耳蜗时,对耳蜗起一定保护作用。由于中耳肌反射有一定的潜伏期,因此对突然发生的爆炸声保护作用不大。

　　(3)内耳

　　听觉真正的奥秘是从卵形窗——内耳的起点开始的。在这里,声波已经在充满耳蜗的淋巴液中传播了。内耳包括三个独立的结构:半规管、前庭和耳蜗。前庭是卵圆窗内微小的、不规则开关的空腔,是半规管、镫骨足板、耳蜗的汇合处。半规管可以感知各个方向的运动,起到调节身体平衡的作用。耳蜗是被颅骨所包围的像蜗牛壳一样的结构,耳蜗内充满着液体并被基底膜所隔开,位于基底膜上方的是螺旋器,这是收集神经电脉冲的结构。人的耳蜗由一条骨性的蜗管围绕一锥形的蜗轴盘 2.5～2.75 周所构成,如图 2.2(a)所示。如图 2.2(b)所示,假设将骨性蜗管拉直,就比较容易理解骨蜗管内的前庭阶、中阶(膜性蜗管)和鼓阶这三个管腔的关系。膜性蜗管是一条充满内淋巴的盲管;而前庭阶和鼓阶内充满外淋巴,它们在蜗顶处通过蜗孔相互交通。内耳在此将中耳传来的机械能转换成神经电冲动传送到大脑。当镫骨足板在前庭窗处前后运动时,耳蜗内的液体也随着移动。耳蜗液体的来回运动导致基底膜发生振动,这种振动是以行波的方式进行的,即内淋巴的振动首先是在靠近卵圆窗处引起基底膜的振动,此波动再以行波的形式沿基底膜向耳蜗的顶部方向传播,就像人在抖动一条绸带时,有行波沿绸带向远端传播一样。在这个过程中,圆窗膜实际上起着缓冲耳蜗内压力变化的作用,是耳蜗内结构发生振动的必要条件。

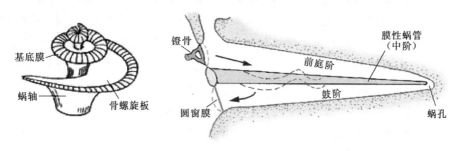

(a)耳蜗立体图　　　　　　　　　　　(b)耳蜗展开模式图

图 2.2　耳蜗示意图

实验表明，不同频率的声音引起的行波都从基底膜的底部即靠近卵圆窗膜处开始，但频率不同时行波传播的远近和最大行波的出现部位各有不同，也就是说，振动频率愈低，行波传播愈远，最大行波振幅出现的部位愈靠近耳蜗顶部的基底膜，而且在行波最大振幅出现后，行波很快消失，不再传播；相反地，高频率声音引起的基底膜振动，只局限于卵圆窗附近耳蜗底部的基底膜，如图 2.3 所示。

不同频率的振动引起的基底膜不同形式的行波传播，主要由基底膜的某些物理性质决定。基底膜的长度约为 31.5 mm，较耳蜗略短，但宽度在靠近卵圆窗处只有 0.04 mm，以后逐渐加宽，到蜗顶时，基底膜宽度达 0.5 mm；与此相对应，基底膜上的螺旋器的高度和重量，也随着基底膜的加宽而变大。这些因素决定了基底膜愈靠近耳蜗底部，共振频率愈高，愈靠近耳蜗顶部，共振频率愈低；这就使得低频振动引起的行波在向耳蜗顶部传播时阻力较小，而高频振动引起的行波只局限在耳蜗底部附近。简言之，每一种振动频率在基底膜上都有一个特定的行波传播范围和最大振幅区，蜗底区域感受高频声，蜗顶部感受低频声；800 Hz 以上的频率位于顶周，2000 Hz 位于蜗孔到镫骨足板的中点。不同频率的声音引起不同形式的基底膜的振动，被认为是耳蜗能区分不同声音频率的基础。

进一步，内耳听觉中的机械振动转变为电信号，这是在医学上所谓的 Corti 器官内进行的。如图 2.4 所示，Corti 器位于基底膜上部，由纵向排成四列的 23500 个毛细胞组合而成。毛细胞中伸出的纤毛穿进 Corti 器上部像闸板似的耳蜗盖膜表面，这样 Corti 器连同它的毛细胞植根其上的基底膜仿佛铰链式地悬挂在耳蜗盖膜之上。考虑到微观层次，由于毛细胞的根部是在基底膜上的，基底膜的振动会使毛细胞发生运动，从而使毛细胞上成排分布的纤毛与盖膜发生接触，产生压电行为。目前，研究者们已达成共识，外毛细胞纤毛与盖膜发生接触，内毛细胞纤毛不与盖膜发生接触。由于外毛细胞纤维与盖膜发生接触后产生电信号，与外毛细胞相连的传入神经感受到电刺激后，会将刺激传到大脑皮层的中央听区，产生听觉。在这个过程中，基底膜的运动可以看作是宏观力学行为，纤毛和盖膜的接触属于微观力学行为，并带有压—电转换行为，产生电刺激的过程属于电生理行为，电刺激传导并产生听觉属于神经动力学行为[1]。既然不同振动频率在基底膜上都有特定的行波传播范围和最大振幅区，与这些区域有关的毛细胞和听神经纤维就会受到最大的刺激，这样来自基底膜不同区域的听神经纤维的神经冲动及其组合形式就传到听觉中枢的不同部位，引起不同音调的感觉。

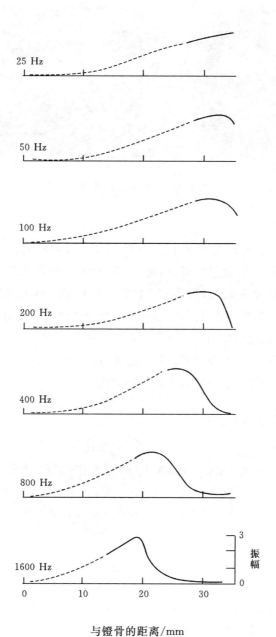

与镫骨的距离/mm

图 2.3　不同频率声音引起基底膜行波最大振幅的不同位置

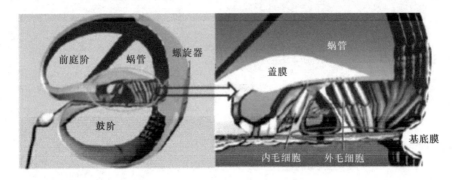

图 2.4　Corti 器结构及构成

2. 人耳的听觉

人耳的听觉就是声波先传到外耳,从耳廓经外耳道传到鼓膜引起鼓膜振动。由声波作用于鼓膜的力,通过锤骨、砧骨、镫骨,由前庭窗传入耳蜗,刺激耳蜗中的基底膜。基底膜不同部位的肌纤维有不同的共振频率。声波传到耳蜗后,基底膜上相应于激发频率的部位受激振动,由神经末梢把信息传到大脑,就产生听觉。从声波到听觉的传播途径,如图 2.5 所示。声能的上述传导方式称为空气传导。声能除通过气体传导外,还能通过颅骨传到内耳,这种传导叫骨传导。当空气传导部分有故障时,骨传导便成了声能的主要传播途径。

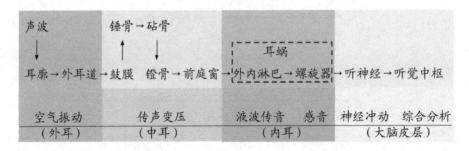

图 2.5　从声波到听觉的传播途径

人耳是灵敏的听觉器官,是声音的接收器。要引起人耳的听觉,不是任何大小的声音都可以,必须在声音的强度达到一定的量值才行。在人耳听觉可以感受到的 20～20000 Hz 声音频率范围内,能引起人耳听觉的最小声音强度叫做听阈。听阈直接反映了听觉感受器的灵敏程度,听阈低,表示很小的声音就能听到,说明听力好;反之,听阈高表示很大的声音才能听到,说明听力不好。人耳能接收到的最低声压为 20 μPa,能承受的最高声压为 20 Pa,其声压幅值相差百万倍。

人耳不仅是个极端灵敏的感音器官,而且还具有频率分析器的作用,有辨别响度、音调和音色的本领。人体外耳类似于一个具有方向选择性的滤波器,依据声音的频率和方向的不同,能够对声压进行−30～15 dB 范围的滤波处理。此外,人的双耳还具有分辨声音方位的功能,即双耳效应。当发声体位于人体的一侧时,从发声体发出声波进入人的双耳就有时间差,响度也有强有弱。发声体离开双耳越远,这种差别越明显。两耳听觉上产生的这种微小的时间差和响度差反映到人的大脑里,就使人可判断声波传来的方位。实验观测表明,当左耳听到的声音比右耳早十万分之三秒时,人能判断出这声音是由偏于左侧 3°到 4°的方向传来的;当左耳比右耳早听到声音万分之六秒时,人即可判断这声音是从正左面传来的。然而,人双耳判断声音方位的能力也是有一定限度的。如当发声体位于人体的正前方或正后方时,由于它发出的声波同时到达双耳且响度也相同,人耳就很难分辨声源的方向和远近了,这时只能通过扭转脖子“侧耳倾听”来判断声源方位。双耳效应使人对不同空间位置的声音产生了方位和强弱的不同感觉,因此对周围各种声音感觉的综合就会形成声音的“立体感”。

听觉系统对任何听觉刺激进行谱像分析。耳蜗可看作一排滤波器,其输出按音调排序,从而实现不同频率和方位的转换。靠近耳蜗基点的滤波器对高频响应最大,而靠近顶点的部分对低频响应最大。听觉系统也可以说成是对一系列源于耳蜗的神经信号进行时间波形分析的,这些神经信号是耳蜗响应听觉刺激而形成的。但一般来说,这个过程对 500 Hz 以下的频率很重要,并一直作用到大约1.5 kHz。这也正是我们可以利用一个点电极装置嵌入耳蜗进行听声的原因。

人耳不光具有感受声音刺激的功能,更重要的是还能根据声音频率和强度将不同的声音区别开来。此外,听觉系统还具有辨别声音时间特性的能力。例如,辨别两个长短不同的声音和辨别两个声之间的时间间隔距离等。这种功能对语言的识别、通信以及音乐等领域具有一定意义。

2.1.2　噪声的危害

“噪”者,扰也。从生理学的角度来看,噪声就是人们不需要的声音,它可以使人烦恼、破坏安宁、影响身体健康、干扰语言交谈等。和同样都是声波的音乐相比,为什么美妙动听的音乐能使人忘掉烦恼、消除疲劳、有益于健康? 声学研究表明,乐音是由周期性振动的声波发出的,其波形图像是周期性曲线;而噪音由许多频率、强度和相位不同的声音无规律性地组合在一起形成,其特点为非周期性的振动,它的音波波形不规则,听起来感到刺耳。一般来说,凡是妨碍人们学习、工作和休息并使人产生不舒适感觉的声音,都叫噪音,如流水声、敲打声、沙沙声、机器轰鸣声等。噪声又分为白噪声、粉红噪声和褐色噪声等,如图 2.6 所示。

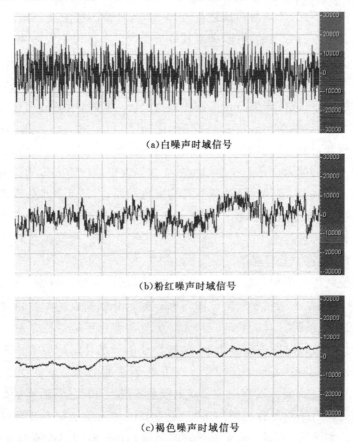

(a)白噪声时域信号

(b)粉红噪声时域信号

(c)褐色噪声时域信号

图 2.6　白噪声、粉红噪声和褐色噪声的时域信号(纵坐标为声压,Pa)

　　白噪声(white noise)是随机起伏噪声的统称,其幅度遵从正态分布,功率谱均匀分布于整个频率轴,类似于白色光谱,故称为白噪声。白噪声具有连续的噪声谱,其功率谱密度在整个可听范围(20 Hz～20 kHz)内都是均匀的。从我们耳朵的频率响应听起来它是非常明亮的"咝咝"声。由于所有频率具有相同能量密度,因此高频率区的能量也显著增强。但请注意,白噪声并非"噪音"。就像全彩色白颜色的光频谱,白噪声充满整个人类耳朵可以听到的振动频率,可以帮助一个人放松或睡眠。白噪声广泛用于环境声学测量。

　　粉红噪声(pink noise)是自然界最常见的噪音。在线性坐标里,白噪声的能量分布是均匀的,而粉红噪声是以每倍频程下降 3 dB 分布的,因此粉红噪声的功率谱主要集中在中低频段。从波形角度看,粉红噪声具有分形特点,即在一定范围内音频数据具有相同或类似的能量。从功率(能量)的角度来看,粉红噪音的能量从低频向高频不断衰减,其幅度与频率成反比($1/f$),且每倍频程下降 3 dB。利用粉红噪声可以模拟出比如瀑布或者下雨的声音。它是最常用于进行声学测试的声音。

褐色噪声(brown noise)的功率分量主要集中在低频段,其能量下降曲线为 $1/f^2$,其波形是非常自相似的。总体来说,褐色噪声是一种全频带的噪声波,很像海边特有的潮汐噪声,也有点和工厂里面的"轰轰隆隆"的背景声相似。可用于测试宽频功率、频响特性等。

本质上噪声都是一种宽频谱信号。这三种噪声听熟后,用户很快可以听出设备的频率特性,声音越硬,频响高端能量就越足。

噪声的危害范围随着工业化程度的提高而日益扩大。在工业比较集中、交通运输比较发达的大中城市,噪声已成为危害群众身心健康的主要公害之一。表 2.1 列出了噪声的声压级(dB)与人耳的主观感觉的关系。由表可见,在城市中生活的人们总是逃脱不了来自四面八方的噪声威胁。城市中对居民影响最广的是 60～85 dB 的中高噪声。

噪声对人体的危害分为两部分:其一是噪声对听力的影响;其二是噪声作用于机体的其他系统,主要表现在中枢神经系统、心血管系统方面,引起不同程度的疾病。

表 2.1　各种声源的声压级与人耳的主观感受

声压级/ dB	影响	人耳的主观感受	声源、环境举例
≥0～20	安全	很安静	刚好听到(0 dB),郊区静夜,安静住宅轻声耳语(20 dB)
>20～40		安静	一般建筑物(40 dB)
>40～60		一般	一般办公室,1m 远谈话(60 dB)
>60～80	干扰语言交谈	吵闹	城市道路旁,交通干道旁,公共汽车内(80 dB)
>80～100		很吵闹	1 m 远大叫,纺织车间,钢铁厂(100 dB)
>100～120		难忍受	锅炉车间,球磨机旁(120 dB)
>120～140		痛苦	喷气飞机起飞(140 dB)
>140～160		很痛苦	耳边步枪发射(160 dB)
>160～180		极端痛苦	导弹发射(100 m 远)(180 dB)

1. 噪声对听力的影响

(1)暂时性听阈偏移

人们在较强噪声环境下暴露一定时间后会出现听力下降的现象,但在安静的环境里经过一段时间的休息,听觉会恢复原状,这种现象称为暂时性听阈偏移或叫做听觉疲劳。

(2)噪声性耳聋

如果长年累月地在强噪声环境下工作,连续不断地受强噪声的刺激,听觉疲劳在经休息时间后也不能完全恢复到正常,久而久之逐渐发展到病理状态。内耳听觉器官发生器质性病变,形成永久性听阈偏移,这叫做噪声性耳聋,也叫做职业性听力损失。

一般认为,听力损失在 10 dB 以内的为正常情况;听力损失在 30 dB 以内的为轻度噪声性耳聋;听力损失在 60 dB 以内的为中度噪声性耳聋;听力损失在 60 dB 以上的为重度噪声性耳聋。

噪声性耳聋与声音的强度、频率有关,也与在强噪声下的暴露时间有关。一般地说,经常在 90 dB(A)以上的噪声环境下工作,就有可能发生噪声性耳聋。因此在高噪声工作环境,如果不采取适当的噪声控制措施,噪声性耳聋的发病率就会增高。

2. 噪声引起其他疾病

噪声对人体的影响是多方面的。除了引起耳聋外,噪声对心血管系统、神经系统等也有明显的影响。

(1)噪声对神经系统的影响

中等强度的噪声就已能影响中枢神经系统,使大脑皮层的兴奋和抑制的平衡过程产生失调,导致注意力分散、条件反射异常,使人烦躁难耐、反应迟钝,且加速人的疲劳感觉,从而影响人们正常生活。噪声还可能影响人的脑血管张力,使神经细胞边缘出现染色质的溶解,细胞核发生畸变,树状突弯曲,轴状突变细,严重的还会引起渗出性出血灶等。一旦长期暴露在强噪声环境中,这些生理学变化就会形成牢固的兴奋灶,累及植物性神经系统,导致病理学影响,引起神经衰弱症,产生头疼、脑胀、耳鸣、多梦、失眠、记忆力减退和全身疲乏无力等现象。

由于噪声影响人的中枢神经系统,致使肠胃机能阻滞,消化液分泌异常,胃液酸度降低,胃收缩功能减退,造成消化不良、食欲不振,导致胃病及胃溃疡等。

噪声还会影响植物性神经系统,引起末梢血管收缩,导致心脏排血量减少、舒张压增高,还会引起心室组织缺氧,发生心肌损害。因此,现代医学认为噪声可以导致冠心病和动脉硬化。

(2)噪声对心血管系统的影响

强噪声可使神经紧张,会出现心跳加快、心率不齐、血压变化等现象。在噪声刺激下,血液成分也会发生变化:白血球增加,淋巴细胞数量上升,血糖增高。所以在强噪声下工作的人们,一般身体健康水平下降、抵抗力减弱,且容易导致某些疾病的发病率增加。

(3)噪声对内分泌机能方面的影响

噪声使肾上腺机能亢进,脑垂体前叶嗜酸性细胞增加,脑下垂体激素分泌过多,性腺受到抑制。在噪声环境下,女性性机能紊乱,月经失调,孕妇流产率增高。

(4)低频噪声对人体内脏器官的影响

所谓低频噪声是指频率范围在 20～200 Hz 的声音,其中对人体影响较为明显的频率范围主要为 3～50 Hz。低频声音在空气中传播时,空气分子振动小,摩擦比较慢,能量消耗少,所以传播比较远,通透力很强,能够轻易穿越墙壁、玻璃窗等障碍物。人体内脏器官固有频率基本上在低频和超低频范围内,很容易与低频噪声产生共振,因而低频噪声对内脏的影响很大。长期影响下会导致心脏、肺、脾、肾、肝等受到不可逆的损害。

当平常在室外或开门窗时,屋外噪声成分中的低频噪声部分被其他中高频噪声掩盖而没有感觉,但关了门窗后,中高频噪声会被门窗隔音而低频噪声会比较明显,因而通常在夜深人静或较为安静的时候容易感受到低频噪声的干扰。低频噪声可直达人的耳骨,会使人的交感神经紧张、心动过速、血压升高、内分泌失调。人被迫接受低频噪声,容易烦恼、激动、愤怒,甚至失去理智。如果长期受到低频噪音袭扰,容易造成神经衰弱、失眠、头痛等各种神经官能症,甚至影响到孕妇腹中的胎儿。

因此,长期在噪声环境下工作和生活,如果没有采取适当的防护措施,人们的健康水平会下降,对疾病的抵抗力也会减弱。这样,即使没有造成噪声性职业病,也容易促使或诱发其他疾病。

3. 噪声影响正常生活及工作

(1)噪声对睡眠的干扰

人们从睡眠中被吵醒的机率与噪声级的大小、噪声的涨落、睡眠的深度以及人的年龄、健康状况等有关。实验证明,当人们在睡眠状态中,40～50 dB 的噪声就开始对正常人的睡眠产生影响。40 dB 的连续噪声级使 10％的人受到影响；70 dB 的连续噪声级使 50％的人受到影响；对于突然噪声,40 dB 时可使 10％的人惊醒,60 dB 时则使 70％的人惊醒。这样,如果经常受到噪声的干扰,就可能因睡眠不足而引起头痛、头昏、神经衰弱等症状。

(2)噪声对语言、思考的干扰

在一般场所交谈都受到环境噪声的干扰,评价噪声主要通过对交谈的影响程度,因为清楚而不费力地听懂对方的讲话是基本要求。不同噪声的干扰程度不同,如表 2.2 所示。

表 2.2　噪声对谈话干扰的程度

噪声级 / dB	主观感觉	能进行正常交谈的最大距离 /m	电话通话质量
45	安静	10	很好
55	稍吵	3.5	好
65	吵	1.2	较困难
75	很吵	0.3	困难
85	太吵	0.1	不可能

2.1.3　噪声标准

制定噪声标准是噪声治理的首要问题。目前国内外出现的标准有两大类:一类是机械产品噪声标准,这是作为机械产品的指标提出来的;另一类是听力和环境保护方面的噪声标准。对于后一类,不少国家已公布了本国的噪声标准。我国从 1975 年开始由北京劳动保护科学研究所等单位组成的"工业噪声标准研究协作组"和"工业企业设计噪声标准研究协作组",对噪声标准开展了系统的研究工作。

1. 睡眠、交谈和听力保护噪声标准

在各种情况下都可以根据噪声影响的大小来制定标准。由于人的活动性质主要有三种:工农业生产、交谈思考、睡眠休息,所以基本的噪声标准也只需要三种:生产中的听力保护、交谈中保证语言清晰度和休息时不受干扰。表 2.3 是根据这三方面的要求提出的噪声标准,表中的值都是等效连续 A 声级。理想值是无任何干扰或危害的情况,可作为最高标准;极大值允许有一定干扰或危害(睡眠干扰

23%,交谈距离 2m,电话稍有困难,听力保护 80%),但不到严重程度。在实际应用中要根据环境和经济性选定这两者之间的具体值为标准。

表 2.3　噪声标准

适用范围	理想值/dB(A)	极大值/dB(A)
睡眠	35	50
交谈、思考	45	60
听力保护	75	90

ISO(International Organization for Standardization,国际标准化组织)1971年提出的噪声允许标准规定:每天工作 8 小时,允许连续噪声的噪声级为 85~90 dB(A);工作时间减半,噪声允许提高 3 dB;工作时间越短,允许的噪声级越高,但最高不得超过 115 dB,超过 115 dB 时必须采取护耳措施。表 2.4 是 ISO 建议的以 85 dB(A)和 90 dB(A)两个标准下的随时间减半噪声级增加 3 dB(A)的列表,表中规定的噪声标准是指人耳位置的稳态 A 声级或间断噪声的等效连续 A 声级。

表 2.4　ISO 建议的噪声允许标准

每天允许暴露时间/h	噪声级/dB(A)	噪声级/dB(A)
8	85	90
4	88	93
2	91	96
1	94	99
0.5	97	102

2. 环境噪声标准

制定环境噪声标准有两种方法:一种是根据不同的时间、地点定一系列的数值来控制;另一种是定一个基数,再根据不同时间、地点、噪声情况等规定一系列调整值。表 2.5 是 1971 年 ISO/R1996 提出的不同时间、地区的环境噪声标准。夜间频繁突发出现的噪声,其峰值不准超过标准值 10 dB(A)(如风机、排气噪声)。夜间偶然出现的突发噪声,其峰值不准超过标准值 15 dB(A)(如短促鸣笛声)。

表 2.5　不同时间、地区允许的噪声级 dB(A)

允许噪声级 dB(A)　　　　　时间　　地区	白天	晚上	深夜
村住宅、医疗地区	35~45	30~40	25~35
郊区住宅、小马路	40~50	35~45	30~40
城市住宅	45~55	40~50	35~45
附近有工厂或在主要街道的住宅	50~60	45~55	40~50
城市中心	55~65	50~60	45~55
工业地区	60~70	55~65	50~60

2.2　声压的基本概念

　　声音是由物体的振动产生的,这种振动在弹性媒质中的传播过程称为声波。固体、液体、气体的振动都会产生声音,而声波形成首先要有产生振动的物体,即声源;其次要有能够传播声波的媒质。

　　在声波传播过程中有两类运动:质点的运动和声波的运动。在质点的运动中,每个质点在它的平衡位置附近来回运动,其方向与动量转移的方向一致;声波的运动是质点动量转移速度的量度,这种速度称为声速。

　　声波是机械波。在物理学中已经知道,机械波分为两类:横波与纵波。如果媒质质点的振动方向与波的传播方向相垂直,称为横波;如果媒质质点的振动方向与波的传播方向一致,则称为纵波。我们知道,机械波的传播与媒质的弹性有密切关系,媒质中由于某种扰动而发生某种形变时就会产生相对应的弹性力,使媒质恢复原状,才能传播这种与形变相对应的机械波。横波在传播时媒质发生切变,所以只有能够产生切力的媒质才能传播横波;纵波在传播时媒质发生容变(或纵长度),因而只有能够产生压力和拉力的媒质才能传播纵波。在液体、气体媒质中,由于只有体积弹性,所以波在液体、气体媒质中只能以纵波的形式传播(除重力或表面张力对横向变形提供了弹性恢复力以外);在固体媒质中,除了体积弹性外,还有伸长、弯曲、扭转弹性等,所以波在固体媒质中既能以纵波的形式传播,也能以横波的形式传播。

　　声波的传播伴随着媒质密度的交替变化,媒质密度的交替变化造成媒质压力的起伏,这个起伏部分就是声压。一般把没有声波的媒质中的压力称为静压力,有声波时压力超过静压力部分称为声压。声压的单位就是压强的单位。

　　一般,声压是随时间起伏变化的,每秒钟内的变化次数很大。传到人耳时,由于耳膜的惯性作用,人耳辨别不出声压的起伏,所以不是声压的最大值起作用,而是一个稳

定的有效声压起作用。有效声压是一段时间内瞬时声压的均方根值,其数学表达式为

$$P = \sqrt{\frac{1}{T}\int_0^T \left[P(t)\right]^2 \mathrm{d}t} \tag{2.1}$$

式中:T 为周期;$P(t)$ 为瞬时声压;t 为时间。对于正(余)弦声波 $P = P_\mathrm{m}\sqrt{2}$,P_m 为声压最大值。在实际使用中,若没有另加说明,声压就是有效声压(或声压有效值)的简称。

声压是表示声音强弱的常用物理量,而且大多数声接收器(传声器)也是响应于声压的。

2.2.1　声能密度、声强、声功率

声波传播时,媒质中各质点要发生振动,因而具有动能。同时媒质要产生形变,因而具有弹性势能。这两种能量之和就是媒质所获得的总能量。由此可见,声波传播同时也是能量的传播。因此,我们也常用能量大小来表征声辐射的强弱,这就引出了声能密度、声强和声功率等物理量。

单位体积中的声波能量,称为声波的能量密度,简称声能密度。

在单位时间内通过和声波射线垂直的单位面积内的声能称为声的能流密度或声强。用 I 表示,单位为瓦/米²(W/m²)。

在单位时间内,通过垂直于声波射线方向的面积上的声能称为声功率或声能流量,用 W 表示,单位为瓦(W)。

声功率和声强的关系为

$$W = \oint_S I_\mathrm{n}\mathrm{d}S \tag{2.2}$$

式中:S 是包围声源的封闭面;I_n 是声强在面元 $\mathrm{d}S$ 法线方向的分量。

对声源来说,声功率是恒量,但声强在声场中的不同点处却是不相同的。

一般来说,在很高的环境噪声下适合采用声强测量机器产生的声功率。声强测量受现场影响比较小,能够有效地进行现场声功率测量,可以在普通环境下或生产现场准确地测定机器设备的声功率(详见第 7 章)。

在自由声场(即声波无反射地自由传播的空间)中,声强和声压的关系为

$$I = \frac{P_2}{\rho_0 c_0} \tag{2.3}$$

式中:ρ_0 是介质密度;c_0 是介质中声速;$\rho_0 c_0$ 是传播声波的介质的特性阻抗。特性阻抗随着温度和大气压的变化而变化。

2.2.2　声学度量指标

噪声是声音的一种,具有声波的一切特性。按声强随时间的变化规律,噪声可

分为:稳态噪声、非稳态噪声。按噪声的频谱特性,噪声又可分为低频噪声、中频噪声、高频噪声。

声波的主要特性由声音强度的大小、频率的高低、波形特点所决定。人们的听觉也是由对声音强弱、音调的高低和音色所产生的微妙差异才能分辨出各种不同的声音,这三个参数称为声音的三要素。对于声音的三要素,可以采用客观的物理量量度,如声压和声压级、声强和声强级、声功率和声功率级、频谱等;也可以从听觉的主观感觉出发来进行量度,如响度和响度级等。下面分别对这些概念作进一步阐述。

1. 级和分贝(dB)

(1)级和声压级

由前述可知,引起听觉的可听声的频率范围是 20～20000 Hz。因为声波可以有不同的声压或声强,所以人耳听觉也要有一定的声压或声强范围。实测证明,当频率为 1000 Hz 时,正常人耳开始能听到的声音的声压为 2×10^{-5} Pa,这个声压称为听阈声压;频率为 1000 Hz,使人耳开始产生疼痛的声压为 20 Pa,称这个声压为痛阈声压。相对应的听阈声强与痛阈声强分别为 10^{-12} W/m²、1 W/m²。

从听阈到痛阈,声压的绝对值相差 100 万倍。如果用声强表示,由于声强与声压的平方成比例,所以从听阈到痛阈,声强相差 10^{12} (一万亿)倍。由此可见声音的强弱变化和人耳的听觉范围是非常宽广的。在这样宽的范围内用声压或声强的绝对值来表示声音的强弱很不方便,而且在这样大的范围很难用一个线性标尺来度量。

为了把这样宽广的变化压缩为容易处理的范围,声学中常用一个成倍比关系的对数量——"级"来表示。也就是用声压级、声强级和声功率级分别代替声压、声强、声功率。级是一个作相对比较的无量纲的量。

所谓声压级,就是实际声压与规定的基准声压之比的对数乘以 20。采用对数标量的另一个好处是乘积的计算可以用相加来代替。设 L_P 为声压级,则

$$L_P = 20\lg\frac{P}{P_0} \tag{2.4}$$

式中:P 为实际有效声压值,单位帕(Pa);P_0 为基准声压值,它是频率为 1000 Hz 时的听阈声压,$P_0=2\times10^{-5}$ Pa;L_P 为声压级,单位分贝(dB)。

把听阈声压与痛阈声压分别代入上式,可求得其声压级分别为 0 dB、120 dB。可见,采用声压级后,把声压绝对值表示的百万倍变化改为 0～120 dB 的范围。从上式可知,声压级每变化 20 dB,声压值变化 10 倍;声压级每变化 40 dB,声压值变化 100 倍;声压级每变化 60 dB,声压值则变化 1000 倍。可见,声压级增加或降低 20 或 40 dB 是相当大的变化。

(2)声强级和声功率级

与声压相似,声强和声功率也可以用声强级和声功率级来表示。当声强为 I 时,其声强级 L_I 为

$$L_I = 10\lg\left(\frac{I}{I_0}\right) \tag{2.5}$$

式中:I_0 为基准声强,它是频率在 1000 Hz 时的听阈声强,其值为 $10^{-12}\,\mathrm{W/m^2}$。

相应于声功率为 W 的声功率级 L_W 为

$$L_W = 10\lg\left(\frac{W}{W_0}\right) \tag{2.6}$$

式中:W_0 为基准声功率,其值为 $10^{-12}\,\mathrm{W}$。

为了使大家对级和分贝有更直观的认识,表 2.6 列出了一些常见噪声源的声功率级。

表 2.6　几种常见声源的声功率级

声　源	声功率级/dB	声功率/W
轻声耳语	30	10^{-9}
小电钟	40	10^{-8}
普通对话	70	10^{-5}
泵房	100	10^{-2}
大型鼓风机	110	0.1
气锤	120	1.0
风洞	140~150	100~1000
喷气式飞机	160	10000

2. 声音的频率

声音,有的低沉,有的尖锐,这是因为声音具有不同的频率。频率高,则音调高;频率低,音调也低。换言之,在可听声范围内,频率的高低在人的主观听觉上的印象就是音调的高低。因而频率(或音调)是描述声音特性的重要参数之一。

可听声的频率范围为 20~20000 Hz,其中有 1000 倍的变化范围。为了便于诊断、分析声音,可以将声信号由时域转换到频域来表示,所得到的频谱表示了所研究的整个声频范围的声能分布。频谱可以用以下两种方法表示。

(1)具有恒定百分比带宽的频谱

把宽广的声频范围划分成若干个频段称为频带或频程。频程有上限频率(f_U)、下限频率(f_D)和中心频率(f_M),上限、下限频率之差称为频带宽度,简称带宽(Δf)。

语音学上的研究表明,人耳对频率 f 的分辨能力是非均匀的。当 f 位于 100~500 Hz,可辨识的两个纯音的频率之差为 $\Delta f \approx 1.8$ Hz;而当 f 位于 500 Hz~16 kHz,相对频率分辨率几乎是不变的,即 $\Delta f/f \approx 3.5\%$。同时实测发现,两个不同频率的声音作相对比较时,有决定意义的是两个频率的比值,而不是它们的差值。据此,人们提出了把频率作相对比较的具有恒定百分比带宽的频谱的定义。

在噪声控制中,把频率作相对比较的单位叫倍频程。两个频率之间相差一个倍频程意味着频率之比为 2^1，两个频率之间相差两个倍频程意味着频率之比为 2^2，……，两个频率之间相差 n 个倍频程的频率之比为 2^n，即有

$$\frac{f_U}{f_D} = 2^n，或\ n = \log_2\left(\frac{f_U}{f_D}\right) \tag{2.7}$$

式中：n 为任意实数，n 越小，频率分得越细。

从式(2.7)可以看出，按倍频程划分频率区间，相当于对频率按对数关系加以标定。所以，具有恒定百分比带宽的频谱也叫等对数带宽频谱。

在噪声测量中，常用的倍频程有 $n=1$ 时的 1 倍频程和 $n=1/3$ 时的 1/3 倍频程。倍频程和 1/3 倍频程的上、下限频率及中心频率分别见表 2.7 和表 2.8。由表可知，中心频率是上、下限频率的几何平均值，即

$$f_M = \sqrt{f_U \cdot f_D} = 2^{-n/2} f_U = 2^{n/2} f_D \tag{2.8}$$

而又有

$$\Delta f = f_U - f_D = (2^{n/2} - 2^{-n/2}) f_M \tag{2.9}$$

从式(2.9)可看出，在恒定百分比带宽频谱中，频程的相对宽度是常数，绝对宽度是随中心频率的增加而按一定比例增加的。

表 2.7　倍频程频率范围表　　　　　　　　　　　　　Hz

中心频率	63	125	250	500	1000	2000	4000	8000	16000
频率范围	45～90	90～180	180～355	355～710	710～1400	1400～2800	2800～5600	5600～11200	11200～22400

表 2.8　1/3 倍频程中心频率及频率范围　　　　　　　　　Hz

中心频率	频率范围	中心频率	频率范围
50	45～56	1250	1120～1400
63	56～71	1600	1400～1800
80	71～90	2000	1800～2240
100	90～112	2500	2240～2800
125	112～140	3100	2800～3550
160	140～180	4000	3550～4500
200	180～224	5000	4500～5600
250	224～280	6300	5600～7100
310	280～355	8000	7100～9000
400	355～450	10000	9000～11200
500	450～560	12500	11200～14000
630	560～710	16000	14000～18000
800	710～900	20000	18000～22400
1000	900～1120	—	—

(2)恒定带宽频谱

在恒定带宽频谱中,所有频带的宽度是相同的,并且频带宽度是任意选择的,带宽取决于分析仪器和对随机信号分析中统计过程的实际限制。恒定带宽频谱适用于需要对机器发出的噪声进行详细分析的情况。一般来说,要得到恒定带宽频谱需要很长时间,否则就得用实时分析仪那样用时间压缩的方法来获得。

3. 声音的主观评价

由于人耳不具有线性频率响应,即会滤掉某些频率而放大另一些,因此前面几小节所描述的客观物理量量度的线性对数标尺并不适于用来评价人的主观反应。人类对给定的声压级变化的响应是非常主观的,常常是人们对声音的主观反应而不直接是听力的物理性量度决定了拟进行的噪声控制应该与何种标准相比较。表2.9 列出了人类对声压级变化的主观响应。

表 2.9 人类对声压级变化的主观响应

声压级变化/dB	压力波动比	主观响应
3	1.4	刚感到
5	1.8	清楚地感到
6	2.0	
10	3.2	两倍响
20	10	响得多

基于此,这里将考虑人们对声音的主观评价方法,而主观测量标尺是以大样本人口的统计平均响应为基础的。

(1)响度级

人耳对声音的感觉不仅和声压有关,而且与频率有关。一般对高频声音感觉灵敏,而对低频声音感觉迟钝,所以即使声压级相同而频率不同的声音听起来也是不一样响的,声压级只能表征声音在物理上的强弱。这里就有一个客观存在的物理量和人耳感觉的主观量的统一问题。这种主客观量的差异主要是由声波频率的不同而引起的,与波形也有一定的关系。为使在任何频率条件下主客观量都能统一起来,人们仿照声压级引出了响度级的概念,其单位为 phon(方)。就是选取 1000 Hz的纯音作为基准声音,凡是听起来同该纯音一样响的声音,其响度级值(方)就等于这个纯音的声压级值(dB)。如某噪声听起来与声压级为 85 dB、频率为 1000 Hz的基准声音同样响,则该噪声的响度级就是 85 dB。

响度级是表示声音响度的主观量,它把声压级和频率用一个单位统一起来了。它既考虑了声音的物理效应,又考虑了声音对人耳听觉的生理效应,是人们对噪声的主观评价的基本量之一。

(2)响度

响度级是相对量,有时需要用绝对量来表示,这就引出了响度的概念,其单位为 sone(宋)。响度是心理声学中最重要的量。

响度是从听觉判断声音强弱的量,与正常人对响的主观感觉成正比。40 phon=1 sone,响度级每增加 10 phon,响度就增加 1 倍。响度与响度级的换算关系为

$$S = 2^{(L_S-40)/10} \tag{2.10a}$$

或

$$L_S = 40 + 10\log_2 S \tag{2.10b}$$

式中:S 是响度,单位为 sone;L_S 是响度级,单位为 phon。

用响度表示声音的大小比较直观,它可以直接算出声音增加或减小的百分比。例如,若声源经过降噪处理后响度级降低 10 phon,则响度降低了 50%;响度级降低 20 phon,相当于响度降低了 75%等等。

声音总响度的计算方法是先测出声源的频带声压级,然后查出各频带的响度指数,再按下式计算总响度

$$S_t = S_m + F\left(\sum S_i - S_m\right) \tag{2.11}$$

式中:S_t 是总响度;S_m 是频带中最大的响度指数;$\sum S_i$ 是所有频带的响度指数之和;F 是常数,对倍频程、1/2 倍频程和 1/3 倍频程分析器,F 分别取 0.3、0.2、0.15。

(3)等响曲线

利用与基准声音比较的方法,就可以得到整个可听声范围的纯音的响度级,其结果就是等响标准曲线(ISO226:2003),如图 2.7 所示,它是通过大量实验得出来的。等响曲线最先是由 Fletcher 和 Munson 在 1933 年用耳机测量受试者得到的。在他们的研究中,不同频率的纯音以 10 dB 的激励强度间隔提供给受试者。对每一频率和强度,一个 1000 Hz 的参考音也提供给受试者。调节参考音一直到受试者感到它与试验音的响度相等为止。响度是个心理量,很难测量。因此,Fletcher 和 Munson 把许多受试者的结果进行平均,从而得到合理的均值。在此基础上,国际标准化组织(ISO)于 2003 年通过了更新的等响标准曲线,即 ISO226:2003。这次更新选用了许多来自日本、德国、丹麦、英国和美国的不同研究。等响度曲线是

最早的心理声学表述。

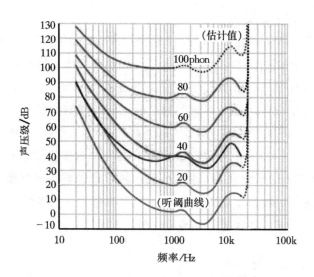

图 2.7　国际标准等响曲线（彩图见彩页）

（红线为 ISO226：2003 标准，蓝线（40sone 时）为以前 ISO 标准）

　　曲线簇中的每一条曲线相当于频率和声压级不同，但响度级相同的声音。每条曲线所代表的响度级的大小由该曲线在 1000 Hz 时的声压级而定。如 0 phon 对应于 1000 Hz、0 dB（声压 2×10^{-5} Pa）时的等响曲线。

　　由等响曲线可以看出，人耳对高频声特别是 3000～4000 Hz 的声音敏感，而对低频声音特别是 100 Hz 以下的声音不敏感。如同样的响度级 50 phon，对 1000 Hz 的声音来说，其声压级是 50 dB；对 3000～4000 Hz 的声音，其声压级是 42 dB；对 100 Hz 的声音，声压级是 59 dB；而对 40 Hz 的声音，声压级则为 75 dB。

　　另外，由等响曲线还可以看出，当声压级小和频率低时，对某一声音来说，声压级（分贝值）和响度级（方值）的差别很大。如声压级为 50 dB、30 Hz 的低频声是听不见的（它低于听阈线），它的响度还不到 0 phon；而同一 50 dB 的声压级，60 Hz 的低音为 25 phon，500 Hz 的中音为 54 phon，1000 Hz 的高音为 50 phon。而当声压级高于 100 dB 时，等响曲线已逐渐拉平，这说明，当声音强到一定程度（声压级大于 100 dB）时，人耳已经分辨不出高、低频声音。声音的响度级只决定于声压级而与频率无关了。

4. A声级和等效连续A声级

(1)A声级

为了使测量噪声的仪器——声级计的表头读数符合人耳的听觉特性,需要对声学测量仪器接收的声音按不同的方法滤波,使声压级修正为相对应的等响曲线。一般方法是在声级计的电路中设 A、B、C、D 四个计权网络。其中 A 计权是模拟人耳对 40 phon 纯音的响应,使信号通过时低频段(<500 Hz)有较大的衰减;B 计权模拟人耳对 70 phon 纯音的响应;C 计权是模拟人耳对 100 phon 纯音的响应,它在整个可听声范围内有近乎平直的特点;D 计权是专门为度量非常响的飞机噪声设计的,它也计入了人的听觉对 Hz 频率范围较敏感的影响。所有噪声计权都基于某种等响度概念。声级计表头的读数为分贝值,在选用计权网络后的读数为声级,单位为 dB(A)、dB(B)、dB(C)、dB(D)等。图 2.8 为计权网络的频率特性。

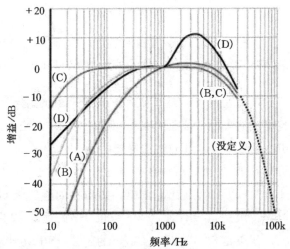

图 2.8 计权网络的频率特性(彩图见彩页)

(蓝线为 A 计权,黄线为 B 计权,红线为 C 计权,黑线为 D 计权)

A 计权曲线是基于典型人类听觉的 40 sone 等响度曲线,也就是用 40 sone 等响度曲线进行反求的粗略近似,这样就将声级转变为增益。虽然我们的绝对听觉阈值是 0 sone(也是 0 dB),但这个声级太静了,只有在特别隔离的环境下才能实现。而 40 sone 是在正常寂静环境下存在的那种声音。表 2.10 给出了可听频率范围内 A 计权在不同频率下的增益值。

表 2.10　不同频率下 A 计权的增益值

频率/Hz	A 计权/dB	频率/Hz	A 计权 /dB	频率/Hz	A 计权/ dB
20	−50.5	250	−8.6	3150	1.2
25	−44.7	315	−6.6	4000	1.0
31.5	−39.4	400	−4.8	5000	0.5
40	−34.6	500	−3.2	6300	−0.1
50	−30.2	630	−1.9	8000	−1.1
63	−26.2	800	−0.8	10000	−2.5
80	−22.5	1000	0	12500	−4.3
100	−19.1	1250	0.6	16000	−6.6
125	−16.1	1600	1.0	20000	−9.3
160	−13.4	2000	1.2	—	—
200	−10.9	2500	1.3	—	—

　　设计 A、B、C、D 计权网络的原意是对低于 55 dB 的声音用 A 声级计量；对 55～85 dB 的声音用 B 声级计量；对 85 dB 以上的声音用 C 声级计量，即 C 计权声级是模拟高强度噪声的频率特性。但实测发现用 A 声级测得的结果与人耳对声音的响度感觉相近，因此人们把 A 声级作为评价噪声的主要指标。现在，A 计权几乎用于所有响度的声音，其他三种计权很少用到。这就将 A 计权从最初的与心理感受相联系而蜕变为一个简单的 dB 度量。从声级计上得出的噪声级读数，必须注明测量条件，如单位为 dB，且使用的是 A 计权网络，则应记为 dB(A)。

　　(2)等效连续 A 声级

　　当考虑噪声对人体的影响时，既要考虑噪声的大小，又要考虑噪声作用时间，为此引入等效连续 A 声级的概念。其定义是：在声场中一定点位置上，用某一段时间内能量平均的方法，将间歇暴露的几个不同的 A 声级噪声，用一个 A 声级表示该段时间内的噪声大小，这个声级即为等效连续 A 声级，其单位仍为 dB(A)。等效连续 A 声级可用下式表示

$$L_{eq} = 10\lg\left(\frac{1}{T}\int_0^T 10^{0.1L}\,\mathrm{d}t\right) \tag{2.12}$$

式中：L_{eq} 是等效连续 A 声级；T 是某段时间的总和，$T = T_1 + T_2 + \cdots + T_n$；$L$ 是某一间歇时间内的 A 声级。

　　测量等效连续 A 声级时，根据噪声的变化情况，决定测一天、一周或一个月的连续等效 A 声级。如果一天之内声级变化较大，但是天天如此，数年不变，则测量具有代表性的一天的等效连续 A 声级即可；如果声级不仅一天之内有所变化，并且这天与那天也有较大变化，但是每周有明显的规律，则需测量典型一周工作时间内的连续声级；若声级每月有明显的变化，则需测量一个月工作时间内的等效连续 A 声级。

2.3　噪声测量常用仪器

噪声测量及分析仪器要求使用传感器将声音的压力波动信号转变为电信号的形式。噪声测量常用仪器有传声器、声级计、频率分析仪、电平记录仪以及三脚架、防风锥、校准器等附件。

2.3.1　传声器

1. 传声器的特性

传声器是将声能转换成电能的电声换能器。一个理想的传声器应当具有下列特性。

①传声器尺寸与所要测量的声波波长相比应很小,使其在声场中引起的绕射与反射的影响可以忽略。在低频时,传声器的尺寸与声波波长相比很小,由传声器在声场中产生的反射和绕射现象对原声场的干扰可以忽略不计;但在高频时,干扰所造成的压力增加较大,甚至可高达 8～10 dB。

②传声器膜片的声学阻抗应较高,这样保证只吸收声场中很少的能量,以免干扰声场。

③其输出应当不受温度、湿度、磁场、大气压和风速的影响,并能长期保持稳定。

④传声器用于可听声测量,其频率响应在 20～20000 Hz 应是平直的,如图 2.9(a)所示,且输出电信号和声压之间没有相位漂移。频率响应是系统输出谱对输入信号响应的度量。在音频范围内,频率响应通常与电子放大器、麦克风和扬声器相关;无线电谱(超声波)频率响应与同轴电缆、视频开关、无线通信装置以及其它电缆有关;次声频率响应测量可以包括地震和脑电波等。

⑤传声器灵敏度应与声压无关。传声器的开路输出电压与输入声压的比值称为传声器灵敏度,理想传声器的输出电压值应与激发声压值成比例。传声器灵敏度取决于传声器的型式与尺寸,直径尺寸大的传声器灵敏度较高,但它会引起绕射问题,特别在高频率时更为显著。

⑥电噪声应较低。

目前,还没有一种传声器能满足上述所有要求,因此必须根据测量目的来选择适当型式的传声器。

如何对频率响应提出要求,取决于具体应用。在高保真度音响中,要求放大器的频率响应误差在 20～20000 Hz 至少低于±0.1 dB。但是,在电话通信中,在 400～4000 Hz 频率响应误差±1 dB 就可以提供足够的语言清晰度。

　　频率响应曲线一般用来指出电子元件或系统的精度。如果一个元件或系统在还原输入信号时不在任何频带上有增加或衰减,就说该元件或系统是平坦的,或具有平直的频率响应曲线,如图 2.9(a)所示。但这种理想的平直频率响应曲线在实际中是不存在的。实际中比较满意的平直频率响应曲线如图 2.9(b)所示,图中的幅值变化在 20~20000 Hz 频率范围内比较平缓,这就使得声音听起来平滑且显得更加自然。而如果频率响应曲线有太多的起伏和变化,则声音听起来会让人厌倦和不舒服,同样也会不准确。图 2.9(b)中幅值变化在 20~20000 Hz 频率限制在 ±3 dB 以内,这被看作是一个标准特征,因为 3 dB 的差异刚好是我们可以接受的。

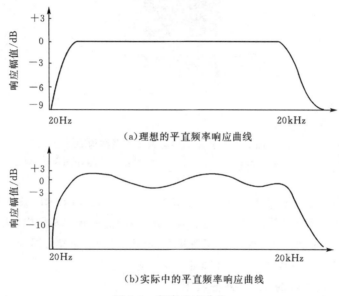

图 2.9　频率响应曲线

2. 常用传声器型式

　　现在可用的传声器有三种型式:①电容式传声器;②压电式传声器;③动圈式传声器。在精密测量中,使用最广泛的传声器是电容式传声器。

　　电容式传声器由膜片、背极等组成,如图 2.10 所示。膜片是一片受拉力拉紧的厚度在 0.0025~0.05 mm 的金属薄片,膜片与背极之间保持一定距离,从而组成了一个电容器的两个电极,并采用绝缘体与空腔壁绝缘。当膜片受到声压作用时,膜片随着其两侧压力差的变化而发生挠曲变形,电容的变化随即转换为用于记录和分析的电信号。膜片振动时,背极上的许多阻尼孔使气流通过时产生阻尼效应以抑制膜片的共振。壳休上的毛细孔是用来平衡膜片两侧的静压力的,从而保证膜片的外侧仅受到声压的作用。由于电容式传声器的输出阻抗很高,通常使用时直接与高输入阻抗、低输出阻抗的前置放大器相连,再以导线连至分析记录仪器上。

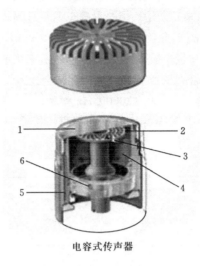

电容式传声器

图 2.10　典型的电容式传声器结构图

—振膜;2—背极;3—阻尼孔;4—内腔;5—毛细孔;6—绝缘体

电容式传声器灵敏度高。一般来说,膜片直径越小,传声器响应频率越高,但小膜片传声器的灵敏度会降低。它的性能非常稳定,在很宽的频率范围内(几乎从 0.01～140000 Hz)其频率响应呈平直,动态范围可达 140 dB,还可在极端的温度(-50～150 ℃)下使用,且对振动很不敏感。但是,它非常昂贵并对湿度和潮气敏感。

压电式传声器的工作原理如图 2.11 所示,金属膜片与双压电晶体弯曲梁相联,膜片受到声压作用而有位移时,双压电元件则产生变形,从而在压电元件两端面有电荷输出。压电式传声器的膜片较厚(比电容式传声器厚约 50 倍),其固有频率较低,频率响应受到限制。其优点是灵敏度较高,频率响应较平直,结构简单,价格便宜,但受温度影响较大。广泛用于普通声级计。

动圈式传声器是一种老式传声器,其工作原理相当于一个反用的扬声器,

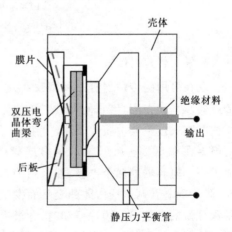

图 2.11　压电式传声器工作原理图

如图 2.12 所示。在轻质膜片中部附有一个放在永久磁铁环形气隙中的线圈,在线圈两端有引出线。在声压作用下膜片和线圈移动并切割磁力线,产生感应电势输出。动圈式传声器的频率响应很不平直,灵敏度较低,体积大,且易受磁场干扰,因而只适用于较低精度的测量。其优点是输出阻抗很小,可以接较长电缆而不降低其电压输出,温度和湿度变化对其灵敏度也没有影响,能在高温下工作。

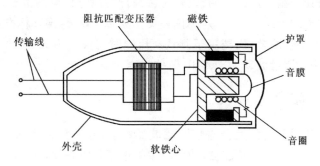

图 2.12 动圈式传声器工作原理图

目前动圈式传声器在噪声测量中很少使用,只有当需要很长的电缆或高温情况下才使用它。

2.3.2 声级计

测量噪声最普通的仪器为声级计,它把传感器、前置放大器、放大器/衰减器和分析电子设备综合在一个仪器内,从而能从读数表(模拟或数字)上直接得到声压级。通常声级计包括一个可选择计权网络、具有倍频程和 1/3 倍频程的宽放大/衰减范围的滤波器组、电平记录仪、变量均方根计算设备及内部电压标定设备等。典型的声级计用图解表明在图 2.13 中。有些声级计还适用于测量信号的峰值响应,这对于测量冲击声特别有用。传声器(包括声级计)可以用包含一小扬声器的声学标定器(通常称为活塞发声器)来标定,在插入传声器的空腔内产生已知的精确声压级,或者提供一个已知频率及幅值的电信号来标定。

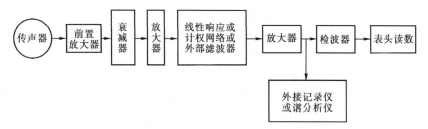

图 2.13 典型声级计图解说明

　　声级计的工作原理:由传声器将噪声转换成电信号,由前置放大器变换阻抗,使电容式传声器与衰减器匹配,经放大器放大输出信号到计权网络进行计权处理,然后再经放大器将信号放大到一定的幅值,送到均方根检波器,再指示表头给出噪声声压级的数值。

　　声级计中常用的有四种标准计权网络,即:A、B、C、D 计权网络。声级计一般分为普通声级计与精密声级计两种,普通声级计的测量误差约为±1.0 dB,精密声级计的测量误差约为±0.3 dB。声级计表头读数为有效值(国际标准规定),表头阻尼特性分"快"、"慢"两档,快档用于测量声压随时间波动不大(不大于 4 dB)的稳定噪声,慢档用于测量波动大于 4 dB 时的噪声。

2.3.3　频率分析仪

　　频率分析仪主要由放大器与带通滤波器组成,是一种分析噪声频谱的仪器。决定频率分析仪性能的是滤波器,滤波器根据带宽和中心频率的关系,通常分为恒定带宽滤波器与恒定百分比带通滤波器。分析噪声时,通常使用倍频程和 1/3 倍频程滤波器,如需要更详细分析噪声源时,可使用有恒定带宽滤波器的分析仪。

　　在测量噪声的过程中,为了在整个音频范围(20~20000 Hz)内进行频率分析,需要多个中心频率不同的带通滤波器,构成邻接式滤波器组,用为数不多的倍频程(10 个)或 1/3 倍频程滤波器(30~36 个)就可以覆盖音频范围。

　　倍频程滤波器具有分析速度快、工作稳定等优点,对于频率分辨率要求不高或宽带噪声情况下,倍频程滤波器的分析仪是很适用的。但它在高频范围内的频率分辨能力较低,只能得出近似的频谱,因此不宜处理窄带噪声。具有 1/3 倍频程滤波器的分析仪可以有较高的分辨能力,但对于高频范围的噪声仍不能做确切分析。

　　恒定带宽滤波器也可以做成邻接式,但当带宽很小时,用邻接式滤波器很难在较大频率范围内工作,而采用外差技术的连续式恒定带宽滤波器能在很宽的频率范围内实现很窄的恒定带宽滤波。

　　外差式频率分析仪的简单工作原理如图 2.14 所示,由正弦信号发生器供给的信号与被测的需要分析的输入信号相乘,在正弦信号发生器所产生的频率处形成一个调幅信号,然后让这个信号通过一个固定频率滤波器。通过改变正弦信号发生器的频率,这个固定频率滤波器的中心频率就能有效地跟踪所要求的全部频率范围。外差式频率分析仪的恒定带宽可以在 3.16、10、31.6、100、316、1000 Hz 内选择,频率范围为 2~200 kHz。

　　由于恒定带宽频率分析仪的带宽不随中心频率改变而变化,其分辨能力高,高频时尤为显著,因此能够对噪声做详细频率分析,可精确鉴别离散频率。在分析机床噪声源时,为了鉴别机床噪声中的离散频率,要求分析仪的恒定有效带宽不大于

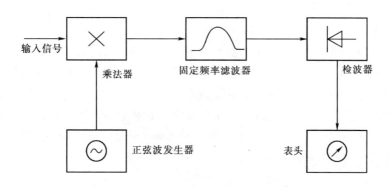

图 2.14 外差式频率分析仪的简化方框图

10 Hz,有时甚至要求在 3～5 Hz。使用恒定带宽的窄带频率分析仪还特别适合用于分析齿轮噪声,它能精确确定峰值噪声的频率。

图 2.15 所示是用三种带宽,即倍频程滤波器、1/3 倍频程滤波器及 4 Hz 恒定带宽滤波器,对同一噪声源所作分析的比较。显然,在高频处恒定带宽滤波器的精度明显高于倍频程和 1/3 倍频程的恒定百分比带通滤波器。

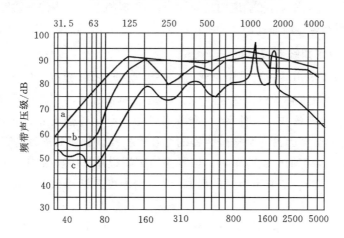

图 2.15 三种带宽对同一噪声源所作分析的比较
a—倍频程;b—1/3 倍频程;c—4Hz 恒定带宽

2.4 声质量评价

声质量(sound quality)指人对声音质量好坏的感觉,包括声音的客观属性和人的主观评价两个方面,主要分为环境声质量和产品声质量两大类。声质量可以是各种电子装置如扬声器、麦克风等的音频输出质量;或可定义为一个装置记录或发射原始声波的精度,也是收听者愉悦或疲劳的体验。在演出现场,歌唱家的技巧、乐器的音调质量及舞台品性决定了声质量。车辆及发动机的声质量会对其市场和销售产生影响,而好的声品质不仅是适应乘客要求的、不令人生厌的、易接受的动感声音,而且犹如产品的造型一样已成为一种能展示产品特性的有特色的声音。产品的声质量评价属于声音的心理评价范畴,因而本节将从心理声学的基本概念着手来介绍产品的声质量评价。

2.4.1　心理声学的基本概念

心理声学中最重要的量是响度。许多人对响度研究作出了贡献,但 Karl Eberhard Zwicker 的贡献最大。Zwicker 是德国声学家,电子声学创始人。他创立并发展了客观测量和评价主观声学量"响度"的方法。这个方法后来成为一个 ISO 标准。

Zwicker 的方法在计算过程中利用了几种心理声学原理来给出响度平均感受的一种估计。这些原理包括:①非线性频率灵敏度,即等响度曲线;②掩蔽和临界带理论;③声场对响度的影响;④响度的时间效应;⑤瞬时掩蔽。其中①～③针对稳态声,④和⑤针对瞬态声。前面我们已详细说明了等响度曲线,下面将着重介绍②～⑤。

1. 掩蔽效应和临界带理论

一个声级低的声音被另一个声级高的声音所掩盖,称为声音的掩蔽效应。前者称为被掩蔽声音,后者称为掩蔽声音。这是一种和听觉器官相关联的现象。要想用一种声音去掩盖住另一种声音,掩蔽声必须具有足够强度才行。在掩蔽情况下,一个声音的听阈因另一个掩蔽声音的存在而提高。噪声对语言掩蔽,不仅使听阈提高,而且对语言清晰度有影响。当噪声的声压级超过语言级 10～15 dB 时,要全神贯注才能听清。随着噪声级的提高,语言清晰度逐渐降低。一般当超过语言级 20～25 dB 时,完全听不清。提高被掩蔽弱音的强度,使人耳能够听见时的闻阈称为掩蔽闻阈(或称掩蔽门限),被掩蔽弱音必须提高的上升量(dB 数)称为掩蔽量(或称阈移)。被掩蔽音单独存在时的听阈 dB 值,或者说在安静环境中能被人耳听到的纯音的最小值称为绝对闻阈。一般来说,3～5 kHz 绝对闻阈值最小,即人耳对它的微弱声音最敏感;而在低频和高频区绝对闻阈值要大得多。在 800～1500 Hz 范围内闻阈随频率变化最不显著,即在这个范围内语言可懂度最高。掩蔽可分成频域掩蔽和时域掩蔽。

在频域掩蔽现象中,一般强烈的低频声音(80 dB 以上的声压级)具有最大的掩蔽作用,特别是对较高频率范围内的声音掩蔽效应更为显著。相反,高音调的声音对比它音调低的声音的掩蔽效应较弱。例如,高音调的噪声大部分能量在语言频率范围以上,其即使很响,对进行正常交谈妨碍也不大。在剧场或歌舞厅里,即使舞台上演出的女声歌唱声或轻音乐的声音较响,台下观众依然可以轻声交谈而不被掩蔽;但当台上演出带有打击乐的音乐节目时,台下观众相互交谈就比较困难。尤其当掩蔽声的频率与被掩蔽声的频率相同或相近时,声掩蔽效果就会十分显著。

　　为了定量给出"掩蔽音"和"被掩蔽音"相互影响的频率范围,Fletcher 等人针对频率掩蔽利用白噪声设计了这样的掩蔽实验:将一个纯音用一个带通白噪音来掩蔽,该带通白噪音的中心频率为"被掩蔽音"的频率。将纯音的声压级调整到能被宽带白噪音掩蔽的程度,然后逐渐减小白噪音的带宽直到"被掩蔽音"刚好能听见为止,这时就得到这一纯音频率下的临界带宽。他在各个不同的频率上进行这个实验,从而得到一组通带,称为临界频带。临界频带的单位叫 Bark(来自 Barkhausen 这个名字,以纪念这位早期人类听觉研究者所作出的贡献),1 Bark = 一个临界频带宽度。临界频带是人耳特定的带通滤波器,每个滤波器在人耳的基底膜上占据一个约 1 mm 的"固定长度",取基底膜的平均长度为 34 mm,因而耳蜗响应在 20 Hz～20 kHz 可有 35 个子临界频带。

　　前面提过,人耳的频谱分析系统构建在一个非常巧妙的策略之上,即沿基底膜传递声音的所有成分,其间没有频散,直到传到共振处,在那里各成分被系统地从行波中提取出来给大脑。而基底膜由大约 35 个具有共振响应的独立片段组成,构成了频谱分析的力学基础,这样每个临界频带与基底膜的一个片段相对应。耳朵用来构造频谱分析的基本力学单元或等价的临界频带的数量是有限的,这说明一个片段中所有在临界频带内的频率可等效于一个单一频率成分。临界频带是人类听觉的一种特征,这种特征对掩蔽和响度影响至关重要。当掩蔽噪声的带宽小于临界带宽时,随噪声带宽的增加,能掩蔽住纯音频率下声音强度的不断增加,但当掩蔽噪声的带宽达到临界带宽后,继续增加噪声的带宽就不能再提高掩蔽量了。

　　噪声只要在一个临界带内,不管频率多高,响度都是一样的。但噪声在临界带外的情形却有很大不同。图 2.16 显示了人类听觉如何把临界带内的声音贡献相加,以及临界带内与临界带外的声音相加会如何不同。图 2.16(a)说明,中心频率为 2 kHz 的临界宽度是 320 Hz,在噪声功率级 SPL= 47 dB 的情况下,当噪声带宽超过临界带宽时,噪声响度会显著提高。图 2.16(b)示出,从一个窄带噪声开始,保持其声压级不变但逐渐加大带宽,只要噪声的带宽小于临界带宽,则感到响度是一样的。而一旦噪声带宽超过临界带宽,马上会感觉到响度开始增加了。

　　实验表明[2],在纯音之间进行掩蔽时,对处于中等强度时的纯音最有效的掩蔽是出现在它的频率附近。此外,噪音对纯音的掩蔽可看成由多种纯音组成,具有无

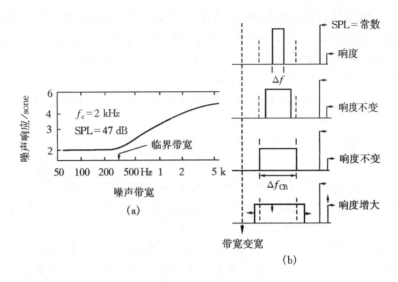

图 2.16 噪声响度和临界带宽的关系

限宽的频谱。若掩蔽声为宽带噪声,被掩蔽声为纯音,则它产生的掩蔽门限在低频段一般高于噪声功率谱密度 17 dB,且较平坦;超过 500 Hz 时大约每十倍频程增大 10 dB。若掩蔽声为窄带噪声(即带宽等于或小于临界带宽的噪声),被掩蔽声为纯音,其掩蔽情况如图 2.17 所示,图中表示出不同声功率级 L_{CB} 下中心频率为 1 kHz 具有临界带宽的窄带噪声对 1 kHz 纯音的掩蔽耳阈曲线,图中还相应显示了 1 kHz 纯音的临界带,其中虚线为人耳的听阈曲线。从图中可看出,位于被掩蔽音附近的由纯音分量组成的窄带噪声即临界频带的掩蔽作用最明显;在低于噪声带的频率掩蔽作用很小;但在噪声带以上,掩蔽会很严重,这取决于噪声的声功率级。而当某个纯音位于掩蔽声的临界频带之外时,掩蔽效应仍然存在。

在声音的整个频谱中,如果某一频率段的声音比较强,则人耳就对其他频率段的声音不敏感了。应用此原理,人们发明了 mp3 等压缩的数字音乐格式,在这些格式的文件里,只突出记录人耳较为敏感的中频段声音,而对于较高和较低的频率的声音则简略记录,从而大大压缩了所需的存储空间。在人们欣赏音乐时,如果设备对高频响应得比较好,则会使人感到低频响应不好,反之亦然。

除了同时发出的声音之间有掩蔽现象之外,在时间上相邻的声音之间也有掩蔽现象,并且称为时域掩蔽。如果两个声音在时间上特别接近,人类在分辨它们的时候也会有困难。时域掩蔽又分为超前掩蔽和滞后掩蔽。例如,如果一个很响的声音后面紧跟着一个很弱的声音,后一个声音就很难听到;但是如果在第一个声音停止后过一段时间再播放第二个声音,后一个声音就可以听到。在时序上反过来

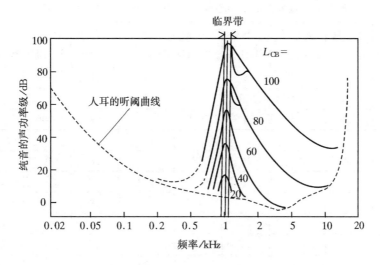

图 2.17 掩蔽和临界带示意图

效果也是一样的,如果一个较低的声音出现在一个较高的声音之前而且间隔很短,那个较低的声音也很难被听到。产生时域掩蔽的主要原因是人的大脑处理信息需要花费一定的时间。一般来说,超前掩蔽很短,只有大约 5~20 ms,而滞后掩蔽可以持续 50~200 ms。这个区别是很容易理解的。

通常认为,20 Hz~16 kHz 范围内有 24 个子临界频带。Zwicker 给出了临界带率 z(单位 Bark)、中心频率 f 和临界带宽 Δf 的对应关系,如表 2.11 所示。按照 MPEG(Moving Picture Expert Group)标准,频率和临界带之间的这种对应关系可以用下面数学公式来拟合[2]

$$\text{Bark} = 13\arctan(0.76f) + 3.5\arctan(f/7500) \tag{2.13}$$

为了能够方便地求取逆变换,拟合公式(2.13)也通常用下面公式来近似

$$\text{Brak} = 10.3\sqrt{\ln[1 + (f/1000)^2]} \tag{2.14}$$

这个函数和上面 MPEG 标准给出的函数几乎是重合的,但是很方便求逆

$$f = \sqrt{\exp[(\text{Bark}/10.3)^2] - 1} \times 1000 \tag{2.15}$$

此外,为了更进一步简化,还有一种简化方法,即:当频率小于 500 Hz 时,1 Bark 约等于 $f/100$;当频率大于 500 Hz 时,1 Bark 约等于 $9 + 41n\,f/1000$,即约为某个纯音中心频率的 20%。

通过研究掩蔽效应和临界带理论,可以恰当建立一个对应于人耳听觉系统的模型以进行语音信号处理,如基于临界频带设计滤波器将输入信号分成若干子带,从而基于子带滤波来优化语音增强的方法。

表 2.11　临界带率 z、中心频率 f 和临界带宽 Δf 的对应关系

临界带率/Bark	中心频率 f/Hz	临界带宽 Δf/Hz	临界带率/Bark	中心频率 f/Hz	临界带宽 Δf/Hz	临界带率/Bark	中心频率 f/Hz	临界带宽 Δf/Hz
0	0		8	920		16	3150	
		100			160			550
1	100		9	1080		17	3700	
		100			190			700
2	200		10	1270		18	4400	
		100			210			900
3	300		11	1480		19	5300	
		100			240			1100
4	400		12	1720		20	6400	
		110			280			1300
5	510		13	2000		21	7700	
		120			320			1800
6	630		14	2320		22	9500	
		140			380			2500
7	770		15	2700		23	12000	
		150			450			3500
						24	15500	

2. 声场对响度的影响

这里主要考虑自由场和混响场这两种典型声场对响度的影响。在有界空间中从声源发出的声波在各方向来回反射而形成混响场,而无界空间中由声源发出的直达声所形成的声场即是自由场。在研究人耳对这两种声场的反应时发现,如果把客观声级相同的声音在不同声场中让人听,则在混响场比自由场听起来要响一些,即声场亦会对响度产生影响。此外,适度的混响还可以明显改善响度和声音质量,也可改变音乐的音色和风格。

3. 响度的时间效应

我们的听觉对声音的反应需要时间(不是声音的空间传播),因而人耳对客观声级相同的声音在不同持续时间下的响度的感觉也就不同。图 2.18 表示了相同声级的声音在不同持续时间下所感受到的不同响度,图中(a)表示了客观声级相同的声音的不同持续时间分别为 3、10、30、100 和 200 ms 时的情形;图中(b)表示了

这些不同持续时间所感受到的不同相对响度。从图中可以看出,一个声音必须至少持续 100 ms,接受到的响度才能达到其最大值。例如,由于冲击噪声的持续时间非常短,因而所测得的噪声响度与人的真实感觉差距很大。

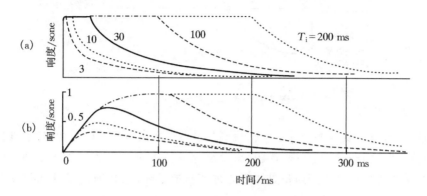

图 2.18 声音持续时间与响度增加的函数关系

4. 瞬时掩蔽

前面在掩蔽效应中分析了时域掩蔽,并指出时域掩蔽的产生原因主要是人的大脑处理信息需要花费一定的时间。这里我们想强调说明瞬时掩蔽,即当一个掩蔽声被关掉后,其掩蔽作用并不会马上消失,因为其衰减到零需要时间。但瞬时掩蔽的时间间隔到底应该多长,被掩蔽声才可以听到? 一般来说,超前瞬时掩蔽的时间间隔很短,只有大约 5~20 ms,而滞后瞬时掩蔽的时间可以持续 50~200 ms。超前瞬时掩蔽的影响一般要比滞后瞬时掩蔽小得多。瞬时掩蔽说明了一个声音甚至可以被一个物理上并不存在的声音所掩蔽。

目前,掩蔽效应在声学特性评价中的应用非常广泛。在声质量客观评价中,当噪声激励的掩蔽曲线确定以后,再进行音质参数的评估等评价指标的计算就会更接近人们的主观感受,从而能够正确地进行声质量评价。

2.4.2 产品的声质量评价

20 多年前,首先在汽车行业发展了声质量的概念,即汽车声振舒适性(Noise, Vibration and Harshness,缩写为 NVH)问题。整车声振舒适性是指用户所感受到的整车 NVH 性能,与国家强制性标准不同,其核心特征不是客观测量指标的优劣,而是大多数用户在各种驾乘工况下的舒适性感受。汽车的声振舒适性概念如图 2.19 所示,图中说明了满意度和汽车振噪性能的关系,当振噪性能提高到一定程度时,产品就可达到近似饱和的满意程度。

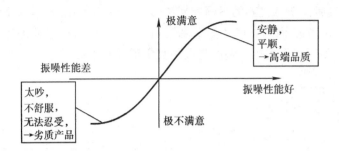

图 2.19　汽车的声质量概念

近年来,对声质量的关注已然扩展到几乎所有发出"噪声"的行业,如家电行业等。与产品的物理设计、功率、颜色、重量及价格一样,产品所发出的声音现在也成为一个很重要的参数。声质量是属于心理声学的范畴,它目前是设计和开发工程师培养中的一个重要组成部分。

产品声音的愉悦是由人主观感受的,因而需要针对目标客户群优化产品声音。但客户的品味并不一致,还会随着时间和潮流而改变。有时愉悦的声音会随着时间变得厌倦,这就需要用令人兴奋的新声音进行替换。对于声质量而言,我们需要采用一些音质分析的新方法,因为广泛使用的 A 计权对于噪声来说是很好的,但对于声音来说却是无用的。

音质分析的目的是要能定量地描述声音造成人类心理的感受,目前有评审团评估(jury test)及音质评估参数两种方法。

1. 评审团评估

评审团评估的执行程序相当繁琐耗时,包括以下几方面。

(1)运用声质量

运用声质量是一个反复的过程,一般从需要进行声质量优化的产品原型开始。要记录原型和竞争产品的声音,最好使用头和躯干模拟器。然后,让一个代表产品最终用户的评审团进行听音测试,这样就得到了第一次评价。如果原型败落,可以将声音直接导入到声质量软件中做详细分析。这样就可能会找到一些导致声音难听的频谱成分,并利用编辑功能模拟移除这些不需要的频谱成分。如果新的听音测试通过了这个修改,下一步就是故障诊断,识别出这个不需要的成分来自哪里。然后修改原型,紧接着进行新的录音和听音测试。如果原型仍然失败,那就必须重新尝试其他编辑方法来修改声音。此外,还有多种客观参数给出一个单值数字来表征声音的特性,如果知道某数值的增加对应着声质量的改善,就可以利用这个参数来帮助优化产品的声质量。

(2)录音和声音编辑

首先利用声质量程序在线记录声音样本。经过校准后的声音信号保存在硬盘中,用于以后的分析和听音测试。然后在时域及频域进行声音编辑,其目的是利用不同工具优化来自产品的信号,其中包括减少或增加单一频率或谐波结构、将频率移到其他位置、解调信号、限制它们的时间响应以及将它们与另一个信号混合等。

(3)主观测试

在产品设计中,主观听音测试扮演着一个非常重要的角色。在整个设计过程中,必须以最高度的注意力和准确性进行主观评价。典型的听音测试可以涉及 16个经过仔细挑选的人,主要考虑他们的人口统计学分布位置、经济实力,以及他们购买被测产品的可能性。听音测试都使用耳机来进行,这确保所有收听者听到的是同样的声音,并适度地将其与不必要和干扰的声音隔离。此外,使用耳机是忠实地再现用头和躯干模拟器记录的声音的唯一方法。

通常有两种常用的测试方法:成对比较技术是将一系列的声音成对提供给收听者进行选择;而语义差别技术是让收听者对声音的特性进行评价,比如说,以一个 7 分制量度评判信号的平滑或粗糙特性,如果 4 分就意味着信号既不平滑也不粗糙。

2. 音质评估参数

基于 Zwicker 的响度计算的参量反映了人类对声音感知的心理声学特性,并具有将声音特性用一个单一数字来表示的优点。在声质量中用到的最重要的三个参数如下。

(1)波动强度

对于那些随时间变化的声音,一般可引发两种主观上的感觉反应:即声音低频段的波动强度和高频段的粗糙度。这两项指标在实际应用中并没有划分明显的使用范围,但一般认为,当声音的调制频率大于 20 Hz 时,声音的波动强度逐渐减弱消失,而粗糙度逐渐增强。

波动强度是度量缓慢移动的调制的感觉。影响波动强度的因素包括:调制频率、声压级和调制程度。波动强度的参考声定义:频率为 1 kHz、声压级 60 dB 的纯音在 4 Hz 频率 100% 的幅值调制下给出 1 vacil(vacillate 的缩写)的参考波动强度。实际上以低于 20 Hz 的频率调制的声都能够被接受为随时间的波动。不论是调幅还是调频,也不论声音是宽带、窄带或单频信号,波动强度峰值灵敏度发生在调制频率为 4 Hz 时。

波动强度是一种在时间样本上低频(约 4 Hz)的频率和幅值调制的度量,它基于非稳态响度计算[2]

$$F \approx \frac{\Delta L}{\dfrac{f_{\mathrm{mod}}}{4 + 4/f_{\mathrm{mod}}}} \tag{2.16}$$

式中:ΔL 是调制程度;f_{mod} 是调制频率,Hz。

(2)粗糙度

包含 20 Hz 到 200 Hz 调制的声音被接受为粗糙声。粗糙度的参考声定义:频率为 1 kHz、声压级 60 dB 的纯音在调制频率为 70 Hz 的 100％幅值调制下其粗糙度定义为 1 asper(asperity 的缩写)。粗糙度的感觉不光限于纯调制声,由于调制的幅值包络,宽带和窄带噪声也可能被感受为粗糙。当调制频率为 70 Hz 左右时,粗糙度的峰值灵敏度最大。当中心频率大于 1 kHz 时,粗糙度的峰值在 70 Hz;当中心频率小于等于 1 kHz 时,粗糙度的峰值取决于其临界带宽。许多行业把粗糙度选为评价声质量的指标之一。

(3)尖锐度

尖锐度是一个可以被单独感受到的声质量参数,利用它可以直接进行两个声音声质量的比较。尖锐度是由信号中高频分量引起的一种感觉,单位是 acum(拉丁语尖锐的意思)。中心频率在 1 kHz、声级为 60 dB、带宽为 150 Hz 的窄带噪声的尖锐度被定义是 1 acum。尖锐度可以理解为高频分量与总声级的比值,它可以基于一个稳态或非稳态的响度计算[2]

$$S = 0.11 \frac{\int_0^{24} N \cdot g(z) \cdot z \mathrm{d}z}{\int_0^{24} N' \mathrm{d}z} \tag{2.17}$$

式中:$N'(z)$ 是特征响度;$g(z)$ 是一个临界频带关于 z(也就是频率) 的计权因子,对于 $z \leqslant 16 \, \mathrm{Bark}$,$g(z) = 1$,而 $z > 16 \, \mathrm{Bark}$ 时,$g(z) = 0.066^{0.171z}$。

从上式看出,尖锐度的计算原理是将特征响度乘以权函数进行积分,然后除以总响度。这样,尖锐度就与声级大小无关。

需要指出,稳态信号的 Zwicker 响度计算已经标准化,而绝大多数实际信号都是非稳态的。尽管已有关于波动强度、粗糙度、尖锐度的描述和计算公式,但它们并不都是很精确的。这就意味着,来自不同制造商的声质量分析设备,这些参数的采用方法将会不一样,可能给出不同的结果。还有其他一些在声质量评价中经常用到的客观测量参数,如愉悦度、烦恼度和峭度等。

3. 产品工程

当声质量成为一个重要的产品参数时,在新产品开发和工程设计过程中,就应该将其包括在设计技术指标中。如果早期进行这项工作,能节省后续的棘手的调整和成本。所需的声音技术规格可以通过利用声质量分析系统进行听音测试来合成及核准。总之,好产品的优良声质量是设计出来的。

2.5　本章小结

　　本章在介绍了人耳的构造及其听觉特性后,从生理学角度探讨了噪声对人体的危害并介绍了相应的噪声标准;接着详述了声压的基本概念及各种声学度量指标;最后介绍了心理声学的基本概念和产品的声质量评价方法。

第 3 章　声波方程及声场分布

　　为了分析噪声产生的机理和有效地控制噪声,首先需要了解声音传输特性。通常分析声辐射问题是求解一定边界条件下的波动方程。本章先从弹性介质波动方程得到 Helmholtz 方程,并利用分离变量法求解出 Helmholtz 方程在不同坐标系下方程解的形式,进而求解出圆柱薄壳和圆球薄壳的散射声场,并分析其声场分布特性。

3.1　引言:一维声学波动方程

　　在推导弹性体中的三维波动方程之前,我们先以推导一维声学波动方程作为引子,以便更好理解三维波动方程的推导过程。这里以音叉振动在空气介质中产生的一维平面声波为例。图 3.1(a)所示为音叉振动时在空气介质中产生的媒质疏密相间变化的声传播过程及其压力波动图,为了描述该平面声波的传播规律,从疏密相间变化的空间介质中任取一宽度为 $\mathrm{d}x$ 的微元,如图 3.1(b)所示。微元左侧 x 处的声压和质点位移分别为 $P(x)$ 和 $u(x)$,微元右侧 $x+\mathrm{d}x$ 处的声压和质点位移分别为 $P(x+\mathrm{d}x)$ 和 $u(x+\mathrm{d}x)$,根据牛顿第二定律可知

$$P(x) - P(x+\mathrm{d}x) = \rho\mathrm{d}x\frac{\partial^2 u}{\partial t^2} \tag{3.1}$$

式中:ρ 为空气介质密度。由式(3.1)可得

$$-\frac{\partial P}{\partial x} = \rho\frac{\partial^2 u}{\partial t^2} \tag{3.2}$$

由于质点速度 $v_x = \partial u/\partial t$,因此有

$$\frac{\partial v_x}{\partial t} + \frac{1}{\rho}\frac{\partial P}{\partial x} = 0 \tag{3.3}$$

上式即为一维欧拉(Euler)方程,表示 x 方向上的声压梯度与质点加速度之间的线性比例关系。

　　对方程(3.3)的形式进一步拓展成三维,即可得到如下的三维欧拉方程

$$\frac{\partial \boldsymbol{v}}{\partial t} + \frac{1}{\rho}\left(\frac{\partial P}{\partial x}\hat{\boldsymbol{x}} + \frac{\partial P}{\partial y}\hat{\boldsymbol{y}} + \frac{\partial P}{\partial z}\hat{\boldsymbol{z}}\right) = 0 \tag{3.4}$$

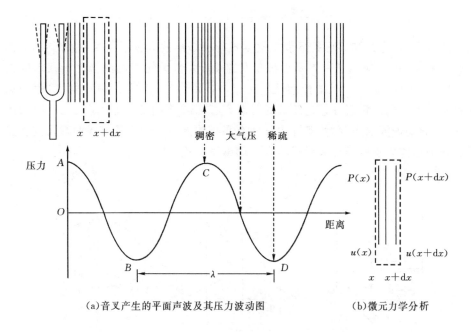

（a）音叉产生的平面声波及其压力波动图　　　（b）微元力学分析

图 3.1　应用微元力学分析来推导一维波动方程的示意图

式中：三维质点速度 $\boldsymbol{v} = (v_x, v_y, v_z)$，$\hat{\boldsymbol{x}}$、$\hat{\boldsymbol{y}}$、$\hat{\boldsymbol{z}}$ 分别为 x、y、z 轴方向上的单位矢量。

此外，根据胡克（Hook）定律可知

$$P = -E\frac{\partial u}{\partial x} \tag{3.5}$$

式中：E 是介质的体积弹性模量，其中负号表示声压为正时空气介质是压缩的，这和介质伸长 $\partial u/\partial x > 0$ 是反向的。

将式（3.2）两边对 x 求偏导，再利用式（3.5），可得

$$\frac{\partial^2 P}{\partial x^2} - \frac{1}{c^2}\frac{\partial^2 P}{\partial t^2} = 0 \tag{3.6}$$

式中：声速 $c = \sqrt{E/\rho}$。上式为均匀介质中的一维声学波动方程，其一般解的形式为

$$P(x,t) = A\mathrm{e}^{\pm\mathrm{i}(kx-\omega t)} = A\left[\cos(kx-\omega t) \pm \sin(kx-\omega t)\right] \tag{3.7}$$

式中：$k = \omega/c = 2\pi/\lambda$ 称为波数；ω 和 λ 分别为声波的角频率和波长；i 为虚数单位；A 为由初始或边界条件待确定的波动振幅。式（3.7）的平面波解的形式正好描述了图 3.1(a)中音叉振动时在空气介质中产生的声传播过程。

对方程（3.6）的形式进一步简单拓展成三维，即可得到三维声学波动方程

$$\frac{\partial^2 P}{\partial x^2} + \frac{\partial^2 P}{\partial y^2} + \frac{\partial^2 P}{\partial z^2} - \frac{1}{c^2}\frac{\partial^2 P}{\partial t^2} = 0 \tag{3.8}$$

式(3.8)的具体详细推导可见下节。根据式(3.8),声波具有不同的传播形式,如图3.2所示,图中(a)显示了一维平面波的传播,如大音叉或刚性机器面板振动时的声辐射;图中(b)显示了二维柱面波的传播,如无限长线声源的声辐射,实际中火车铁轨或火车的声辐射在较近距离时可看作柱面波;图中(c)显示了三维球面波的传播,如脉动球源的声辐射,实际中任何有限结构散射体在远场传播时都可看作是球面波的形式。这些声传播形式将在下面继续讨论。

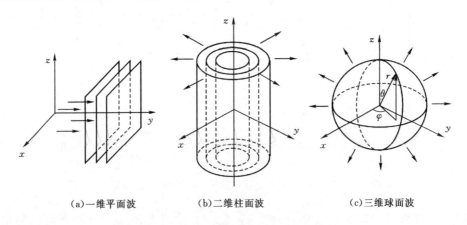

(a)一维平面波　　　　　(b)二维柱面波　　　　　(c)三维球面波

图3.2　声学波动方程的不同传播形式

3.2　弹性体中的波动方程

　　声波在弹性固体媒质中既能以纵波的形式传播,也能以横波的形式传播。声波在弹性体中的传播规律可借助弹性力学的基本方法得到。弹性力学以任意复杂形状的弹性体为研究对象,采用唯象法从更为普遍的观点上处理问题。在弹性力学中认为弹性体是由无数个微分单元体构成,从宏观角度看,这样的微元体是无穷小的,以致连续函数的理论能以足够精确的方式得到运用。但从物质微观结构的角度来看,这样的微元体包含无数的物质质点,又可看作是无穷大的。任取这样的一个微元体,以牛顿力学原理为基础,通过研究该微元体的应力-应变关系,建立起有关物理量之间的内在联系,从而可以得到各向异性弹性体中的波动方程。

　　本节将详细推导弹性体中的波动方程,由于在波动方程推导过程中要用到矢量分析的一些基本概念,如梯度、散度、旋度和势函数等,我们首先介绍这些基本概念。

3.2.1 矢量分析的基本概念

1. 梯度

标量函数 $u(M)$ 在任一点 M 处的梯度(记作 **grad**u)表示这样的矢量 G,其方向为函数 $u(M)$ 在 M 点处变化率最大的方向,其模也正好是这个最大变化率的数值,即 **grad**$u = G$。

我们知道,在直角坐标系中函数 $u(M)$ 沿 l 方向的方向导数为

$$\frac{\partial u}{\partial l} = \frac{\partial u}{\partial x}\cos\alpha + \frac{\partial u}{\partial y}\cos\beta + \frac{\partial u}{\partial z}\cos\gamma \tag{3.9}$$

式中:$(\cos\alpha, \cos\beta, \cos\gamma)$ 为 l 方向的方向余弦。借助上式,根据梯度定义即可得到梯度在直角坐标系中的表示式为

$$\mathbf{grad}u = \frac{\partial u}{\partial x}\hat{x} + \frac{\partial u}{\partial y}\hat{y} + \frac{\partial u}{\partial z}\hat{z} \tag{3.10}$$

式中:$\hat{x}$、$\hat{y}$、$\hat{z}$ 分别为 x、y、z 轴方向上的单位矢量。

此外,Hamilton 算子是一个矢性微分算子,其表示式为

$$\mathbf{V} \equiv \hat{x}\frac{\partial}{\partial x} + \hat{y}\frac{\partial}{\partial y} + \hat{z}\frac{\partial}{\partial z} \tag{3.11}$$

这里 $\mathbf{V}$ 是一个微分运算符号,但同时又要看作矢量。这样,用算子 $\mathbf{V}$ 可将梯度简记为

$$\mathbf{grad}u = \mathbf{V}u \tag{3.12}$$

2. 散度

在矢量场 $A(M)$ 中一点 M 处作一包含 M 点在内的任一闭曲面 S,设其所包围的空间区域为 Ω,其体积为 ΔV,以 $\Delta\Phi$ 表示从其内向外穿出 S 的通量。当 Ω 以任意方式缩向 M 点时,若比值

$$\frac{\Delta\Phi}{\Delta V} = \oiint A \cdot \mathrm{d}S/\Delta V \tag{3.13}$$

的极限存在,则称此极限为矢量场 $A(M)$ 在点 M 处的散度,记作 div$A$,即

$$\mathrm{div}A = \lim_{\Omega \to M}\frac{\Delta\Phi}{\Delta V} = \lim_{\Omega \to M}\oiint_S A \cdot \mathrm{d}S/\Delta V \tag{3.14}$$

由此定义可见,散度 div$A$ 为一数量,表示场中一点处的通量对体积的变化率,也就是在该点处单位体积所穿出之通量,称为该点处**源的强度**。绝对值 $|\mathrm{div}A|$ 表示在该点处穿出通量的强度,div$A$ 的符号为正或为负则分别表示有散发通量的正源或有吸收通量的负源;当 div$A$ 之值为零时,就表示在该点处无源。由此,称 div$A \equiv 0$ 的场为**无源场**。

根据 $\mathbf{\nabla}$ 算子的运算规则,我们可以推导出散度

$$\mathrm{div}\boldsymbol{A} = \mathbf{\nabla} \cdot \boldsymbol{A} \tag{3.15}$$

3. 旋度

为了说明旋度的定义,首先引入**环量面密度**的概念。

在矢量场 $\boldsymbol{A}$ 中任一点 M 处取定一个方向 $\boldsymbol{n}$,再过 M 点作一微小曲面 $\triangle S$,以 $\boldsymbol{n}$ 为其在 M 点处的法矢,$\triangle S$ 的周界 $\triangle l$ 之正向取作与 $\boldsymbol{n}$ 构成右手螺旋关系。则矢量场沿 $\triangle l$ 之正向的环量 $\triangle \Gamma$ 与面积 $\triangle S$ 之比,当曲面 $\triangle S$ 在 M 点处保持以 $\boldsymbol{n}$ 为法矢的条件下以任意方式缩向 M 点时,若其极限

$$\lim_{\triangle S \to M} \frac{\triangle \Gamma}{\triangle S} = \lim_{\triangle S \to M} \oint_{\triangle l} \boldsymbol{A} \cdot \mathrm{d}\boldsymbol{l} / \triangle S \tag{3.16}$$

存在,则称它为矢量场在点 M 处沿方向 $\boldsymbol{n}$ 的环量面密度(亦即环量对面积的变化率)。

若在矢量场 $\boldsymbol{A}$ 中的一点 M 处存在环量面密度为最大的矢量,则这个矢量就称为矢量场 $\boldsymbol{A}$ 在点 M 处的旋度,记作 $\mathrm{rot}\boldsymbol{A}$。旋度矢量在数值和方向上表示最大的环量面密度。

根据 $\mathbf{\nabla}$ 算子的运算规则,我们可以同样推导出

$$\mathrm{rot}\boldsymbol{A} = \mathbf{\nabla} \times \boldsymbol{A} = \begin{vmatrix} \hat{x} & \hat{y} & \hat{z} \\ \dfrac{\partial}{\partial x} & \dfrac{\partial}{\partial y} & \dfrac{\partial}{\partial z} \\ A_x & A_y & A_z \end{vmatrix} \tag{3.17}$$

4. 势函数

对于一矢量场 $\boldsymbol{A}(M)$,若存在单值标量函数 $u(M)$ 满足

$$\boldsymbol{A} = -\mathbf{\nabla}u \tag{3.18}$$

则称矢量场 $\boldsymbol{A}(M)$ 为有势场,并称 $u(M)$ 为这个场的势函数。一个矢量场的势函数有无穷多个,但它们之间只相差一个常数。

5. 无旋场和无源场

对于任一标量函数 $\varphi(x,y,z)$,存在恒等式 $\mathbf{\nabla} \times (\mathbf{\nabla}\varphi) \equiv 0$。因而若单连域内矢量场 $\boldsymbol{A}$ 的旋度为零,即 $\mathbf{\nabla} \times \boldsymbol{A} = 0$,则矢量场 $\boldsymbol{A}$ 必为有势场。反之,若矢量场 $\boldsymbol{A}$ 为有势场,则其旋度为零。一般称旋度恒为零的场为无旋场。

此外,对于任一矢量场 $\boldsymbol{B}(x,y,z)$,存在恒等式 $\mathbf{\nabla} \cdot (\mathbf{\nabla} \times \boldsymbol{B}) \equiv 0$。前面讲过,设有矢量场 $\boldsymbol{C}(x,y,z)$,若有 $\mathbf{\nabla} \cdot \boldsymbol{C} \equiv 0$,则称此矢量场为**无源场**(也称管形场)。因而,矢量场 $\boldsymbol{C}$ 为无源场的充要条件是它为另一个矢量场 $\boldsymbol{B}$ 的旋度场,即 $\boldsymbol{C} = \mathbf{\nabla} \times \boldsymbol{B}$。

3.2.2　弹性体中波动方程的推导

下面我们考虑声波在均匀、各向同性弹性介质中传播的情形。对这类介质可用杨氏弹性模量 E 和泊松比 ν，或者用称为拉梅（Lamé）常数的两个弹性常数 λ 和 μ 来表示它们的特性（切变模量 G 等于第二拉梅常数 μ），它们之间的关系如下

$$\left.\begin{array}{c} \lambda = \dfrac{E\nu}{(1-2\nu)(1+\nu)} \\[3mm] \mu = \dfrac{E}{2(1+\nu)} \\[3mm] \nu = \dfrac{\lambda}{2(\lambda+\mu)} \end{array}\right\} \tag{3.19}$$

下面我们将用微元法来简单推导弹性介质中的声波方程。

设想在介质中任取一体积足够小的微元体，该微元体的位移可以用向量 $\boldsymbol{u}$ 来表示，但要确切地表示微元体的应力 $\boldsymbol{\sigma}$ 必须同时指明其作用面的方位。如图 3.3 所示，在给定直角坐标系 $Oxyz$ 中，过微元体有三个平行于坐标平面的微分截面，图上示出了这些面上的正应力及剪应力。其中应力分量用带有两个下标的符号表示，第一个下标指明了面元外法线的方向，第二个下标表示应力的方向。如果把外法线方向与坐标轴正向一致的微元面定义为正面，则外法线方向与坐标轴负向一致者为负面。这样就可按如下方式确定应力分量的正负号：在正面上应力分量与坐标轴一致时为正，在负面上应力分量与坐标轴反向时为正，其余均为负。此外，根据剪应力互等定理，应有

$$\left.\begin{array}{c} \sigma_{xy} = \sigma_{yx} \\[1mm] \sigma_{yz} = \sigma_{zy} \\[1mm] \sigma_{zx} = \sigma_{xz} \end{array}\right\} \tag{3.20}$$

对于介质密度为 ρ 的微元体，当没有外力作用时，根据牛顿第二定律可得到微元体的运动微分方程

$$\left.\begin{array}{c} \dfrac{\partial \sigma_{xx}}{\partial x} + \dfrac{\partial \sigma_{xy}}{\partial y} + \dfrac{\partial \sigma_{xz}}{\partial z} = \rho\,\dfrac{\partial^2 u_x}{\partial t^2} \\[3mm] \dfrac{\partial \sigma_{xy}}{\partial x} + \dfrac{\partial \sigma_{yy}}{\partial y} + \dfrac{\partial \sigma_{yz}}{\partial z} = \rho\,\dfrac{\partial^2 u_y}{\partial t^2} \\[3mm] \dfrac{\partial \sigma_{xz}}{\partial x} + \dfrac{\partial \sigma_{yz}}{\partial y} + \dfrac{\partial \sigma_{zz}}{\partial z} = \rho\,\dfrac{\partial^2 u_z}{\partial t^2} \end{array}\right\} \tag{3.21}$$

在直角坐标系中，应力张量 $\boldsymbol{u}$ 的分量和应变张量 $\boldsymbol{\varepsilon}$ 的分量具有下列关系

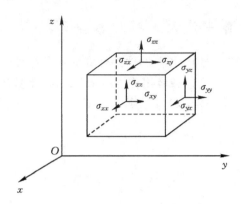

图 3.3　微元体应力张量示意图

$$
\left.\begin{array}{l}
\sigma_{xx} = \lambda \, \mathbf{\nabla} \cdot \mathbf{u} + 2\mu\varepsilon_{xx} \\[4pt]
\sigma_{xy} = 2\mu\varepsilon_{xy} \\[4pt]
\sigma_{yy} = \lambda \, \mathbf{\nabla} \cdot \mathbf{u} + 2\mu\varepsilon_{yy} \\[4pt]
\sigma_{yz} = 2\mu\varepsilon_{yz} \\[4pt]
\sigma_{zz} = \lambda \, \mathbf{\nabla} \cdot \mathbf{u} + 2\mu\varepsilon_{zz} \\[4pt]
\sigma_{zx} = 2\mu\varepsilon_{zx}
\end{array}\right\} \tag{3.22}
$$

式中：$\mathbf{\nabla}$ 为 Hamilton 算子，$\mathbf{\nabla} = \hat{\mathbf{x}}\dfrac{\partial}{\partial x} + \hat{\mathbf{y}}\dfrac{\partial}{\partial y} + \hat{\mathbf{z}}\dfrac{\partial}{\partial z}$，其中 $\hat{\mathbf{x}}$、$\hat{\mathbf{y}}$、$\hat{\mathbf{z}}$ 分别为 x、y、z 轴方向上的单位矢量；散度 $\mathrm{div}\,\mathbf{u} = \mathbf{\nabla} \cdot \mathbf{u}$；应变张量的分量 ε_{xx}、ε_{yy}、ε_{zz} 描述介质微元体在 x、y、z 轴方向的长度变化，而分量 ε_{xy}、ε_{yz}、ε_{zx} 分别表示微元体在 xy、yz、zx 平面中的转动。

在直角坐标系中，位移向量 $\mathbf{u}$ 的分量和应变张量 $\boldsymbol{\varepsilon}$ 的分量具有下列关系

$$
\left.\begin{array}{l}
\varepsilon_{xx} = \dfrac{\partial u_x}{\partial x} \\[10pt]
\varepsilon_{yy} = \dfrac{\partial u_y}{\partial y} \\[10pt]
\varepsilon_{zz} = \dfrac{\partial u_z}{\partial z} \\[10pt]
\varepsilon_{xy} = \dfrac{1}{2}\left(\dfrac{\partial u_x}{\partial y} + \dfrac{\partial u_y}{\partial x}\right) \\[10pt]
\varepsilon_{yz} = \dfrac{1}{2}\left(\dfrac{\partial u_y}{\partial z} + \dfrac{\partial u_z}{\partial y}\right) \\[10pt]
\varepsilon_{zx} = \dfrac{1}{2}\left(\dfrac{\partial u_x}{\partial z} + \dfrac{\partial u_z}{\partial x}\right)
\end{array}\right\} \tag{3.23}
$$

将式(3.22)代入式(3.21)中,然后用式(3.23)替代应变张量 $\boldsymbol{\varepsilon}$ 的分量,这样就得到用位移向量场 $\boldsymbol{u}$ 描述的各向同性弹性介质中的声波运动方程

$$(\lambda + 2\mu) \boldsymbol{\nabla}^2 \boldsymbol{u} + (\lambda + \mu) \boldsymbol{\nabla} \times (\boldsymbol{\nabla} \times \boldsymbol{u}) = \rho \frac{\partial^2 \boldsymbol{u}}{\partial t^2} \qquad (3.24)$$

式中: $\boldsymbol{\nabla}^2$ 又称为拉普拉斯算子。在其推导过程中还应用了下面恒等式

$$\boldsymbol{\nabla}\boldsymbol{\nabla} \cdot \boldsymbol{u} = \boldsymbol{\nabla} \times \boldsymbol{\nabla} \times \boldsymbol{u} + \boldsymbol{\nabla}^2 \boldsymbol{u} \qquad (3.25)$$

上述推导过程虽然是在直角坐标系下完成的,但其思路依然适用于其他坐标系下。在圆柱坐标系和球坐标系下应力张量、应变张量和位移向量之间的关系请见附录 A。

对于时谐运动,表达时间变化的关系可采用 $e^{+i\omega t}$ 的形式或 $e^{-i\omega t}$ 的形式,其中 ω 为声波的角频率。从式(3.24)可看出,采用这两种形式是一样的。我们这里采用 $e^{-i\omega t}$ 的时间关系表达形式,若要改变到另一种书写形式时,只要在所有表达式中 i 的前面改变为反号就行了。将 $\boldsymbol{u}(\boldsymbol{r},t) = \boldsymbol{u}(\boldsymbol{r})e^{-i\omega t}$ 形式代入波动方程(3.24)中,则得到

$$(\lambda + 2\mu) \boldsymbol{\nabla}^2 \boldsymbol{u} + (\lambda + \mu) \boldsymbol{\nabla} \times (\boldsymbol{\nabla} \times \boldsymbol{u}) = -\omega^2 \rho \boldsymbol{u} \qquad (3.26)$$

式(3.24)和式(3.26)即为各向同性弹性介质中关于质点位移场的波动方程。

3.3　速度势和 Helmholtz 方程

3.3.1　理想流体中的速度势函数

理想流体是理想化的流体模型,指绝对不可压缩的、完全没有粘性的流体。一般来说,绝大多数的流体和在恒温恒压下的气体都可以认为是理想流体。

1. 流体中的动量方程

流体中的动量方程是牛顿第二定律在运动流体中的数学表示。根据流体连续介质中的动量方程,可得介质中质点的振动速度向量 $\boldsymbol{v}$ 和声压 P 之间的如下关系

$$\frac{\partial \boldsymbol{v}}{\partial t} + \frac{1}{\rho} \boldsymbol{\nabla} P = 0 \qquad (3.27)$$

上式也称欧拉(Euler)方程,表示任意给定方向上的声压梯度与微粒加速度成比例。

2. 速度势

在理想流体中,没有粘滞性,切变模量 $G = \mu = 0$,则作用在微元体上的合力通过微元体中心,且对中心的转动力矩等于零,因此不存在表征介质元的转动分量,

即 $\nabla \times u = 0$。这样,方程(3.26)归结为如下关于位移 u 的 Helmholtz 方程

$$\nabla^2 u + k^2 u = 0 \tag{3.28}$$

式中:$k = \omega/c$ 称为流体中的波数,而 $c = \sqrt{\lambda/\rho}$ 为流体中声传播速度。

在谐和运动情况下,质点速度 $v = -\mathrm{i}\omega u$,因而亦有

$$\nabla^2 v + k^2 v = 0 \tag{3.29}$$

由于理想流体中 $\nabla \times v = 0$,根据恒等式 $\nabla \times (\nabla\varphi) \equiv 0$($\varphi(x,y,z,t)$ 为任一标量函数),我们总可以找到一标量函数 Φ 使 $v = -\nabla\Phi$。根据势函数的定义式(3.18)可知,此时标量函数 Φ 即为**速度势**函数。此外,利用欧拉方程(3.27)还可得到

$$P = \rho \frac{\partial \Phi}{\partial t} \tag{3.30}$$

这也就是说,虽然声场是向量场,但我们仅用一个标量函数 $\Phi(x,y,z,t)$ 就可以同时确定这个声场的声压和振动位移。并非所有向量场都能用一个标量势函数来完全描述。从上述推导来看,这个场必须满足条件 $\nabla \times v = 0$,即是无旋场。

对于时谐运动,由式(3.30)可得 $P = -\mathrm{i}\omega\rho\Phi$,这样速度势和声压之间只差一个常数因子。因此,在理想流体中描述声波的一般现象时,常常把声压和速度势这两个词当作同义语来使用。也就是说,理想流体中关于速度势函数 Φ 和声压函数 P 的下面两个 Helmholtz 方程在描述声场规律时是完全等价的

$$\nabla^2 \Phi + k^2 \Phi = 0 \tag{3.31}$$
$$\nabla^2 P + k^2 P = 0 \tag{3.32}$$

事实上,关于位移 u 和质点振动速度 v 的 Helmholtz 方程(3.28)和(3.29)与上面方程(3.31)和(3.32)亦是相互等价的。

这样,由于理想流体中的声场是无旋场,其中只有纵波传播,而对声波传播规律的描述可通过 Helmholtz 方程(3.28)、(3.29)、(3.31)和(3.32)中的任一个来实现。

3.3.2　弹性固体中的势函数和 Helmholtz 方程

在一般情况下,弹性体不同于流体介质,它的位移向量场不能用单一标量势函数来表示。这是因为在弹性固体中,微元体的界面上还存在切应力,如图 3.3 所示。这样在微元体上就作用有转动矩,微元体除了平动位移之外还要作转动,因而 $\nabla \times u \neq 0$,因此不能只引进一个标量势函数来描述其整个运动。除了这个标量函数之外,还需要引入一个向量函数。根据 Helmholtz 定理,任一矢量场总可以表示成无旋场和无源场之和的形式。因此,可将弹性体中位移向量表示成两个向量之和

$$u = u_1 + u_2 \tag{3.33}$$

式中:矢量 $\boldsymbol{u}_1$ 是无旋场,且满足 $\boldsymbol{\nabla} \times \boldsymbol{u}_1 = 0$;而矢量 $\boldsymbol{u}_2$ 是无源场,且满足 $\boldsymbol{\nabla} \cdot \boldsymbol{u}_2 = 0$。

这样,对于无旋场 $\boldsymbol{u}_1$,它总可以表示成某一个标量函数 Ψ 的梯度的形式,并可称为标量势函数,也即 $\boldsymbol{u}_1 = \boldsymbol{\nabla}\Psi$。$\boldsymbol{u}_1$ 的移动和介质微分元的转动无关,而仅使体积变化,因为 $\boldsymbol{\nabla} \cdot \boldsymbol{u}_1 = \boldsymbol{\nabla}^2\Psi \neq 0$。相反地,$\boldsymbol{u}_2$ 场是纯旋量,其对应的位移与介质体积的形变无关,而只是表现为转动。这个向量场可以写成向量函数 $\boldsymbol{A}$ 的旋度的形式,并可称为向量势函数,即 $\boldsymbol{u}_2 = \boldsymbol{\nabla} \times \boldsymbol{A}$。因而,式(3.33)可以写成

$$\boldsymbol{u} = \boldsymbol{\nabla}\Psi + \boldsymbol{\nabla} \times \boldsymbol{A} \tag{3.34}$$

的形式,Ψ 和 $\boldsymbol{A}$ 函数对应于位移场的标量势和向量势。

把式(3.34)代入式(3.26)中,然后对等式两边取散度,并改变算子运算次序,由于 $\boldsymbol{\nabla} \cdot (\boldsymbol{\nabla} \times \boldsymbol{A}) \equiv 0$,所有含向量势的项均为零,因而有

$$(\lambda + 2\mu)\boldsymbol{\nabla}^2(\boldsymbol{\nabla} \cdot \boldsymbol{\nabla}\Psi) + \omega^2\rho(\boldsymbol{\nabla} \cdot \boldsymbol{\nabla}\Psi) = 0 \tag{3.35}$$

改变上式算子运算次序,可得

$$\boldsymbol{\nabla} \cdot [(\lambda + 2\mu)\boldsymbol{\nabla}^2(\boldsymbol{\nabla}\Psi) + \omega^2\rho(\boldsymbol{\nabla}\Psi)] = 0 \tag{3.36}$$

又因为 $\boldsymbol{\nabla} \times \boldsymbol{u}_1 = \boldsymbol{\nabla} \times (\boldsymbol{\nabla}\Psi) \equiv 0$

$$\boldsymbol{\nabla} \times [(\lambda + 2\mu)\boldsymbol{\nabla}^2(\boldsymbol{\nabla}\Psi) + \omega^2\rho(\boldsymbol{\nabla}\Psi)] = 0 \tag{3.37}$$

对比式(3.36)和式(3.37)可知,方括号内标量对算子 $\boldsymbol{\nabla} \cdot$ 和 $\boldsymbol{\nabla} \times$ 都等于零,因此它只能恒等于零。于是有

$$(\lambda + 2\mu)\boldsymbol{\nabla}^2(\boldsymbol{\nabla}\Psi) + \omega^2\rho(\boldsymbol{\nabla}\Psi) = 0 \tag{3.38a}$$

也即

$$(\lambda + 2\mu)\boldsymbol{\nabla}^2\boldsymbol{u}_1 + \omega^2\rho\boldsymbol{u}_1 = 0 \tag{3.38b}$$

类似地,把式(3.34)代入式(3.26)中,然后对等式两边取旋度,由于 $\boldsymbol{\nabla} \times (\boldsymbol{\nabla}\Psi) \equiv 0$,可得

$$(\lambda + 2\mu)\boldsymbol{\nabla}^2(\boldsymbol{\nabla} \times \boldsymbol{\nabla} \times \boldsymbol{A}) + (\lambda + \mu)\boldsymbol{\nabla} \times \boldsymbol{\nabla} \times (\boldsymbol{\nabla} \times \boldsymbol{\nabla} \times \boldsymbol{A}) = -\omega^2\rho\boldsymbol{\nabla} \times \boldsymbol{\nabla} \times \boldsymbol{A} \tag{3.39}$$

对上式第二项应用恒等式(3.25),从而有

$$\boldsymbol{\nabla} \times [\mu\boldsymbol{\nabla}^2(\boldsymbol{\nabla} \times \boldsymbol{A}) + \omega^2\rho(\boldsymbol{\nabla} \times \boldsymbol{A})] = 0 \tag{3.40}$$

又由于 $\boldsymbol{\nabla} \cdot (\boldsymbol{\nabla} \times \boldsymbol{A}) \equiv 0$

$$\boldsymbol{\nabla} \cdot [\mu\boldsymbol{\nabla}^2(\boldsymbol{\nabla} \times \boldsymbol{A}) + \omega^2\rho(\boldsymbol{\nabla} \times \boldsymbol{A})] = 0 \tag{3.41}$$

因而有

$$\mu\boldsymbol{\nabla}^2(\boldsymbol{\nabla} \times \boldsymbol{A}) + \omega^2\rho(\boldsymbol{\nabla} \times \boldsymbol{A}) = 0 \tag{3.42a}$$

也即

$$\mu\nabla^2\boldsymbol{u}_2 + \omega^2\rho\boldsymbol{u}_2 = 0 \tag{3.42b}$$

方程式(3.38)和(3.42)分别是关于矢量 $\boldsymbol{u}_1 = \boldsymbol{\nabla}\Psi$ 和 $\boldsymbol{u}_2 = \boldsymbol{\nabla} \times \boldsymbol{A}$ 的 Helmholtz 方程,也就是方程式关于矢量的每个分量都分别成立,因而可得到势函数 Ψ 和 $\boldsymbol{A}$

分别满足下列方程

$$\mathbf{V}^2 \Psi + k_1^2 \Psi = 0 \tag{3.43}$$

$$\mathbf{V}^2 \mathbf{A} + k_t^2 \mathbf{A} = 0 \tag{3.44}$$

式中：$k_1 = \omega / c_1$ 和 $k_t = \omega / c_t$ 分别是纵波和横波的波数。并且

$$c_1 = \sqrt{\frac{\lambda + 2\mu}{\rho}}, c_t = \sqrt{\frac{\mu}{\rho}} \tag{3.45}$$

分别是纵波和横波的波速。

比较式(3.45)的纵波速度和横波速度表达式可知，纵波速度一定大于横波速度。例如，利用这一点可以给我们提供地震预警。地震波主要包含纵波和横波。纵波是推进波，在地球内部传播速度为 5.5～7 km/s，最先到达震中地面，又称 P 波（primary wave），它使地面发生上下颠簸振动，破坏性较弱；而横波是剪切波，在地壳中的传播速度为 3.2～4.0 km/s，第二个到达震中地表，又称 S 波（secondary wave），它使地面发生前后、左右抖动，破坏性较强。横波是地震时造成建筑物破坏的主要原因。地震时，纵波总是先到达地表，而横波总落后一步。一般人们先感到上下颠簸，过数秒到十几秒后才感到有很强的水平晃动。这一点非常重要，因为纵波给我们一个警告，告诉我们造成建筑物破坏的横波马上要到了，快点作出防备。

利用关系式(3.19)，式(3.45)可用杨氏模量和泊松系数表示如下

$$c_1 = \sqrt{\frac{E(1-\nu)}{\rho(1+\nu)(1-2\nu)}}, c_t = \sqrt{\frac{E}{2\rho(1+\nu)}} \tag{3.46}$$

这样一来，在弹性体中位移场就可以分解成纵波场和横波场。在其总和场中，这两个成分各以不同的速度传播，互不相关。

方程(3.44)实际上包含了向量势三个不同方向的 Helmholtz 方程。但在一些特殊或对称情况下，方程(3.44)可以得到简化。

考虑二维平面问题，设所有位移分量与坐标轴的 y 轴分量无关，而且振动位移是在 xOz 平面中。由于位移向量 $\mathbf{u}_2 = \mathbf{V} \times \mathbf{A}$ 总是垂直于向量势 $\mathbf{A}$，所以向量势 $\mathbf{A}$ 一定垂直于进行振动的那个平面，就是说向量势 $\mathbf{A}$ 只有沿 y 轴方向的分量不等于零。在此情况，方程(3.44)简化为标量方程

$$\mathbf{V}^2 \mathbf{A}_y + k_t^2 \mathbf{A}_y = 0 \tag{3.47}$$

在二维圆柱坐标系中可得到与二维平面问题类似的方程，且 Hamilton 算子是 (r, φ) 两度空间的算子。

在球坐标系 (r, θ, φ) 中的轴对称振动情况，与绕 $\theta = 0$ 轴转动无关，位移分量落在由 $\theta = 0$ 轴和直径组成的平面内。在此情况，向量势 $\mathbf{A}$ 只有沿坐标 φ 方向的分量不等于零，这时方程(3.44)变成

$$\nabla^2 \boldsymbol{A}_\varphi + k_\mathrm{t}^2 \boldsymbol{A}_\varphi = 0 \tag{3.48}$$

这里 Hamilton 算子是 (r,θ) 两度空间的算子。

在轴对称振动情况下,与绕 $\theta=0$ 轴转动有关,此时向量势 $\boldsymbol{A}$ 的 φ 方向分量 $\boldsymbol{A}_\varphi=0$,因为所有质点的运动是在 θ 等于常数的圆周上进行,并且向量势 $\boldsymbol{A}$ 将指向与 $\theta=0$ 轴平行的方向。

方程式(3.43)和(3.44)分别是关于标量势和向量势的 Helmholtz 方程,分别描述了在各向同性弹性介质中纵波和横波的传播规律,在形式上它们都如同理想流体中关于位移矢量的 Helmholtz 方程(3.28)。一旦分别求解出式(3.43)标量势函数和式(3.44)矢量势函数的解,就可通过式(3.33)得到弹性介质中的位移矢量场,再先后通过式(3.23)和式(3.22)得到弹性介质中的应力张量场,这样整个弹性空间中的声场分布就完全确定了。

Helmholtz 方程规定了均匀介质中声波传播的物理规律,它是极其重要的。下面我们将进一步寻求 Helmholtz 方程的解的形式。

3.4　Helmholtz 方程求解

对于一般 Helmholtz 方程

$$\nabla^2 \varphi + k^2 \varphi = 0 \tag{3.49}$$

这里 φ 可以是任何物理量,我们将分别在直角坐标系、圆柱坐标系和球坐标系下求解该方程的解的形式。

3.4.1　直角坐标系下 Helmholtz 方程解的形式

我们知道平面波是 Helmholtz 方程最基本的解,该方程在直角坐标系中的解为

$$\varphi = \varphi_0 \, \mathrm{e}^{\mathrm{i}(k_x x + k_y y + k_z z)} = \varphi_0 \, \mathrm{e}^{\mathrm{i}\boldsymbol{k}\cdot\boldsymbol{r}} \tag{3.50}$$

式中:$\boldsymbol{k} = \hat{\boldsymbol{x}}k_x + \hat{\boldsymbol{y}}k_y + \hat{\boldsymbol{z}}k_z$;$\boldsymbol{r} = \hat{\boldsymbol{x}}x + \hat{\boldsymbol{y}}y + \hat{\boldsymbol{z}}z$;$\varphi_0$ 为复常数。

若取 φ 为声压 P,考虑到 $\nabla(\mathrm{e}^{\mathrm{i}\boldsymbol{k}\cdot\boldsymbol{r}}) = \mathrm{i}\boldsymbol{k}\mathrm{e}^{\mathrm{i}\boldsymbol{k}\cdot\boldsymbol{r}}$,则根据 Euler 方程(3.27)可得到时谐运动的质点振动速度向量为

$$\boldsymbol{v} = \frac{\varphi_0}{\omega\rho}\boldsymbol{k}\,\mathrm{e}^{\mathrm{i}\boldsymbol{k}\cdot\boldsymbol{r}} \tag{3.51}$$

在无耗媒质中 $\boldsymbol{k}$ 为实矢量,$\boldsymbol{k} = \hat{\boldsymbol{k}}k = \hat{\boldsymbol{k}}\omega/c$,$\hat{\boldsymbol{k}}$ 为传播方向单位矢量。

声学中把媒质中任何一点处的声压与该点的质点振动速度之比称为该处的**声阻抗率**。这样平面波的声阻抗 Z_S 为

$$Z_\mathrm{S} = \frac{P}{|\boldsymbol{v}|} = \rho c \tag{3.52}$$

这是声压与振动速度间的重要关系式。对于无衰减的平面波来说,媒质各点的声阻抗率是一恒量 ρc,它反映了媒质的一种声学特性,是媒质对振动面运动的反作用的定量描述,因而也常称为媒质的特性阻抗。由于平面声波的声阻抗恰好等于媒质的特性阻抗,所以可以说**平面声波处处与媒质的特性阻抗相匹配**。

应该指出,在一般情况下声压与振动速度不一定同相,这时声阻抗是一复数,即

$$Z_S = R_S + iI_S \tag{3.53}$$

式中:R_S 是声阻抗的实部,称为声阻;I_S 是声阻抗的虚部,称为声抗。声阻反映了能量的损耗,不过它代表的不是能量转化成热,而是代表着能量从一处向另一处的转移,即"传播损耗"。

对于许多实际问题平面波解是很好的近似,如远离声源或衍射体的波可近似为平面波。

3.4.2 圆柱坐标系下 Helmholtz 方程解的形式

在圆柱坐标系(r,θ,z)下,Helmholtz 方程(3.49)具有下面形式

$$\frac{1}{r}\frac{\partial}{\partial r}\left(r\frac{\partial \varphi}{\partial r}\right) + \frac{1}{r^2}\frac{\partial^2 \varphi}{\partial \theta^2} + \frac{\partial^2 \varphi}{\partial z^2} + k^2\varphi = 0 \tag{3.54}$$

这里采用分离变量法来求解上式。分离变量法是将一个偏微分方程分解为两个或多个只含一个变量的常微分方程,附录 B 中给出了分离变量法求解偏微分方程的应用举例。

为求解式(3.54),设 $\varphi(r,\theta,z) = R(r)\Theta(\theta)Z(z)$,经过分离变量后分别得到关于 $R(r)$、$\Theta(\theta)$ 和 $Z(z)$ 的如下方程

$$\frac{1}{r}\frac{\mathrm{d}}{\mathrm{d}r}\left(r\frac{\mathrm{d}R}{\mathrm{d}r}\right) + \left(k_1^2 - \frac{m^2}{r^2}\right)R = 0 \tag{3.55}$$

$$\frac{\mathrm{d}^2\Theta}{\mathrm{d}\theta^2} + m^2\Theta = 0 \tag{3.56}$$

$$\frac{\mathrm{d}^2 Z}{\mathrm{d}z^2} + k_2^2 Z = 0 \tag{3.57}$$

式中:k_1、k_2 和 m 是分离变量时引进的常数,且 $k = \sqrt{k_1^2 + k_2^2}$。

对于方程(3.55),令 $\xi = k_1 r$,则其化为标准 Bessel 方程[4]

$$\frac{\mathrm{d}^2 R}{\mathrm{d}\xi^2} + \frac{1}{\xi}\frac{\mathrm{d}R}{\mathrm{d}\xi} + \left(1 - \frac{m^2}{\xi^2}\right)R = 0 \tag{3.58}$$

Bessel 方程(3.58)的解为柱函数,共有三种相互线性无关的解的形式。

1. 第一类 Bessel 函数 $J_m(\xi)$

第一类 Bessel 函数的级数表示如下

$$\mathrm{J}_m(\xi) = \sum_{s=0}^{\infty} \frac{(-1)^s}{s!} \frac{1}{\Gamma(m+s+1)} \left(\frac{\xi}{2}\right)^{2s+m} \tag{3.59}$$

式中：m 为 Bessel 函数的阶次。图 3.4 表示第一类 Bessel 函数 $\mathrm{J}_m(\xi)$ 在 0 阶、1 阶和 2 阶时的曲线形状。从图中可以得到 Bessel 函数的 $\mathrm{J}_m(\xi)$ 几点性质：

① $\mathrm{J}_m(\xi)$ 是振荡衰减的，在整个实轴上没有奇点；

② $\mathrm{J}_m(0) = \begin{cases} 1 & \text{当 } m=0 \\ 0 & \text{当 } m \neq 0 \end{cases}$。

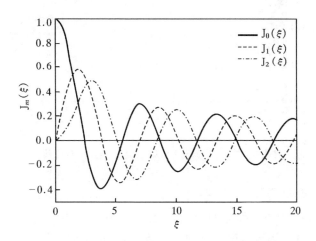

图 3.4　0 阶、1 阶和 2 阶第一类 Bessel 函数曲线

2. 第二类 Bessel 函数 $\mathrm{Y}_m(\xi)$

第二类 Bessel 函数也称为 Neumann 函数，其级数展开式表示为

$$\mathrm{Y}_m(\xi) = \frac{2}{\pi} \mathrm{J}_m(\xi) \ln \frac{\xi}{2} - \frac{1}{\pi} \sum_{s=0}^{m-1} \frac{(m-s-1)!}{s!} \left(\frac{\xi}{2}\right)^{2s-m}$$

$$- \frac{1}{\pi} \sum_{s=0}^{\infty} \frac{(-1)^s}{s!(m+s)!} \left[\Psi(m+s+1) + \Psi(s+1)\right] \left(\frac{\xi}{2}\right)^{2s+m} \tag{3.60}$$

式中：$\Psi(y) = \Gamma'(y)/\Gamma(y)$，$\Gamma$ 为 Gamma 函数。

由式(3.60)看出，当 $\xi \to 0$ 时

$$\mathrm{Y}_0(\xi) \sim \frac{2}{\pi} \ln \frac{\xi}{2}, \quad \mathrm{Y}_m(\xi) \sim -\frac{(m-1)!}{\pi} \left(\frac{\xi}{2}\right)^{-m} \quad (m \geqslant 1) \tag{3.61}$$

图 3.5 表示第二类 Bessel 函数 $\mathrm{Y}_m(\xi)$ 在 0 阶、1 阶和 2 阶时的曲线形状。从图中可以得到 Bessel 函数 $\mathrm{Y}_m(\xi)$ 的几点性质：

① $\mathrm{Y}_m(\xi)$ 也是振荡衰减的；

② $\xi = 0$ 是 $\mathrm{Y}_m(\xi)$ 的唯一奇点，且当 $\xi \to 0$，$\mathrm{Y}_m(\xi) \to \infty$。

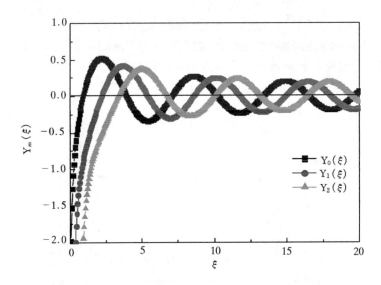

图 3.5　0 阶、1 阶和 2 阶第二类 Bessel 函数曲线

3. 第三类 Bessel 函数

第三类 Bessel 函数又称为 Hankel 函数。作为 Bessel 方程的另外一对重要的线性无关解,Hankel 函数有第一类和第二类之分,分别定义为

$$H_m^{(1)}(\xi) = J_m(\xi) + iY_m(\xi) \tag{3.62}$$

$$H_m^{(2)}(\xi) = J_m(\xi) - iY_m(\xi) \tag{3.63}$$

实际上第一类 Hankel 函数 $H_m^{(1)}(\xi)$ 和第二类 Hankel 函数 $H_m^{(2)}(\xi)$ 分别描述了二维波动方程的内行柱面波解和外行柱面波解。由于 $J_m(\xi)$ 和 $Y_m(\xi)$ 是线性无关的解,故 $H_m^{(1)}(\xi)$ 和 $H_m^{(2)}(\xi)$ 也是线性无关的。也就是说,不论 m 值是否取整数,$J_m(\xi)$、$Y_m(\xi)$、$H_m^{(1)}(\xi)$、$H_m^{(2)}(\xi)$ 中的任意两个都是 Bessel 方程的线性无关解。

此外,方程(3.56)和(3.57)的解分别为

$$\Theta = Ae^{im\theta} + Be^{-im\theta} \tag{3.64}$$

$$Z = Ce^{ik_2z} + De^{-ik_2z} \tag{3.65}$$

式中:A、B、C 和 D 均为常数系数。

这样,Helmholtz 方程(3.49)在圆柱坐标系下 m 阶次的解的形式就可写成

$$\varphi_m(r,\theta,z) = J_m(kr\sin\alpha)e^{ikz\cos\alpha}e^{im\theta} \tag{3.66a}$$

$$\varphi_m(r,\theta,z) = H_m^{(1)}(kr\sin\alpha)e^{ikz\cos\alpha}e^{im\theta} \tag{3.66b}$$

$$\varphi_m(r,\theta,z) = H_m^{(2)}(kr\sin\alpha)e^{ikz\cos\alpha}e^{im\theta} \tag{3.66c}$$

式中:$k\sin\alpha = k_1$;$k\cos\alpha = k_2$。由于波动方程(3.49)是线性齐次的,所以任意有限多

个解 $\varphi_m(r,\theta,z)$ 的和也适合该波动方程。即使对于各项都满足波动方程的无穷级数和,只要它收敛并且可以对各变量逐项求导二次,我们也假定其适合波动方程。因而,Helmholtz 方程(3.49)在柱坐标系下的一般解为

$$\varphi(r,\theta,z) = \sum_{m=-\infty}^{\infty} A_m \mathrm{J}_m(kr\sin\alpha)\,\mathrm{e}^{ikz\cos\alpha}\mathrm{e}^{im\theta} \qquad (3.67\mathrm{a})$$

$$\varphi(r,\theta,z) = \sum_{m=-\infty}^{\infty} A_m \mathrm{H}_m^{(1)}(kr\sin\alpha)\,\mathrm{e}^{ikz\cos\alpha}\mathrm{e}^{im\theta} \qquad (3.67\mathrm{b})$$

$$\varphi(r,\theta,z) = \sum_{m=-\infty}^{\infty} A_m \mathrm{H}_m^{(2)}(kr\sin\alpha)\,\mathrm{e}^{ikz\cos\alpha}\mathrm{e}^{im\theta} \qquad (3.67\mathrm{c})$$

式中:A_m 为级数中的待定常数,可由边界条件确定。由于 $r=0$ 是 $\mathrm{H}_m^{(1)}(kr\sin\alpha)$ 和 $\mathrm{H}_m^{(2)}(kr\sin\alpha)$ 的奇异点,因而当坐标原点位于所考虑的声空间时,声空间的解的形式只能取式(3.67a)。

对于理想无限长线声源,其声辐射只可用式(3.67b)来描述,因为只有 $\mathrm{H}_m^{(1)}(kr\sin\alpha)$ 描述了线声源位于原点处的由轴向外扩散的柱面波,而 $\mathrm{H}_m^{(2)}(kr\sin\alpha)$ 描述了声源由外向内传播的柱面波。考虑到无限长线声源辐射的径向对称性,即辐射场与角 θ 无关且与截面距离 z 无关,因而只能 $m=0$ 且 $\alpha=90°$,这样无限长线声源的声辐射公式为

$$\varphi(r) = A_0 \mathrm{H}_0^{(1)}(kr) \qquad (3.68)$$

无限长线声源也可看作无限的一列同相脉动源,在轴上坐标为 z 的点处取一微分源,它产生球面波 $\mathrm{e}^{ik\sqrt{r^2+z^2}}/\sqrt{r^2+z^2}$ (这点将在 3.4.3 小节讨论),整个线声源辐射场可以写成积分形式

$$\varphi(r) = \int_{-\infty}^{\infty} \frac{\mathrm{e}^{ik\sqrt{r^2+z^2}}}{\sqrt{r^2+z^2}}\mathrm{d}z = \pi i \mathrm{H}_0^{(1)}(kr) \qquad (3.69)$$

因此,无限长线声源确实产生形如式(3.68)零阶 Hankel 函数的扩散柱面波,而且其系数 $A_0 = \pi i$。

无限长连续线声源可以辐射柱面波。当 $kr \gg 1$ 时,$\mathrm{H}_0^{(1)}(kr) \to \sqrt{\dfrac{2}{\pi kr}} \cdot \mathrm{e}^{ikr-i\pi/4}$,在远离线声源处辐射声压按 $1/\sqrt{r}$ 规律衰减,在距离加倍时声压级衰减 3dB。

3.4.3　球坐标系下 Helmholtz 方程解的形式

在球坐标系 (r,θ,ϕ) 下,Helmholtz 方程(3.49)具有下面形式

$$\frac{1}{r^2}\frac{\partial}{\partial r}\left(r^2\frac{\partial\varphi}{\partial r}\right) + \frac{1}{r^3\sin\theta\partial\theta}\left(\sin\theta\frac{\partial\varphi}{\partial\theta}\right) + \frac{1}{r^2\sin^2\theta}\frac{\partial^2\varphi}{\partial\phi^2} + k^2\varphi = 0 \qquad (3.70)$$

这里仍然采用分离变量法来求解上式。设 $\varphi(r,\theta,\phi)=R(r)\Theta(\theta)\Psi(\phi)$,经过分

离变量后分别得到关于 $R(r)$、$\Theta(\theta)$ 和 $\Psi(\phi)$ 的如下方程

$$\frac{1}{r^2}\frac{\mathrm{d}}{\mathrm{d}r}\Big(r^2\frac{\mathrm{d}R}{\mathrm{d}r}\Big)+\Big[k^2-\frac{n(n+1)}{r^2}\Big]R=0 \tag{3.71}$$

$$\frac{1}{\sin\theta}\frac{\mathrm{d}}{\mathrm{d}\theta}\Big(\sin\theta\frac{\mathrm{d}\Theta}{\mathrm{d}\theta}\Big)+\Big[n(n+1)-\frac{m^2}{\sin^2\theta}\Big]\Theta=0 \tag{3.72}$$

$$\frac{\mathrm{d}\Psi}{\mathrm{d}\phi^2}+m^2\Psi=0 \tag{3.73}$$

式中：n 和 m 是分离变量时引进的常整数，$m\leqslant n$，$n=0,1,2,\cdots$。

对于方程(3.71)，令 $\xi=kr$，并作变换 $R(r)=\xi^{-\frac{1}{2}}y(\xi)$，则得

$$\frac{\mathrm{d}^2y}{\mathrm{d}\xi^2}+\frac{1}{\xi}\frac{\mathrm{d}y}{\mathrm{d}\xi}+\Big[1-\frac{(n+1/2)^2}{\xi^2}\Big]y=0 \tag{3.74}$$

这是半奇数阶 $\Big(n+\dfrac{1}{2}\Big)$ 的 Bessel 方程。

在物理学中方程(3.74)的解常采用对应的球 Bessel 函数，它们的定义和符号如下

$$\left.\begin{aligned} j_n(\xi)&=\sqrt{\frac{\pi}{2\xi}}J_{n+\frac{1}{2}}(\xi)\\[2mm] n_n(\xi)&=\sqrt{\frac{\pi}{2\xi}}Y_{n+\frac{1}{2}}(\xi)\\[2mm] h_n^{(1)}(\xi)&=\sqrt{\frac{\pi}{2\xi}}H_{n+\frac{1}{2}}^{(1)}(\xi)\\[2mm] h_n^{(2)}(\xi)&=\sqrt{\frac{\pi}{2\xi}}H_{n+\frac{1}{2}}^{(2)}(\xi) \end{aligned}\right\} \tag{3.75}$$

当 n 为整数时，球 Bessel 函数可用初等函数表示。例如

$$\left.\begin{aligned} j_0(\xi)&=\frac{\sin\xi}{\xi}\\[2mm] j_{-1}(\xi)&=\frac{\cos\xi}{\xi}\\[2mm] n_0(\xi)&=-\frac{\cos\xi}{\xi}\\[2mm] h_0^{(1)}(\xi)&=\frac{\mathrm{e}^{\mathrm{i}(\xi-\pi/2)}}{\xi}\\[2mm] h_0^{(2)}(\xi)&=\frac{\mathrm{e}^{-\mathrm{i}(\xi-\pi/2)}}{\xi} \end{aligned}\right\} \tag{3.76}$$

对于方程(3.72)，令 $x=\cos\theta$，$y(x)=\Theta(\theta)$，则其化为

$$\frac{\mathrm{d}}{\mathrm{d}x}\Big[(1-x^2)\frac{\mathrm{d}y}{\mathrm{d}x}\Big]+\Big[n(n+1)-\frac{m^2}{1-x^2}\Big]y=0 \tag{3.77}$$

此方程称为连带 Legendre 方程,其解称为连带 Legendre 函数。这里只介绍 m 阶 n 次第一类连带 Legendre 函数 $\mathrm{P}_n^m(x)$,其定义为

$$\mathrm{P}_n^m(x) = (-1)^m \frac{(1-x^2)^{m/2}}{2^n n!} \frac{\mathrm{d}^{n+m}}{\mathrm{d}x^{n+m}}(x^2-1)^n, (n \geqslant |m|, -1 \leqslant x \leqslant 1)$$

(3.78)

为了说明 Legendre 函数 $\mathrm{P}_n^m(x)$ 的性质,下面给出 $m=0$ 时其函数表达式及图形表示,分别如表 3.1 和图 3.6 所示。

表 3.1 零阶 n 次 Legendre 函数 $\mathrm{P}_n(x)$ 的表达式

n	$\mathrm{P}_n(x)$
0	1
1	x
2	$\frac{1}{2}(3x^2-1)$
3	$\frac{1}{2}(5x^3-3x)$
4	$\frac{1}{8}(35x^4-30x^2+3)$
5	$\frac{1}{8}(63x^5-70x^3+15x)$

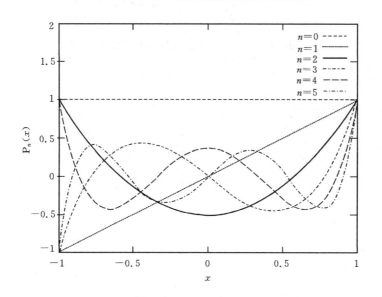

图 3.6 零阶 n 次 Legendre 函数 $\mathrm{P}_n(x)$ 的图形表示

$\mathrm{P}_n^m(x)$ 满足下列正交关系 $(m, m' \geqslant 0)$

$$\int_{-1}^{1} P_n^m P_n^m \, \mathrm{d}x = \frac{2}{2n+1} \frac{(n+m)!}{(n-m)!} \delta_{nn'} \tag{3.79}$$

$$\int_{-1}^{1} P_n^m P_n^{m'} \frac{\mathrm{d}x}{1-x^2} = \frac{1}{m} \frac{(n+m)!}{(n-m)!} \delta_{mm'} \tag{3.80}$$

$P_n^m(x)$ 的完备性:对于一定的 m,$\{P_n^m(x)\}(n \geqslant m)$ 是区间 $[-1,1]$ 中的一个完备正交函数组。任意一个在区间 $[-1,1]$ 中连续且在端点为 0 的函数 $f(x)$ 可以用任意阶 (m) 的连带 Legendre 函数 $P_n^m(x)$ 在平均收敛的意义下展开为

$$f(x) = \sum_{n \geqslant m} a_n P_n^m(x) \tag{3.81}$$

其中

$$a_n = \frac{2n+1}{2} \frac{(n-m)!}{(n+m)!} \int_{-1}^{1} f(x) P_n^m(x) \, \mathrm{d}x \tag{3.82}$$

因而,Helmholtz 方程(3.49)在球坐标系下的解的形式就可写成

$$\varphi(r,\theta,\phi) = \mathrm{j}_n(kr) P_n^m(\cos\theta) \mathrm{e}^{\mathrm{i}m\phi} \tag{3.83a}$$

$$\varphi(r,\theta,\phi) = \mathrm{h}_n^{(1)}(kr) P_n^m(\cos\theta) \mathrm{e}^{\mathrm{i}m\phi} \tag{3.83b}$$

由于方程(3.49)是线性齐次的,任意有限多个解 $\varphi_{nm}(r,\theta,z)$ 的和也适合该波动方程,这样 Helmholtz 方程(3.49)在球坐标系下的一般解为

$$\varphi(r,\theta,\phi) = \sum_{n=0}^{\infty} \sum_{m=-n}^{n} A_{nm} \mathrm{j}_n(kr) P_n^m(\cos\theta) \mathrm{e}^{\mathrm{i}m\phi} \tag{3.84a}$$

$$\varphi(r,\theta,\phi) = \sum_{n=0}^{\infty} \sum_{m=-n}^{n} A_{nm} \mathrm{h}_n^{(1)}(kr) P_n^m(\cos\theta) \mathrm{e}^{\mathrm{i}m\phi} \tag{3.84b}$$

在许多应用中常将 $P_n^m(x)$ 和 $\mathrm{e}^{\mathrm{i}m\phi}$ 合在一起,并取

$$Y_{nm}(\theta,\phi) = \sqrt{\frac{2n+1}{4\pi} \frac{(n-m)!}{(m+m)!}} P_n^m(\cos\theta) \mathrm{e}^{\mathrm{i}m\phi} \quad (m=0, \pm1, \cdots, \pm n) \tag{3.85}$$

$Y_{nm}(\theta,\phi)$ 称为球面谐函数,且满足下列正交归一关系

$$\int_0^{\pi} \int_0^{2\pi} Y_{nm}^* Y_{n'm'} \sin\theta \mathrm{d}\phi \mathrm{d}\theta = \delta_{nn'} \delta_{mm'} \tag{3.86}$$

式中:Y_{nm}^* 是 Y_{nm} 的共轭复数;$\delta_{nm} = \begin{cases} 1 & n=m \\ 0 & n \neq m \end{cases}$。

由于 $P_n^m(\cos\theta)$ 是关于变量 θ 的完备函数组,而 $\mathrm{e}^{\mathrm{i}m\phi}(m=0, \pm1, \cdots)$ 是变量 ϕ 的完备函数组,因而 $Y_{nm}(n=0,1,2,\cdots;m=0, \pm1, \cdots, \pm n)$ 就构成一个完备函数组。因此,任何一个在球面上连续的函数 $f(\theta,\phi)$ 都可用 $Y_{nm}(\theta,\phi)$ 展开为一平均收敛的级数

$$f(\theta,\phi) = \sum_{n=0}^{\infty} \sum_{m=-n}^{n} A_{nm} Y_{nm}(\theta,\phi) \tag{3.87}$$

其中

$$A_{nm} = \int_0^\pi \int_0^{2\pi} \mathrm{Y}_{nm}^*(\theta,\phi) f(\theta,\phi) \sin\theta \mathrm{d}\phi \mathrm{d}\theta \tag{3.88}$$

　　球面谐函数在单位球面上两两正交,构成了一组正交基函数。其中独立的 n 阶球面谐函数共有 $2n+1$ 个,每个谐函数具有明显的方向性,如图 3.7 所示。

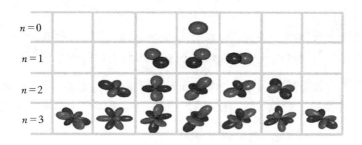

图 3.7　各阶球面谐函数的方向性表示

　　作为一个特例,这里我们看看位于原点处点声源的辐射情况。对于点声源辐射,考虑到球对称性,其辐射声场与坐标 θ 和 ϕ 无关,这就要求式(3.84b)中同时有 $m = 0$ 和 $n = 0$,因此点声源的声辐射公式为

$$\varphi(r) = A_0 \mathrm{h}_0^{(1)}(kr) \tag{3.89}$$

又因为

$$\mathrm{h}_0^{(1)}(kr) = \mathrm{j}_0(kr) + \mathrm{i}y_0(kr) = \frac{\sin(kr)}{kr} - \mathrm{i}\frac{\cos(kr)}{kr} = (-\mathrm{i})\frac{\mathrm{e}^{\mathrm{i}kr}}{kr} \tag{3.90}$$

因而自由空间中点声源以球面波形式 $\varphi(r) \propto \mathrm{e}^{\mathrm{i}kr}/r$ 传播声波,在距离加倍时衰减为 6 dB。这种点声源辐射的球面波的解形式具有特殊的物理意义和应用,我们将在第 4 章单极源部分和第 5 章格林函数部分中作进一步阐述。

3.5　声场分布

　　Helmholtz 方程描述了各向同性均匀介质中声波传播的规律及一般形式,而 Helmholtz 方程在给定边界条件下的解才描述有界区域中声场分布的特殊形式。也就是说,微分方程规定了物理问题的一般性,而微分方程加上边界条件才规定了具体问题的特殊性。势函数的方程式(3.43)和(3.44)只有在一定边界条件下才能求得具体的声场分布。

　　当处理边值问题时,自然会提出一个问题:在给定的边界上至少需要多少场分量的值才能唯一确定有界区域中的声场? 也就是说:在满足什么边界条件下求得的 Helmholtz 方程的解是唯一的? 这就是下面要介绍的唯一性定理。

3.5.1　声场的唯一性定理

声场的唯一性定理指出:在某一有界声空间中,当该区域中的位移矢量场和应力矢量场在边界面上的切向分量和法向分量给定后,则该区域中的声场被唯一地确定。

为了证明声场的唯一性定理,设有界空间区域 V 内不存在声源(声源在 V 外),且媒质是各向同性的线弹性介质。这里要用到下面的矢量积分公式。

若任意两个矢量场 $\boldsymbol{P}$ 及 $\bar{\bar{\boldsymbol{Q}}}$(上面两杠表示矢量矩阵,也称并矢)在有界空间区域 V 中具有连续的二阶偏导数,在包围区域 V 的封闭面 S 上具有连续的一阶偏导数,则矢量场 $\boldsymbol{P}$ 及 $\bar{\bar{\boldsymbol{Q}}}$ 满足下列等式

$$\iiint_V [\boldsymbol{P} \cdot \boldsymbol{\nabla}^2 \bar{\bar{\boldsymbol{Q}}} - (\boldsymbol{\nabla}^2 \boldsymbol{P}) \cdot \bar{\bar{\boldsymbol{Q}}}] \mathrm{d}V =$$

$$\oiint_S [(\hat{\boldsymbol{n}} \cdot \boldsymbol{P}) \boldsymbol{\nabla} \cdot \bar{\bar{\boldsymbol{Q}}} - \boldsymbol{\nabla} \cdot \boldsymbol{P}(\hat{\boldsymbol{n}} \cdot \bar{\bar{\boldsymbol{Q}}}) + (\hat{\boldsymbol{n}} \times \boldsymbol{P}) \cdot \boldsymbol{\nabla} \times \bar{\bar{\boldsymbol{Q}}} - \boldsymbol{\nabla} \times \boldsymbol{P} \cdot (\hat{\boldsymbol{n}} \times \bar{\bar{\boldsymbol{Q}}})] \mathrm{d}S$$

$$(3.91)$$

式中:单位矢量 $\hat{\boldsymbol{n}}$ 的方向为封闭面 S 的正法线方向,指向区域 V 外。

证明:用反证法。对于各向同性弹性介质,假如声场在边界面上的切向分量和法向分量给定后,声场是不唯一的,那么存在两个位移矢量场 $\boldsymbol{u}'$ 和 $\boldsymbol{u}''$ 及两个应力场 $\bar{\bar{\boldsymbol{\sigma}}}'$ 和 $\bar{\bar{\boldsymbol{\sigma}}}''$。令 $\delta \boldsymbol{u} = \boldsymbol{u}' - \boldsymbol{u}''$,$\delta \bar{\bar{\boldsymbol{\sigma}}} = \bar{\bar{\boldsymbol{\sigma}}}' - \bar{\bar{\boldsymbol{\sigma}}}''$,根据线性叠加原理及式(3.38b)和(3.42b),$\delta \boldsymbol{u} = \delta \boldsymbol{u}_1 + \delta \boldsymbol{u}_2$ 在有界声空间中依然满足 Helmholtz 方程

$$\boldsymbol{\nabla}^2 \delta \boldsymbol{u}_1 + k_l^2 \delta \boldsymbol{u}_1 = 0 \qquad (3.92)$$

$$\boldsymbol{\nabla}^2 \delta \boldsymbol{u}_2 + k_t^2 \delta \boldsymbol{u}_2 = 0 \qquad (3.93)$$

且根据弹性力学中的 Beltrami-Michell 方程[5],应力场 $\delta \bar{\bar{\boldsymbol{\sigma}}}$ 满足下式

$$\boldsymbol{\nabla}^2 \delta \bar{\bar{\boldsymbol{\sigma}}} + \frac{1}{1+\nu} \bar{\bar{\boldsymbol{T}}} = 0 \qquad (3.94)$$

式中:ν 为泊松比;$\bar{\bar{T}}_{ij} = \dfrac{\partial \delta \Theta^2}{\partial x_i x_j}$ $(i, j = 1, 2, 3)$;$\delta \Theta = \delta \sigma_{11} + \delta \sigma_{22} + \delta \sigma_{33}$;$x_i (i = 1, 2, 3)$ 为直角坐标系。

由于在边界面上位移矢量场和应力矢量场的切向分量和法向分量分别给定,即有

$$\delta \boldsymbol{u} \cdot \hat{\boldsymbol{n}} = 0 \qquad (3.95)$$

$$\delta \boldsymbol{u} \times \hat{\boldsymbol{n}} = 0 \qquad (3.96)$$

$$\hat{n} \cdot \delta \overline{\overline{\sigma}} = 0 \tag{3.97}$$

$$\hat{n} \times \delta \overline{\overline{\sigma}} = 0 \tag{3.98}$$

利用矢量积分公式(3.91)，取矢量场 $\boldsymbol{P} = \delta \boldsymbol{u}$ 和 $\overline{\overline{Q}} = \delta \overline{\overline{\sigma}}$，考虑到边界条件式 (3.95)～式(3.98)，得到式(3.91)右边等于零，而其左边为

$$\iiint_V \left[(\delta \boldsymbol{u}_1 + \delta \boldsymbol{u}_2) \cdot \frac{-\delta \overline{\overline{T}}}{1+\nu} + (k_l^2 \delta \boldsymbol{u}_1 + k_t^2 \delta \boldsymbol{u}_2) \cdot \delta \overline{\overline{\sigma}} \right] dV$$

$$= \iiint_V \left[\delta \boldsymbol{u}_1 \cdot \left(k_l^2 \delta \overline{\overline{\sigma}} - \frac{\delta \overline{\overline{T}}}{1+\nu} \right) + \delta \boldsymbol{u}_2 \cdot \left(k_t^2 \delta \overline{\overline{\sigma}} - \frac{\delta \overline{\overline{T}}}{1+\nu} \right) \right] dV \tag{3.99}$$

由于式(3.99)括号中的 $k_l^2 \delta \overline{\overline{\sigma}} - \dfrac{\delta \overline{\overline{T}}}{1+\nu}$ 和 $k_t^2 \delta \overline{\overline{\sigma}} - \dfrac{\delta \overline{\overline{T}}}{1+\nu}$ 都不可能等于零，因而只能

有 $\delta \boldsymbol{u}_1 = 0$ 和 $\delta \boldsymbol{u}_2 = 0$，这样就有 $\delta \boldsymbol{u} = 0$。再由物理可知 $\delta \overline{\overline{\sigma}} = 0$。证毕。

声场的唯一性定理给出了唯一确定有界声空间中声场的条件，这就是给定该区域中位移矢量场和应力矢量场在边界面上的切向分量和法向分量，即边界条件。既然这些边界条件可决定区域中声场的唯一性，那么在区域中相同边界条件的两个声场(包括位移场和应力场)一定相同，而不论两种情况下区域外的声源分布是否相同。边界条件对声场的影响实际反映了区域外面的声源在区域中产生的声场，当区域外多种分布形式的声源在区域边界上的边界条件相同时，它们在区域内产生的声场也就相同。这也是第 5 章声学 Kirchhoff 公式的理论基础。

根据唯一性定理，不管采用什么方法，只要找到了满足 Helmholtz 方程及边界条件的解，则这个解就是唯一的解。唯一性定理是分析和计算边值型问题的理论基础。

下节将进一步说明如何通过边界条件来确定具体的声场分布。

3.5.2　边界的连续性条件

典型的声学问题是声辐射和声散射问题。辐射问题通常概括如下：已知某个表面上的振动速度或者声压(速度势)，需要确定空间的辐射声场。而声散射问题则是在声波入射下需要求解障碍物的散射声场。实际上散射是一个比反射和衍射更加广泛的概念，它包括声场中除去声源直达声场外的所有声场分布。散射问题概括如下：声波 P_0 入射到一有界物体上，形成新的声场分布 P，而 P 包含了入射波场 P_0 和散射波场 P_s，即 $P = P_0 + P_s$。同样我们需要通过边界条件来求解 P_s。对于这些典型声学问题的求解，必须考虑边界条件。

首先要分析在分界面存在什么声学规律，即声学边界条件是什么？

　　为简单起见,我们先从两种无限大理想流体的分界面开始分析。如图 3.8 所示,理想流体媒质Ⅰ和媒质Ⅱ之间有一分界面,设想在分界面上取出一块面积为 S、质量为 ΔM、厚度足够薄的微质量元,其左右两个界面分别位于两种媒质中,两侧压强分别为 $P(1)$ 和 $P(2)$。根据牛顿第二定律,其运动方程为

$$[P(1) - P(2)]S = \Delta M \frac{\mathrm{d}^2 u}{\mathrm{d}t^2} \tag{3.100}$$

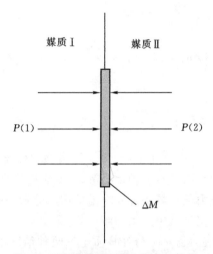

图 3.8　分界面的声学边界条件推导

　　让质量元厚度趋于无限薄,即 ΔM 趋于 0,由于其加速度不可能趋于无限大,这时必须有

$$P(1) - P(2) = 0 \tag{3.101}$$

　　上式对有无声波的情况都成立。当无声波存在时,上式给出两媒质中的静压强在分界面处是连续的,即 $P_0(1) = P_0(2)$;当有声波存在时,由于 $P(1) = P_0(1) + p_1$,$P(2) = P_0(2) + p_2$,则有

$$p_1 = p_2 \tag{3.102}$$

即两种媒质中的声压在分界面处是连续的。

　　此外,设分界面两边的媒质由于声扰动产生的垂直于分界面的法向速度分别为 v_1 和 v_2,对于保持恒定接触的两种媒质间的无限薄分界面,其质点的法向速度既可以看作是媒质Ⅰ的法向质点速度在分界面上的值 v_1,也可以看作是媒质Ⅱ的法向质点速度在分界面上的值 v_2。因为分界面上质点的法向速度作为一个有意义的物理量只能是单值的,所以这两个量实际上是同一个量。因而两种媒质在分界面处的法向速度相等,即

$$v_1 = v_2 \tag{3.103}$$

式(3.102)的声压相等条件和式(3.103)的速度相等条件就是媒质分界面处的声学边界条件。

对于各向同性弹性介质,介质内存在着位移矢量场和应力矢量场。由于分界面两边的媒质处处保持恒定接触,一般有下列边界条件。

在两种固体介质 I 和 II 的分界面上,位移向量 u 的法线方向分量和切线方向分量及正应力和切应力都应保持相等,即

$$u_n^{\mathrm{I}} = u_n^{\mathrm{II}} \, ; u_\tau^{\mathrm{I}} = u_\tau^{\mathrm{II}} \, ; \sigma_{nn}^{\mathrm{I}} = \sigma_{nn}^{\mathrm{II}} \, ; \sigma_{n\tau}^{\mathrm{I}} = \sigma_{n\tau}^{\mathrm{II}} \tag{3.104}$$

式中:σ_{nn} 为垂直于分界面的应力(正应力);$\sigma_{n\tau}$ 为切应力。

在两种介质中可能激起四个波,各有一个纵波和横波(弯曲波、剪切波和扭转波)。因此,式(3.104)四个条件对于确定声场是足够的。

假如介质 II 是理想流体,则式(3.104)的边界条件应改写为

$$u_n^{\mathrm{I}} = u_n^{\mathrm{II}} \, ; \sigma_{nn}^{\mathrm{I}} = -P^{\mathrm{II}} \, ; \sigma_{n\tau}^{\mathrm{I}} = 0 \tag{3.105}$$

式中:P^{II} 为在介质 II 中界面上的声压。

第二条件中的负号,是由于在弹性理论中,介质伸长 $\dfrac{\partial u}{\partial x} > 0$,应力为正,而在介质 II 界面上如声压为正,则介质应当是压缩的。

因为假设在流体中没有粘滞力,只存在纵波,没有横波,所以在此两种介质中可能激起三个波:弹性固体介质中两个(纵波和横波),流体介质中一个(纵波)。因此,式(3.105)的三个条件对于流固耦合的声场计算应该是足够的。

此外,为了处理问题方便,声学上还存在以下三种近似表示表面特征的极端的理想边界条件。

①声压在界面 S 上均为零,即 $P(r)|_S = 0$,这对应于绝对软表面的情况。指向边界面的入射波质点速度首先使这里的媒质呈现压缩相,直到入射波碰到绝对软分界面时,质点速度就好像经历完全塑性碰撞一样,结果使界面处的媒质呈现稀疏相,这就相当于反射波的声压与入射波的声压相位改变 180°,因而界面处声压为零。

②振动速度在界面 S 上均为零,即 $\left.\dfrac{\partial P(r)}{\partial n}\right|_S = 0$,这对应于绝对硬表面的情况。在这种情况下,入射波质点速度碰到分界面以后完全弹回,因而反射波的质点速度与入射波的质点速度大小相等、相位相反,结果在分界面上合成质点速度为零;而反射波声压与入射波声压大小相等、相位相同,所以在分界面上的合成声压为入射声压的两倍。

③混合边值问题,即 $\left[\dfrac{\partial P(r)}{\partial n} + \sigma P(r)\right]\Big|_S = 0$,其中在整个 S 面上系数 σ 是常数,这对应于阻抗型表面上的散射问题。

方程(3.43)和(3.44)以及上述边界条件将在下面考虑声波和弹性体相互作用时应用。

3.5.3　平板的声辐射特性

1. 无限大薄板在平面波斜入射时的声反射和透射系数

　　无限大薄板在平面波斜入射下会产生声反射和声透射,如图 3.9 所示,上空间的反射声场及下空间的透射声场在直角坐标系下的声场分布一定满足 Helmholtz 方程(3.49),并具有式(3.50)的解形式。为简单起见,这里仅考虑上下空间介质相同的

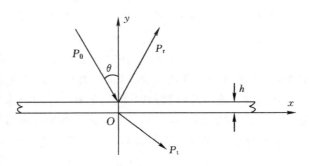

图 3.9　薄板的声反射和透射

情况。若只考虑薄板中沿 x 方向的弯曲波,而薄板中的另一方向(z 轴)没有波传播,则入射波、反射波和透射波可分别表示为

$$P_0(x,y) = e^{ik(x\sin\theta - y\cos\theta)} \tag{3.106a}$$

$$P_r(x,y) = A e^{ik(x\sin\theta + y\cos\theta)} \tag{3.106b}$$

$$P_t(x,y) = B e^{ik(x\sin\theta - y\cos\theta)} \tag{3.106c}$$

式中:A 和 B 分别为反射系数和透射系数。

　　根据薄板的振动理论可得到等厚薄板的振动方程为

$$D\nabla^4 W - \omega^2 \rho_m h W = f \tag{3.107}$$

式中:$W(x,z)$ 是薄板上任一点 (x,z) 的振动位移;h 是薄板厚度;$\nabla^4 = \nabla^2\nabla^2 = \dfrac{\partial^4}{\partial x^4} + 2\dfrac{\partial^2}{\partial x^2}\dfrac{\partial^2}{\partial z^2} + \dfrac{\partial^4}{\partial z^4}$ 是直角坐标下的双谐微分算符;ρ_m 是板材料密度;f 是作用在板上的分布外力;$D = \dfrac{Eh^3}{12(1-\nu^2)}$ 是板的弯曲刚度,其中 E 为板材料的杨氏模量,ν 为泊松比。

　　对于图 3.9 所示的情形,将式(3.107)写成弯曲波波数的形式,即

$$\frac{\partial^4 W}{\partial x^4} - k_x^4 W = \frac{P_0 + P_r - P_t}{D} \tag{3.108}$$

式中:弯曲波波数 $k_x = (\rho_m h \omega^2 / D)^{1/4}$。

　　当平面波入射到薄板上时,声压随 x 坐标的变化关系为因子 $e^{ikx\sin\theta}$,从式(3.108)可知薄板振动位移随 x 坐标的变化关系也应具有这种形式,从而可设

$$W(x) = C e^{ikx\sin\theta} \tag{3.109}$$

　　对于谐和振动,薄板振动速度 $v = -i\omega W$。现在再利用薄板上、下表面的边界

条件,即

$$v\mid_{y=0} = \frac{1}{\mathrm{i}\omega\rho}\frac{\partial P_\mathrm{t}}{\partial y} \tag{3.110a}$$

$$v\mid_{y=h} = \frac{1}{\mathrm{i}\omega\rho}\frac{\partial(P_0 + P_r)}{\partial y} \tag{3.110b}$$

从而通过式(3.108)和(3.110)即可得到薄板在平面波斜入射下的声反射和透射系数。具体这方面内容亦可参考文献[3]。

2. 无限大薄板振动时的声辐射

无限大薄板振动时亦会向空间辐射声场,其在直角坐标系下的声场分布也一定满足 Helmholtz 方程(3.49),并具有式(3.50)的解形式。若只考虑薄板中沿 x 方向的行波,而薄板中的另一方向(z 轴)没有振动,这样空间中由薄板振动所产生的声压分布就可表示为

$$P(x,y) = P_0 \mathrm{e}^{\mathrm{i}k_x x}\mathrm{e}^{\mathrm{i}k_y y} \tag{3.111}$$

式中:P_0 是声压幅值;k_x 是薄板中弯曲波波数(见式(3.108));而声空间中的波数为 $k = \sqrt{k_x^2 + k_y^2}$。

为了说明薄板结构的声辐射能力,引入结构辐射效率的概念。结构的辐射效率是反映结构与周围介质相互作用的物理量,它与结构形状、几何尺寸以及边界条件有关。结构辐射效率的主要计算方法有如下三种。

(1)通过求结构振动的总辐射声功率 W_R

根据结构振动与总辐射功率的关系

$$W_\mathrm{R} = \rho_0 c_0 \chi_\mathrm{rad} S < \overline{v}^2 > \tag{3.112}$$

可以求得结构辐射效率为

$$\chi_\mathrm{rad} = \frac{W_\mathrm{R}}{\rho_0 c_0 S < \overline{v}^2 >} \tag{3.113}$$

式中:χ_rad 表示结构辐射效率;W_R 表示单位时间内结构的辐射声能量;ρ_0 是空气密度;c_0 是空气中的波速;S 表示结构的辐射面积;v 是结构表面振动速度,$\overline{v}$ 表示对时间周期取平均,$< v >$ 表示对结构表面取平均。可以看出辐射效率与时空平均速度有关,但这种平均只对振动速度几乎是均匀的情况才有意义。

而结构的总辐射声功率由下式表示

$$W_\mathrm{R} = \frac{1}{2}\int_S \mathrm{Re}(Pv^*)\mathrm{d}S \tag{3.114}$$

式中:Re 表示取积分的实部;P 为声压;v^* 为质点振速的共轭;S 表示包含声源的任意闭合曲面。

使用这种方法时,通常需根据初始条件来确定结构表面的振动速度。

(2)通过求结构的声辐射损耗因子 η_{rad}

结构声辐射损耗因子定义为单位弧度辐射声功率与平均振动总能量之比,即

$$\eta_{rad} = \frac{W_R}{\omega E_S} \tag{3.115}$$

式中的结构平均振动能量可以从初始条件直接得到

$$E_S = \frac{1}{2T} \int_0^T \int \rho_S S v_n{}^2 \mathrm{d}V \mathrm{d}t \tag{3.116}$$

式中:ρ_S 表示结构的面密度;S 为表面积;v_n 表示垂直于结构表面的振动速度;$\mathrm{d}V$ 表示对结构的体积积分。

这样对于平板结构,其声辐射损耗因子为

$$\eta_{rad} = \frac{\rho_0 c_0}{\rho_S \omega} \chi_{rad} \tag{3.117}$$

由上式可得到平板结构的声辐射效率为

$$\chi_{rad} = \frac{\rho_S}{\rho_0} k \eta_{rad} \tag{3.118}$$

(3)通过求声阻抗率 Z_S

前面在讨论空间声场时,式(3.52)介绍了声阻抗率的概念。在研究声振动系统时,也常采用声阻抗的概念,它定义为 $Z_S = P/U = P/(Sv)$,U 为体积速度。由于平板表面振速均匀,依然可以采用声阻抗率来表征结构声辐射效率,即

$$\chi_{rad} = \frac{\mathrm{Re}\,(Z_S)_{r=r_0}}{\rho_0 c} = \frac{1}{\rho_0 c} \mathrm{Re}\left(\frac{P}{v}\right)_{r=r_0} \tag{3.119}$$

式中:Re 表示取实部;$(Z_S)_{r=r_0}$ 为声源表面的声阻抗率。这种方法的优点是只需知道声压和质点振速就可求得辐射效率,而无需知道结构振动的初始条件。

这里我们采用上述第三种方法来求解。对于薄板声辐射来说,其辐射效率可由式(3.119)得到,为

$$\chi_{rad} = \frac{P\,|_{y=0}}{\rho_0 c_0 \, v_y\,|_{y=0}} = 1 / \sqrt{1 - \left(\frac{k_x}{k}\right)^2} \tag{3.120}$$

下面分三种情形来讨论上式。

①当 $k_x > k$ 时,χ_{rad} 是纯虚数,这时板表面的声压和振动速度是不同相的,在板表面附近存在无功压力场,因而板不辐射噪声。由式(3.111)可知,声压是随距离沿 y 向下降的,不存在声压的波动起伏。

②当 $k_x < k$ 时,板表面的声压和振动速度是同相的,为有功辐射场,因而辐射噪声,且随着频率增加 χ_{rad} 趋向于 1。

③当 $k_x = k$ 时,$\chi_{rad} \to \infty$,即当板表面弯曲波的传播速度等于声波传播速度时,声辐射达到极大值,这种现象就称为吻合效应,这时所对应的频率称为临界频

率 f_c，其表示式可以由 k_x 表达式推出为 $f_c = c_0{}^2 \sqrt{\rho_m h/D}/2\pi$ 。

　　根据上述可知，无限大薄板要产生声辐射的条件是 $k_x \leqslant k$，即板表面弯曲波的传播速度不小于空气中声波传播速度，这样板表面弯曲波在一个周期内的传播距离不小于空气中声波波长，因而薄板的每一部分都可看作是一个独立的辐射元辐射声波而不相互影响。而在临界频率以下，空气中声波波长大于板表面弯曲波波长，板表面的每一辐射元不再是独立的，而是相互之间会发生能量完全相消。

3. 有限薄板的声辐射

　　尽管有限薄板的声辐射行为在临界频率以上时是与无限板相同的，但有限薄板声辐射特性要比无限薄板复杂得多。由于有限板的边界可在板内形成驻波，其在低于或高于临界频率的两种频率下都可以辐射声，但声辐射显然依赖于在给定的频率带宽内可能存在的共振模态数。

　　当有限板结构受某宽带力机械激励时，它们以多重模态共振的形式响应，这时这些共振模态常常承担绝大部分的声辐射。尽管有限结构的声辐射效率通常随频率而增加，但此时较高频模态（即高于激励频带但非共振的模态）的振级由于并非处于共振而显著下降，因此其总体辐射声比在激励频带内的低频、低辐射效率但处于共振模态的少。因而受机械激励的板和壁板引起的大部分辐射声是由共振的板模态所产生的，而非共振的受迫振动所产生的声辐射不会很显著。

　　但有限板结构对于声激励的情形就有所不同。在入射声波的声激励下，板结构的响应包括：①在激励频率下的受迫振动响应，如图 3.10 所示，波长为 λ 的声波

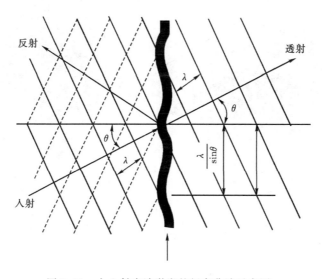

图 3.10　由入射声波激发的板弯曲波示意图

以角 θ 入射时在板上激发出波长为 $\lambda/\sin\theta$ 的弯曲波,这与结构的透射声有关;②对结构各阶固有频率的激励所产生的共振模态响应,即当由入射声波激发的板弯曲波频率与板结构本身的弯曲振动固有频率一致时发生共振。当入射声波频率低于板结构的临界频率(但高于基频共振频率)时,受迫振动对结构透射声贡献很大;当高于临界频率时,受迫响应和共振模态都对辐射声有贡献。

　　总的来说,有限薄板的共振模态对其声辐射影响巨大。对于有限矩形板,作者曾应用 Bessel 函数得到了各种边界条件(四边简支、四边固支、两对边简支和两对边固支)下其自由振动的固有模态和固有频率严格解析解[7]。图 3.11 和图 3.12

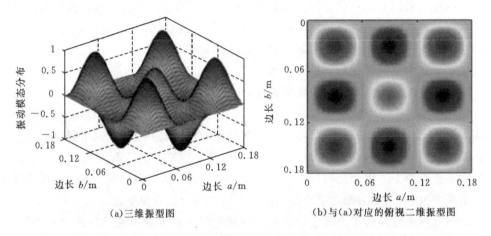

(a)三维振型图　　　　　　　　(b)与(a)对应的俯视二维振型图

图 3.11　正方形薄板在四边简支边界条件下的某阶固有振动模态[7](彩图见彩页)

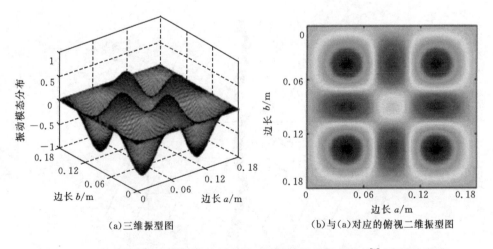

(a)三维振型图　　　　　　　　(b)与(a)对应的俯视二维振型图

图 3.12　正方形薄板在四边固支边界条件下的某阶固有振动模态[7](彩图见彩页)

分别给出了正方形薄板在四边简支和四边固支边界条件下的某阶固有模态示意图。从图中可以看出,每阶固有振动模态可表示为其节线(零位移)分别沿两边长方向的二维网格,节线将板再分为若干较小的矩形振动表面,其每一块排开周围邻近的流体。在相邻的各矩形振动表面之间形成的流体运动交互作用,使流体介质形成压缩和稀疏的相间变化,从而辐射声波。这时每一辐射元相互之间会发生能量相消,这种相消的程度取决于薄板材料和边界条件等,而声辐射的大小取决于周界不能相消的总量。有限板的边界条件保证了驻波(振动模态)的形成,其辐射声功率必然和这些模态数目相联系。在板受迫激励下,处于激励频率带宽内的振动模态将引起共振。如果将振动弯曲波一个周期中的正半部分和负半部分分别看作相位相反的正辐射元和负辐射元,则它们就形成一个偶极子波形抵消区域,这样有限薄板中不能相消的区域仅仅是沿着薄板边界的四角或边界(这点将在第 4 章进行深入讨论)。

3.5.4　圆柱壳内的声场特性

1. 薄壁圆柱壳的声波焦散面

首先研究圆柱壳体内的声场分布。选取柱坐标系,使柱壳的轴与坐标系的 z 轴重合。考虑声波垂直入射情况,则壳体沿柱轴方向的速度分量等于零,Kennard 提出的薄壳运动微分方程可写成如下形式[3]

$$\omega^2 \rho_M v_\varphi + \frac{E_1}{a^2}\left(\frac{\partial^2 v_\varphi}{\partial \varphi^2} + \frac{\partial v_r}{\partial \varphi}\right) + \frac{h^2}{8a^4}\frac{E_1 \nu}{1-\nu}\left(\frac{\partial^3 v_r}{\partial \varphi^3} + \frac{\partial v_r}{\partial \varphi}\right) = \frac{\mathrm{i}\omega}{2a}\frac{\nu}{1-\nu}\frac{\partial(P_1 + P_2)}{\partial \varphi}$$

$$(3.121a)$$

$$\omega^2 \rho_M v_r - \frac{E_1}{a^2}\left(\frac{\partial v_\varphi}{\partial \varphi} + v_r\right) - \frac{h^2}{24a^4}\frac{E_1}{1-\nu}\left[2(1-\nu)\frac{\partial^4 v_r}{\partial \varphi^4} + (4-\nu)\frac{\partial^2 v_r}{\partial \varphi^2} + (2+\nu)v_r\right]$$

$$= \frac{\mathrm{i}\omega}{h}\left[(P_2 - P_1) + \frac{(1-2\nu)h}{2(1-\nu)a}(P_1 + P_2)\right] \qquad (3.121b)$$

式中:v_φ 和 v_r 分别是壳体微分元的振速的圆周分量和径向分量;ρ_M 是壳体材料的密度;a 是壳体中线半径;h 是壳体壁厚;ν 是泊松系数;$E_1 = \dfrac{E}{1-\nu^2}$ 为薄板的弹性模量,E 是材料弹性模量;P_1 和 P_2 分别是壳体内、外的总声压。

图 3.13 表示平面波入射到薄壁圆柱壳的示意图及柱壳内焦散面形成过程。设入射到圆柱壳上的是幅值为 1 的平面波 P_0,且其波阵面与柱壳轴平行。以圆柱壳轴心 O 为坐标原点建立二维柱坐标系 $Or\varphi$,薄壁柱壳的壁厚为 h,壳体中径 $r=a$。

如果壳体尺寸和声波波长相比大得多,壳体的各个区段在机械方面犹如平板。由于平板的弹性,使其本身有一定的弯曲振动频率,当激发频率大于平板的临界

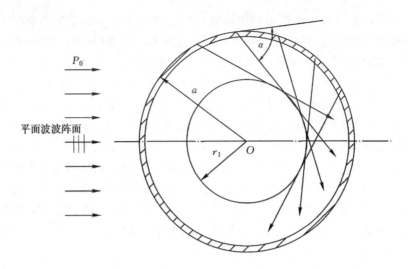

图 3.13　平面波入射到圆柱壳的示意图及柱壳内焦散面形成过程

频率时,板中纵波行波向壳体内辐射声波,并且此声波的传播方向是在与壳体的切线成角 α 的声线方向($\cos\alpha = c_1/c_s$, c_s 是板中纵波传播速度, c_1 是柱壳内区域的声传播速度),这些射线簇在柱壳内部包络形成一声能集中的同轴柱面,此面称为焦散面。结果相当大的部分能量集中在与声线相切的焦散面圆周附近,使焦散面上产生声能集中和声压增高。

将入射平面波 P_0 展开成柱面波的形式,可写成

$$P_0(r, \varphi) = \mathrm{e}^{\mathrm{i}k_2 r\cos\varphi} = \sum_{n=0}^{\infty} \varepsilon_n \mathrm{i}^n J_n(k_2 r)\cos n\varphi \qquad (3.122)$$

式中:$\mathrm{i} = \sqrt{-1}$; k_2 是外区域的波数; $\varepsilon_n = \begin{cases} 1 & n=0 \\ 2 & n>0 \end{cases}$; J_n 是 n 阶第一类 Bessel 函数。

壳体外的总声场 P_2 可表示成入射波声场 P_0 和散射波声场 P_S 叠加的形式,壳体内的声场 P_1 是振动表面向内区域声辐射的结果。P_S 和 P_1 可写成下面级数形式

$$P_S(r, \varphi) = \sum_{n=0}^{\infty} A_n H_n^{(1)}(k_2 r)\cos n\varphi \qquad (3.123)$$

$$P_1(r, \varphi) = \sum_{n=0}^{\infty} B_n J_n(k_1 r)\cos n\varphi \qquad (3.124)$$

式中:k_1 是内区域的波数; $H_n^{(1)}$ 是 n 阶第一类 Hankel 函数。

因为壳体是薄壁的($h \ll \lambda$, λ 是壳体材料中传播声波的波长),壳体内外表面($r = a \pm h/2$)的介质振速可换成壳体中线 $r = a$ 处的振速。考虑到 v_φ 是 φ 角的奇

函数，v_r 是 φ 角的偶函数，壳体振动速度的分量可以表达成傅里叶级数形式

$$v_\varphi(\varphi) = \sum_{n=1}^{\infty} b_n \sin(n\varphi) \tag{3.125}$$

$$v_r(\varphi) = \sum_{n=0}^{\infty} a_n \cos(n\varphi) \tag{3.126}$$

把公式(3.123)～(3.126)代入微分方程组(3.121)，并利用径向速度连续条件可得到关于待定系数 A_n、B_n、a_n、b_n 的代数方程组。这样，就可得到柱壳内部的声压为

$$P_1(r,\varphi) = \frac{2\rho_1 c_1}{\pi k_2 a} \sum_{n=0}^{\infty} \frac{\varepsilon_n i^n J_n(k_1 r) \cos n\varphi}{H_n^{(1)'}(k_2 a) J_n'(k_1 a)[Z_n + Z_s^{(1)} + Z_s^{(2)}]} \tag{3.127}$$

式中：ρ_1 和 c_1 分别是内区域的介质密度和声传播速度；Z_n 是柱壳的机械阻抗；$Z_s^{(1)}$ 和 $Z_s^{(2)}$ 分别是柱壳向内、外区域的辐射阻抗，且 $Z_n = \dfrac{iE_1}{\omega a} \dfrac{\alpha n - \gamma[n^2 - (k_s a)^2]}{\beta n - \delta[n^2 - (k_s a)^2]}$，

$Z_s^{(1)} = -i\rho_1 c_1 \dfrac{J_n(k_1 a)}{J_n'(k_1 a)}$，$Z_s^{(2)} = i\rho_2 c_2 \dfrac{H_n^{(1)}(k_2 a)}{H_n^{(1)'}(k_2 a)}$，$\alpha = n - \dfrac{h^2 \sigma(n^3 - n)}{8a^2(1-\mu)}$，$\beta = \dfrac{-\mu n}{2(1-\mu)}$，$\delta = $

$\dfrac{a}{h} - \dfrac{1-2\mu}{2(1-\mu)}$，$\gamma = 1 - (k_s a)^2 + \dfrac{h^2}{24a^2(1-\mu)}[2n^4(1-\mu) - (4-\mu)n^2 + 2 + \mu]$；$\rho_2$ 和 c_2

分别是外区域的介质密度和声传播速度；k_s 是壳体中纵波波数。

根据式(3.123)即可计算出柱壳内部的声压分布，如图 3.14 所示，计算时所采用的数据如下：壳体选用钢材料，$E = 3.09 \times 10^{11}$ N/m^2，$\mu = 0.29$，柱壳内外均为空气介质，$\rho_1 c_1 = \rho_2 c_2 = 438.6$ N·s/m^3，半径 $a = 0.081$ m，厚度 $h = 0.005$ m，计算频率为 $\omega = 100000$ rad/s。从图 3.14 中可看出，在柱壳内部存在一声能集中的同轴焦散柱面。

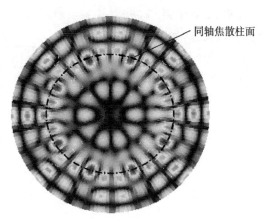

图 3.14　圆柱壳内部的声压分布云图

2. 刚性圆柱壳的内部声模态

对于内半径为 a 的刚性圆柱壳,其内部声场分布具有式(3.124)的形式,而内部声模态则由刚性管壁的边界条件确定为

$$J'_n(k_{mn}a) = 0 \qquad (3.128)$$

其中第 (n,m) 阶模态具有 n 个径向节面和 m 个与圆柱轴同心的圆柱节面。刚性圆柱壳的前九个高阶声模态在圆柱壳横截面上的压力分布如图 3.15 所示,从中可看出,圆柱壳的内部声模态除了平面波($n=m=0$)以外,还有轴对称的高阶声模态($n=0,m\geqslant1$)和非轴对称的高阶"旋转"模态($n\geqslant1,m\geqslant0$)。

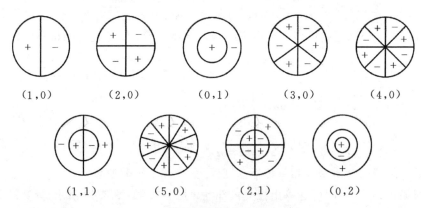

(1,0)　　　(2,0)　　　(0,1)　　　(3,0)　　　(4,0)

(1,1)　　　(5,0)　　　(2,1)　　　(0,2)

图 3.15　刚性圆柱壳的内部声模态

3.5.5　薄壁球壳的声散射特性[8]

对于薄壁球壳,选取球坐标系 (r, θ, φ),使球壳中心和坐标原点重合,如图 3.16 所示。现假设在球壳内部点 $r_0(r_0, \theta_0, \varphi_0)$ 处存在一单位强度的点声源 q,由于 q 的作用,球壳将发生振动,并在球壳内部和外部分别产生声场 $P_1(r)$ 和 $P_2(r)$,其中 $P_1(r)$ 由两部分组成:一部分是由 q 产生的自由声场 $P_0(r)$;另一部分是球壳的内部散射声场 $P_S(r)$。

这里

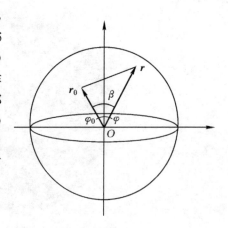

图 3.16　薄壁球壳内部声散射示意图

$$P_0(r,\theta,\varphi) = -\frac{\mathrm{i}\omega\rho}{4\pi} \cdot \frac{\mathrm{e}^{\mathrm{i}kR_1}}{R_1} \cdot \mathrm{e}^{-\mathrm{i}\omega t}$$

$$= \sum_{n=0}^{\infty} \sum_{m=-n}^{n} \frac{\mathrm{i}\omega\rho}{4\pi}(2n+1)k\frac{(n-m)!}{(n+m)!}\mathrm{P}_n^m(\cos\theta)$$

$$\cdot \mathrm{P}_n^m(\cos\theta_0)\mathrm{e}^{\mathrm{i}m(\varphi-\varphi_0)}\mathrm{j}_n(kr_0)\mathrm{h}_n^{(1)}(kr)\mathrm{e}^{-\mathrm{i}\omega t} \tag{3.129}$$

外部辐射声场及内部散射声场与球壳振动有关,可设其为

$$P_2(r,\theta,\varphi) = \sum_{n=0}^{\infty} \sum_{m=-n}^{n} B_n \cdot \mathrm{h}_n^{(1)}(kr) \cdot \mathrm{P}_n^m(\cos\theta) \cdot \mathrm{e}^{\mathrm{i}m\varphi} \cdot \mathrm{e}^{-\mathrm{i}\omega t} \tag{3.130}$$

$$P_S(r,\theta,\varphi) = \sum_{n=0}^{\infty} \sum_{m=-n}^{n} C_n \cdot \mathrm{j}_n(kr) \cdot \mathrm{P}_n^m(\cos\theta) \cdot \mathrm{e}^{\mathrm{i}m\varphi} \cdot \mathrm{e}^{-\mathrm{i}\omega t} \tag{3.131}$$

式中:$R_1 = \sqrt{r^2+r_0^2-2r \cdot r_0 \cdot \cos\beta}$,$\beta$ 为向量 $\boldsymbol{r}$ 和 $\boldsymbol{r}_0$ 之间的夹角;波数 $k=\omega/c$,c 为声速;B_n、C_n 为待定系数;$\mathrm{h}_n^{(1)}(\cdot)$ 为第一类球 Hankel 函数;$\mathrm{j}_n(\cdot)$ 为球 Bessel 函数;$\mathrm{P}_n^m(\cdot)$ 为第一类连带 Legendre 函数。

根据文献[9],球壳径向位移 w 满足下列六阶方程

$$\varepsilon\nabla^6 w + r_1\nabla^4 w + r_2\nabla^2 w + r_3 w + W = 0 \tag{3.132}$$

其中

$$\varepsilon = h^2/12R^2$$

$$k_t = 1+\varepsilon$$

$$k_r = 1+\frac{3h^2}{20R^2}$$

$$K_S = \frac{2\mu_s}{1-\nu}$$

$$r_1 = \varepsilon[3-\nu-2(1+\nu)\mu_s]+\varepsilon[k_t+k_r+k_t K_S](kR)^2$$

$$r_2 = 1-\nu^2-k_t(kR)^2+2\varepsilon[1-\nu-(3+2\nu-\nu^2)\mu_s]$$

$$+\varepsilon[(1-\nu)k_t+2k_r-2(1+\nu)k_r\mu_s-4\nu k_t K_S](kR)^2$$

$$+\varepsilon k_t[k_r+(k_t+k_r)K_S](kR)^2 \cdot \omega^2$$

$$r_3 = [2(1-\nu^2)+(1+3\nu)k_t(kR)^2-k_t^2(kR)^2\omega^2]-4\varepsilon(1-\nu^2)\mu_s-$$

$$2\varepsilon\mu_s[(1+3\nu)k_t+2(1+\nu)k_r](kR)^2+\varepsilon k_t[2k_t\mu_s-(1+3\nu)k_r K_S]$$

$$\cdot (kR)^2\omega^2+\varepsilon k_t^2 k_r K_S(kR)^2\omega^4$$

$$W = -[1-\varepsilon K_S(\nabla^2+1-\nu+k_r(kR)^2]H$$

$$H = \frac{(1-\nu^2)R^2}{Eh}(\nabla^2+1-\nu+k_t(kR)^2)(P_1-P_2)$$

$$\nabla^2 = \frac{\partial^2}{\partial\theta^2}+\cot\theta\frac{\partial}{\partial\theta}+\frac{1}{\sin^2\theta}\frac{\partial^2}{\partial\varphi^2}$$

式中:h 为球壳厚度;R 为封闭球壳半径;ν 为泊松比;μ_s 为平均剪切系数。

这里可设

$$w = \sum_{n=0}^{\infty} \sum_{m=-n}^{n} A_n \cdot P_n^m(\cos\theta) \cdot e^{im\varphi} \cdot e^{-i\omega t} \tag{3.133}$$

另外,球壳与周围介质的交界面上应满足边界条件

$$\frac{1}{i\omega\rho} \cdot \frac{\partial P_1}{\partial r}\bigg|_{r=R-\frac{h}{2}} = \frac{1}{i\omega\rho} \cdot \frac{\partial P_2}{\partial r}\bigg|_{r=R+\frac{h}{2}} = \frac{\partial w}{\partial t} \tag{3.134a}$$

因为球壳是薄壁的($h \ll \lambda$,此处 λ 是壳体材料中声波的波长),所以壳体内外表面($r = R \pm h/2$)的介质振速可以换成壳体中线 $r = R$ 处的振速。在此情况,边界条件可写成

$$\frac{1}{i\omega\rho} \cdot \frac{\partial P_1}{\partial r}\bigg|_{r=R} = \frac{1}{i\omega\rho} \cdot \frac{\partial P_2}{\partial r}\bigg|_{r=R} = \frac{\partial w}{\partial t} \tag{3.134b}$$

则由式(3.132)、(3.133)、(3.134b)联立可求得

$$C_n = \frac{b_{n1}}{a_{n2}} \cdot \frac{i\theta}{4\pi c} \cdot (2n+1) \cdot \frac{(n-m)!}{(n+m)!} \cdot P_n^m(\cos\theta_0) \cdot e^{-im\varphi_0} \cdot j_n(kr_0)$$

$$a_{n2} = -a_{n1} \cdot \frac{j_n'(kR)}{\rho c\omega} + b_n \cdot j_n(kR)$$

$$b_{n1} = \frac{a_{n1}}{c} \cdot h_n^{(1)'}(kR) - b_n \cdot \omega\rho \cdot h_n^{(1)}(kR)$$

$$a_{n1} = a_n + b_n \cdot \frac{h_n^{(1)}(kR)}{h_n^{(1)'}(kR)} \cdot \omega\rho c$$

$$a_n = -\varepsilon \cdot n^3(n+1)^3 + r_1 \cdot n^2(n+1)^2 - r_2 \cdot n(n+1) + r_3$$

$$b_n = \frac{(1-\nu^2)R^2}{Eh}\left[-n(n+1) + (1-\nu) + k_t(kR)^2\right]$$

$$\cdot \left[1 - \varepsilon K_S(-n(n+1) + (1-\nu) + k_r(kR)^2\right]$$

这样就由式(3.131)得到了封闭薄球壳内部存在一单位强度点声源时的散射声场。

图 3.17 表示了在内半径为 0.5 m、壁厚为 0.002 m 的钢质球壳的球心处置一单位强度点声源时球壳内频率为 10000 Hz 下任一过球心截面上的散射声场分布。

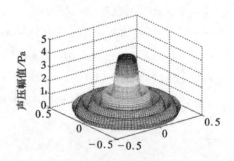

图 3.17　在球心处的点源作用下球壳内任一过球心截面上的散射声场分布（彩图见彩页）

3.6 COMSOL 软件在声场计算中的应用

上面我们讨论了典型规则声场(平板、圆柱壳、球壳)的声辐射问题,但对于不规则形状的声场分析,这些求解方法就存在很大的局限性。因而,这里介绍一种可以求解复杂声学问题的有效工具——COMSOL 软件。

COMSOL Multiphysics 起源于 MATLAB 的 Toolbox。最初命名为 Toolbox 1.0,后来改名为 FEMLAB 1.0(FEM 为有限元,LAB 是取自于 MATLAB),这个名字也一直沿用到 FEMLAB 3.1。从 2003 年开始正式改名为 COMSOL Multiphysics。作为一款大型的高级数值仿真软件,COMSOL Multiphysics 以其独特的软件设计理念,成功地实现了任意多物理场的直接双向实时耦合,模拟科学和工程领域的各种物理过程。它以高效的计算性能和杰出的多场双向直接耦合分析能力实现了高度精确的数值仿真,被当今世界科学家称为"第一款真正的任意多物理场直接耦合分析软件"。目前已经在声学、生物科学、电磁学、流体动力学、热力学、微系统、微波工程、光学、量子力学、结构力学等领域得到了广泛的应用。

3.6.1 ACOUSTICS MODULE 声学模块

在 COMSOL 软件中,求解多场耦合问题就等同于求解方程组。软件预先写好了对应各个领域的偏微分方程和方程组,并提供自定义偏微分方程输入接口,用户只需选择或者自定义不同专业的偏微分方程进行任意组合便可轻松实现多物理场的直接耦合分析。

声学模块是其众多模块之一。声学的仿真主要是求解标准声压波方程,或者时谐波方程,COMSOL 声学模块不但无缝耦合声学相关的行为,而且与 COMSOL 其他物理现象也可进行直接耦合,如结构力学和流体流动。COMSOL Multiphysics 为模拟各种声学仪器和设备提供先进的解决方案,可以轻松模拟空气、水或其他流体,甚至是固体中的声波传播。

3.6.2 应用实例

这里简单介绍 COMSOL 声学模块的应用实例。图 3.18 显示了压电换能器在电信号输入下声波产生过程的仿真。图 3.19 显示了音响设备内部发音单元的电磁-振动-声的多场耦合仿真结果。图 3.20 仿真了在混合动力汽车消声器内的声场分布,其中消声器单元内部由多孔吸声材料构成。图 3.21 仿真了某一频率声波在有限长圆柱体内的传播特性。

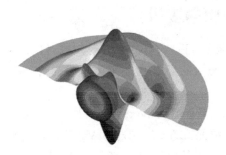

图 3.18 压电换能器产生声波的仿真
（彩图见彩页）

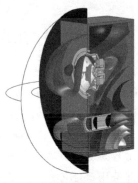

图 3.19 音响设备内部发音单元的电
磁-振动-声的多场耦合仿真
（彩图见彩页）

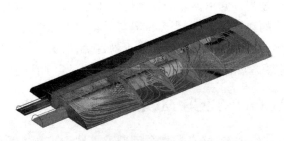

图 3.20 混合动力汽车消声器内的声场分布仿真（彩图见彩页）

图 3.21 声波在有限长圆柱体内的传播特性仿真（彩图见彩页）

3.7 本章小结

本章首先推导出各向同性弹性介质中关于质点位移场的波动方程,并将其分解为关于标量势函数和矢量势函数的 Helmholtz 方程,进一步得到 Helmholtz 方程在不同坐标系下的解形式,在此基础上分析和求解了几种典型结构(板、圆柱壳、球壳)的声场辐射特性。最后简单介绍了 COMSOL 软件的声学模块及其在不规则声场求解中的应用。

第4章 气动噪声原理

按噪声产生的机理,噪声可分为流体噪声、机械性噪声。高速气流、不稳定气流以及由于气流与物体相互作用产生的噪声,称为气动噪声。风吹过树枝所产生的啸声、簧管乐器的嗯哨声以及人的口哨声等,都是普通的气动声源的实例。随着现代工业的发展,空气动力机械的应用也越来越广,其产生的气动噪声影响大、危害广。涡轮喷气飞机和火箭是世界上最巨大的两个气动力声源,如喷气式飞机噪声声功率级已高达 150~160 dB,声功率高达 1000~10000 W;而火箭的声功率级竟达 195 dB,声功率达 25~40 MW。这些高声强的气动噪声不仅严重危害人们健康,而且还会使自动控制设备和灵敏的测试仪器因"声疲劳"失效。然而,在气动噪声领域,尽管我们知晓了许多机理,并已经积累了大量声学数据,可是现在仍然不能解决某些令人烦恼的气动噪声问题。因此,对气动噪声产生的基本作用原理的研究在现代技术中具有重要意义。

4.1 声发生的物理过程

许多复杂的声辐射都可以分解为简单形式的声源辐射。从声源特性来说,气动声源可以分为三类:单极源、偶极源和四极源。当辐射体尺寸同波长相比很小时,大多数辐射体都可看成与球面声源相似,这样就可利用基本球面辐射求解声辐射问题。尽管这个辐射球是理想化的,但它具有实际意义,这些概念可用以在实践中识别气动声的基本作用原理。气动噪声的发声机理比较复杂,本节以较直观的概念来叙述声音如何能够由一个局部的物理过程所产生。下面的讨论中只考虑流体本身发出的声能,并且忽略了边界效应。

4.1.1 单极源

单极源可以认为是一个脉动质量流的点源。如果设置一个数学的球形边界环绕这个点源,就会观察到通过该边界有流体的累计的净流量的流出与流入,于是一个球对称的声场便会形成。如果声场的振幅和相位在球表面上每一点都是相同的,那么该声源就是单极源。单极源辐射的指向性图是球形的。当高速气流周期性地从排气口排出,即产生单极源辐射。

1. 单极源声辐射

对于单极源辐射,考虑到对称性,Helmholtz 方程简化为

$$\frac{1}{r^2} \frac{\partial}{\partial r} \left(r^2 \frac{\partial P(r,t)}{\partial r} \right) = \frac{1}{c^2} \frac{\partial^2 P(r,t)}{\partial t^2} \tag{4.1}$$

这即是单极源辐射的声压波动方程。其声压一般解为

$$P(r,t) = \frac{A}{r} e^{i(\omega t - kr)} \tag{4.2}$$

式中待定常数 A 取决于边界条件,也就是取决于球面振动情况,这在物理上是显然的,因为声场是由于球源振动而产生的,所以声场的特征自然也应与球面的振动情况有关。

由式(4.2)可知,声压振幅$|P|$与径向距离 r 成反比,即在球面声场中,离声源愈远的地方声音愈弱,这是球面声场的一个重要特征。

例如,人嘴的讲话在频率较低时可近似看成是一个球源,距离较近时听起来声音较响,离得愈远时听起来就愈轻。

上式是假设空间中不存在反射波的情况下导得的,因此,这一结果也常常用来作为自由声场的考核。例如,要鉴定消声室是否符合自由声场条件,则只要测定当传声器离声源的距离变化时,它的声压是否符合随距离反比变化规律就可以了。此外,球面波在较大时,波阵面已经很大,局部范围内的球面近似可看作平面了。

根据 Euler 公式,单极源辐射的振动速度为

$$v_r = -\frac{1}{i\omega\rho_0} \frac{\partial P}{\partial r} = \frac{A}{r\rho_0 c_0} \left(1 + \frac{1}{ikr} \right) e^{i(\omega t - kr)} \tag{4.3}$$

式中:ρ_0 和 c_0 分别是气体密度和媒质声速。

2. 声辐射与球源大小的关系

不失一般性,设球源表面 $r=r_0$ 处的振动速度为 $v_0 = v_a e^{i(\omega t - kr_0)}$,式中 v_a 为振速幅值,指数中$-kr_0$ 是为了运算方便而引入的初相位角。

根据边界条件$(v_r)_{r=r_0} = v_0$,可得到待定常数 A 的值

$$A = \frac{\rho_0 c_0 kr_0^2}{1 + (kr_0)^2} (kr_0 + i) v_a = |A| e^{i\theta} \tag{4.4}$$

式中:θ 为 A 的相位角。$|A|$不仅与球源的振速有关,而且还与辐射声波的频率、球源的半径等有关。当球源半径比较小或者声波频率比较低,以至有 $kr_0 \ll 1$,满足这种条件的脉动球源有时特别称为点源。

根据式(4.4)可得到声辐射与球源大小的下述结论。

①当球面以同样大小的速度振动时,如果球源比较小或者频率比较低,则辐射

声压较小;如果球源比较大或者频率比较高,则辐射声压较大。

②当球源大小一定时,频率愈高则辐射声压愈大;频率愈低则辐射声压愈小。而对于一定的频率,球源半径愈大则辐射声压愈大;半径愈小则辐射声压愈小。

③只要球面振动速度一定,凡是声源振动表面大的,向空间辐射的声压也大,反之就小。

④辐射声压一定时,振动面越大,低频声越丰富。例如,小口径的扬声器辐射低频声比较困难,而大口径的扬声器就比较容易些,也就是这个道理。

3. 声场对脉动球源的反作用——辐射阻抗

下面讨论由脉动球源产生的辐射声场对球源脉动的反作用,即辐射阻抗的概念[10]。脉动球源使媒质发生了稀密交替的形变,从而辐射了声波;另一方面,球源本身也处于由它自己辐射形成的声场之中,因此,其振动必然受到声场对它的反作用,这个反作用力等于

$$F_r = -S_0 P(r,t) \mid_{r=r_0} \tag{4.5}$$

式中:S_0 为声源表面积,负号表示这个力的方向与声压变化方向相反。例如,声源表面沿法线正方向运动,使表面附近媒质压缩,声压为正,而这时声场对声源的反作用力则与法线方向相反。

将式(4.2)和(4.4)代入式(4.5)中,可得反作用力

$$F_r = -\left(\frac{\rho_0 c_0 (kr_0)^2 S_0}{1+(kr_0)^2} + \mathrm{i}\, \frac{\rho_0 c_0 kr_0 S_0}{1+(kr_0)^2} \right) v_a \tag{4.6}$$

根据阻抗的定义 $Z_r = -F_r/v_a$,可知辐射阻抗

$$Z_r = R_r + \mathrm{i}X_r = \frac{\rho_0 c_0 (kr_0)^2 S_0}{1+(kr_0)^2} + \mathrm{i}\, \frac{\rho_0 c_0 kr_0 S_0}{1+(kr_0)^2} \tag{4.7}$$

式中:$R_r = \dfrac{\rho_0 c_0 (kr_0)^2 S_0}{1+(kr_0)^2}$ 为辐射阻;$X_r = \dfrac{\rho_0 c_0 kr_0 S_0}{1+(kr_0)^2}$ 为辐射抗。

为了说明 R_r、X_r 及 Z_r 的物理意义,考虑到声源辐射的球对称性,我们将球源表面作为一个单自由度力学系统进行分析。设球源振动表面的质量为 M_m,力学系统的弹性系数为 K_m,受到的摩擦力阻为 R_m,策动其振动的外力为 $F = F_a^{\mathrm{i}(\omega t - kr_0)}$。在声场的反作用力 F_r 作用下,球源表面的运动方程为

$$M_m \frac{\mathrm{d}v_r}{\mathrm{d}t} + R_m v_r + K_m \int v_r \mathrm{d}t = F + F_r \tag{4.8}$$

这样,整个力学系统的总阻抗就可表示为

$$Z = \frac{F}{v_r} = (R_m + R_r) + \mathrm{i}\left[\omega\left(M_m + \frac{X_r}{\omega} \right) - \frac{K_m}{\omega} \right] = Z_m + Z_r \tag{4.9}$$

对声源振动系统来讲,声场对声源的反作用相当于在原来的力学振动系统上附加

了一个辐射阻抗 $Z_r = R_r + iX_r$，这是由于声辐射引起的附加于力学系统的力阻抗。

　　声场对声源的反作用表现在两个方面：一方面是增加了系统的阻尼作用，除原来的力阻 R_m 外还增加了辐射阻 R_r，R_r 像摩擦力阻 R_m 一样反映了力学系统存在着能量的耗损，不过它不是转化为热能，而是转化为声能，以声波的形式传输出去；另一方面是在系统中增加了一项辐射抗。辐射抗 X_r 对力学系统的影响相当于在声源本身的质量 M_m 上附加了一个辐射质量 $M_r = X_r/\omega$。这部分附加辐射质量的存在使声源好像加重了，似乎有质量为 M_r 的媒质层粘附在球源面上，随球源一起振动，因此这部分附加的辐射质量也称为**同振质量**。

　　在自由声场中，脉动球源辐射的平均声功率为

$$\overline{W} = \frac{S_0 \mid A \mid^2}{2\rho_0 c_0} = \frac{1}{2}R_r v_a^2 \tag{4.10}$$

　　由此可见，如果单极源振速恒定，那么其平均辐射声功率仅决定于辐射阻。从式(4.7)可知，辐射阻 R_r 是 kr_0 的函数，因而声源平均辐射声功率的大小并不是决定于声源绝对尺寸的大小，而是决定于声源尺寸与声波波长的相对大小。

　　单极源辐射阻抗随无量纲频率 kr_0 的变化曲线如图 4.1 所示。

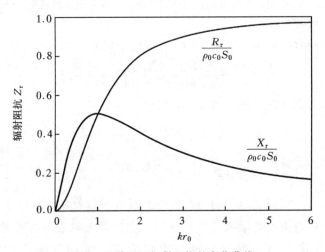

图 4.1　单极源辐射阻抗的变化曲线

　　当 $kr_0 \ll 1$，即满足点源条件时，这时的辐射阻和辐射抗分别可近似为

$$R_r \approx \rho_0 c_0 (kr_0)^2 S_0, X_r \approx \rho_0 c_0 kr_0 S_0 \tag{4.11}$$

因而平均辐射声功率与频率的平方成正比，而且因为 $kr_0 \ll 1$，所以总的平均辐射声功率是很小的。此时的同振质量等于

$$M_r \approx \rho_0 r_0 S_0 = 3\left(\frac{4}{3}\pi r_0^3 \rho_0\right) = 3M_0 \tag{4.12}$$

这相当于球源排开的同体积媒质质量的 3 倍，所以为了使球源表面振动，需要克服这一部分附加惯性力而做功，但这部分能量不是向外辐射的声能，而是贮藏在系统中。

而当 $kr_0 \gg 1$ 时，$R_r \approx \rho_0 c_0 S_0$，$X_r \approx 0$。这说明当球源半径较大或者频率比较高时，球源的辐射阻达到最大值，而辐射抗为零，即同振质量为零。

4. 单极源的实际应用

这里我们讨论产生单极源声场的某些实际例子。从形成流体向外或向内的运动过程，我们可以判断，爆炸就是单极源。流体颗粒的燃烧造成该颗粒向外爆炸，而随之的是向内破灭。气泡空化则是另一个例子。此外，活塞式发动机排气管的端口有一个脉动着的质量流，只要声波波长大于该管直径，该声场就非常接近于单极声源。

对于许多实际机器来说，采用单极源模型是一个十分有用的技术。这种近似所用的一般准则是，所要研究的最高频率的波长 λ 应该远大于声源的物理尺寸 L。从表面上看，这种近似对发射着高频噪声的大型汽轮机可能是不适用的。然而，发射着高频噪声的转子叶片仍可以采用点源模型，即使 $L > \lambda$，这是因为准则适用于实际声源的物理尺寸，而不是机翼本身的尺寸。例如，湍流流动中的声源尺度是厘米量级。这样，每个相关面积或相关体积就可以被认为是一个小尺寸的孤立声源。于是，大尺寸的机翼或转子叶片可以用沿着叶片展长分布的孤立点源的总和来模拟。这个概念在第 5 章的 Kirchhoff 公式中还将进一步阐述。

4.1.2　偶极源

声偶极子是由两个相距很近，并以相同的振幅而相位相反（即相差 $180°$）的小脉动球源（即点源）所组成的声源。如果沿整个球形边界进行积分，由于流入的流量等于流出的流量，流体的净流率总是显示为零。但是，因为组成偶极声源的两个小球源的振动相位相反，其中一个小球的周围呈压缩相时，另一个小球源的周围就呈稀疏相，即流入流动与流出流动的方向一致，它们的动量是相加的，所以该系统就存在一个净动量。根据牛顿定律，一定存在与偶极源有关的力。偶极源的另一种描述是把它认为是一个由振荡作用力驱动的球。从这两种描述都可看出，偶极子声源是力声源。当流体中有障碍物存在时，流体与物体产生的不稳定的反作用力形成偶极子声源。

1. 偶极源声辐射特性

图 4.2(a) 表示由相距的振幅相等而相位相反的两个小脉动球源组成的偶极源，现在我们求解偶极源的辐射声场。对于这种组合声源的辐射声场，求偶极源的

辐射只要把这两个小球源在空间辐射的声压叠加起来。每一小球源在空间产生的辐射声压已在式(4.2)中给出,考虑到它们的相位相反,则偶极源的声压为

$$P = \frac{A}{r_1}e^{i(\omega t - kr_1)} - \frac{A}{r_2}e^{i(\omega t - kr_2)}$$

(4.13)

当两个小球源相距很近,即 $l \ll r$ 时,可以设 $r_1 \approx r + \dfrac{l}{2}\cos\theta$, $r_2 \approx r - \dfrac{l}{2}\cos\theta$,这样对上式中的两项分别取泰勒级数一次近似展开就可得到

$$P \approx \frac{-A(ikr + 1)}{r^2}l\cos\theta e^{i(\omega t - kr)}$$

(4.14)

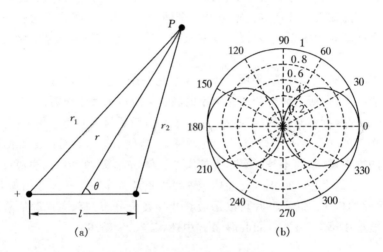

图 4.2　偶极源辐射示意图

这说明偶极声源辐射声场具有方向性,即在声场中同一距离、不同方向的位置上声压不一样。特别是,在 $\theta = \pm 90°$ 的方向上,从两个小球源辐射的声波恰好幅值相等、相位相反,合成声压为零;而在 $\theta = 0°$、$180°$ 的方向上,从两个小球源来的声波幅值及相位都对称相等,因而叠加加强,合成声压最大。

对于声偶极源,我们可以计算偏导数

$$\frac{\partial}{\partial l}\left(\frac{Ae^{i(\omega t - kr)}}{r}\right) = \frac{-A(ikr + 1)}{r^2}\cos\theta e^{i(\omega t - kr)}$$

(4.15)

对比式(4.14)和式(4.15),可以发现,偶极源的辐射声压就等于位于偶极源中心的单极源沿其连线的方向导数乘以偶极距 l。

如果仅考虑离声源较远处的声场,即 $kr \gg 1$,式(4.14)可简化为

$$P \approx \frac{-ikA}{r}l\cos\theta e^{i(\omega t - kr)}$$

(4.16)

即在离声源较远处偶极源辐射声压与距离成反比,但其与单极源的主要区别是偶

极源辐射的方向性。

为了描述声源辐射的方向性特性,定义任意 θ 方向的声压幅值与 $\theta=0°$ 轴上的声压幅值之比为该声源的辐射指向特性,即

$$D(\theta) = \frac{\mid P \mid_{\theta}}{\mid P \mid_{\theta=0}} \tag{4.17}$$

偶极源的辐射指向特性为

$$D(\theta) = \mid \cos\theta \mid \tag{4.18}$$

这在极坐标图上是 ∞ 形,如图 4.2(b)所示,在两小球源连线方向上较强,在与连线垂直的方向上较弱。

2. 偶极源辐射声功率

由式(4.16)可求得径向质点速度为

$$v_{\mathrm{r}} \approx \frac{\mathrm{i}kAl}{\rho_0 c_0 r}\left(1+\frac{1}{\mathrm{i}kr}\right)\cos\theta \mathrm{e}^{\mathrm{i}(\omega t-kr)} \tag{4.19}$$

这样由式(4.16)和式(4.19)可求得偶极源辐射声强为

$$I = \frac{1}{T}\int_0^T \mathrm{Re}(v_{\mathrm{r}})\mathrm{Re}(P)\mathrm{d}t = \frac{\mid A \mid^2 k^2 l^2}{2\rho_0 c_0 r^2}\cos^2\theta \tag{4.20}$$

通过以 r 为半径的球面的平均能量流即平均声功率为

$$\overline{W} = \oiint_S I\mathrm{d}s = \oiint_S I r^2 \sin\theta\mathrm{d}\theta\mathrm{d}\varphi = \frac{2\pi}{3\rho_0 c_0}\mid A \mid^2 k^2 l^2 \tag{4.21}$$

结合式(4.4)及式(4.19)便可得到

$$\overline{W} = \frac{2}{3}\pi\rho_0 c_0 (kr_0)^4 l^2 v_{\mathrm{a}}^2 \tag{4.22}$$

由此可见,偶极源辐射声功率与 ω^4 成正比。而由式(4.10)和式(4.11)知单极源辐射声功率与 ω^2 成正比。这就是说,在低频时,偶极源的辐射本领比单极源要差很多。这是因为组成偶极声源的两个小球源的振动相位相反,其周围分别呈压缩相和稀疏相,低频时的缓慢振动使压缩区的媒质点来得及流向稀疏区,从而抵消了压缩和稀疏形变,这样总的声辐射自然就减弱了。

当偶极源是属于气动性质的,那么其辐射声功率可以与气动声的平均流速联系起来。这里我们采用无量纲分析来定性说明气动偶极源的辐射声功率。在式(4.22)中,v_{a} 就以平均流速 U 定标,即 $v_{\mathrm{a}} \propto U$;r_0 以偶极源的特征尺寸 l 定标;波数 $k=\omega/c_0$,而气动声生成频率 ω 必然和流体流动的特征频率相匹配,即 $\omega \propto U/l$。这样式(4.22)就表示为

$$\overline{W} = \frac{2}{3}\pi\rho_0 c_0 (kr_0)^4 l^2 v_{\mathrm{a}}^2 \propto \rho_0 l^2 \frac{U^6}{c_0^3} = \rho_0 l^2 U^3 M^3 \tag{4.23}$$

上式表明,偶极源辐射平均声功率与流速的六次方成正比,与流体的马赫数三次方

成正比。

3. 偶极源的实际应用

风吹电线声、空气压缩机、动片和导流片、倾角不为零的螺旋桨是常见的偶极子声源例子。

一个没有安装在障板上的纸盆扬声器在振动时,纸盆两边的媒质分别形成压缩相和稀疏相,这就好似一个偶极源,其低频辐射功率较小。如将这扬声器安装在一块很大的障板上,将扬声器前后方的辐射隔开,使低频振动时纸盆前后方媒质的疏密形变不能相互抵消,这样就可显著提高其低频辐射本领。因此,在现代高音质放声系统中,从改善低频辐射特性考虑,往往把扬声器放在优质木料做成的助音箱中,实际上就是为了在低频时能把扬声器前后方辐射隔开或者造成两者同相位辐射,从而增加扬声器的低频辐射声功率。同理,在测试和评定扬声器单元性能时,常常把扬声器安装在一个具有统一标准尺寸的大障板上进行,而且扬声器测试频率愈低,要求障板的尺寸也愈大。

4.1.3　四极源

媒质中如没有质量或热量的注入,也没有障碍物存在,唯有粘滞应力可能辐射声波,这就是四极源,它是应力声源。四极源可看作是由一对极性相反的偶极源组成的。沿着围绕四极源的球形边界积分,既没有净质量流率,也没有净作用力存在。四极源的指向性呈"四瓣"形。

四极源辐射声功率的公式推导过程与上述偶极源的推导相似,其辐射声功率为[12]

$$\overline{W} \propto \rho_0 \, l^2 \, \frac{U^8}{c_0^5} = \rho_0 \, l^2 \, C_0^3 \, M^5 \tag{4.24}$$

四极源辐射声功率比偶极源的多一个因数 U^2/c_0^2,其辐射平均声功率与流速的八次方成正比,与流体的马赫数五次方成正比。四极源不仅与频率有很强的依赖关系,而且还取决于 U^8(特征速度 U 加倍,声功率级增加 24 dB)和 l^2(特征长度加倍,声功率级增加 6 dB)。在大多数情况下,四极源的辐射声功率很小。但如果四极源辐射占主要份额,那一定是在流体高速运动情况下。

喷注噪声是气流从管口以高速喷出时产生的噪声,是在喷气时高速气体粒子和周围的低速气体粒子发生湍流混合,使大气的稳定状态受到破坏而发生巨大扰动形成的。当极高速气体喷射时,压应力张量发生变化,此时产生四极声源。亚声速湍流喷注噪声是最常见的、影响最广的四极源噪声。

4.1.4　速度对声功率的影响

从式(4.23)和式(4.24)可知道,速度对声功率所产生的影响有两个方面:一是声功率正比于速度的某一高幂次值；二是声源趋向高阶次，声功率的幂次值就增加。一个很好的实例是汽车发动机的排气管。在额定排气速度下，脉动流动在其排气管出口处产生一个单极源。如果在高负荷下增加脉动流量，人们听到的是嗞嗞声。这个声音实际上是偶极源发声，是由于管口边的动量脉动所造成的。进一步增加流动速度，我们便会得到四极源的喷注噪声。

4.1.5　有限板型结构的声发生过程

前面第 3 章已分析过，对于有限长度的一块板，当表面行波波速大于空气中的声速，即在高于吻合频率以上区域时，其辐射行为是与无限板相同的，平板的每一部分都可看作是一个独立的辐射元不受其它部分辐射压力的影响，这时辐射效率只是吻合频率和声波频率的函数（见式(3.120)）；但在吻合频率以下区域，每一辐射元不再是独立的，会发生能量相消，这种相消的程度取决于有限板的材料、几何形状和边界条件。这种情况下有限板型结构的声辐射可以用单极源、偶极源和四极源来模化分析。

矩形板上一个典型模态的振型如图 4.3 所示，板中长度和宽度方向的弯曲波

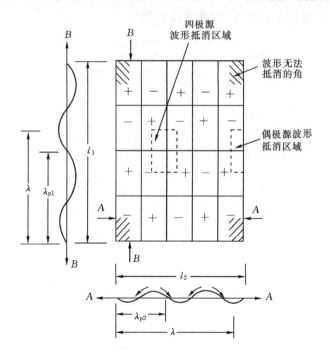

图 4.3　有限板的角型低频辐射图解说明

波数 k_x 和 k_y 大于空气中的声波数 k，因而 λ_{p1} 和 λ_{p2} 都小于 λ。图中波腹的相位关系用"＋"和"－"表示，箭头表示空气在振动的半周期内运动。如果将振动弯曲波波形用静止平板分成两部分，所有的正面积可看作是一系列的正活塞，它与相邻的负活塞辐射组成一偶极源而互相抵消。平板的边缘包含一行偶极子源（成组的两小块作异相振荡而互相抵消），平板的中间部分是四极子声源（成组的四小块，当它们振荡时基本上互相抵消），在角上波形无法抵消的角区域为单极子源。图中的平板长度 l_1 和宽度 l_2 都大于 λ，这时四个角辐射如同未耦合的四个单极子源。由于单极子源的辐射效率最高，而四极子声源的辐射效率最低，因此仅是板的四角有效辐射声波，这种型式称为板的角型低频辐射。

在远低于吻合频率以下的区域，如平板长度比声波波长小很多（l_1 和 l_2 都小于 λ），则四角上的单极子之间将相互作用，且这个交互作用将依赖于它们各自的相位。对于长度和宽度方向都为奇模态的情形，四个角将互相以同相位辐射，从而表现为单极子的性质；对于长度和宽度方向分别为奇模态和偶模态的情形，相邻的单极子对将是同相，但相对的单极子对为异相，表现为偶极子的性质；对于都为偶模态的情形，所有四角相互异相，因此表现为四极子的性质。

随着声波激励频率的增加，当弯曲波波数之一 k_x 小于空气中的声波数 k，这

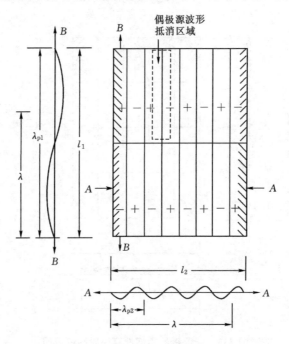

图 4.4　有限板的边缘型低频辐射图解说明

时 $\lambda_{p1} > \lambda$，但 λ_{p2} 依然小于 λ，如图 4.4 所示。在此情况下，平板中心区形成互相抵消的窄长偶极子，但沿长度 x 方向的边缘不能抵消。由于在 x 方向的结构波长 λ_{p1} 大于声波长 λ，由正活塞小块（在 x 方向）向外排出的流体当传送给相邻的负活塞小块时被压缩，其结果是辐射出声音来，这种型式称为板的边缘型低频辐射。边缘型辐射是比角型辐射更为有效的辐射体。

当声波激励频率趋近吻合频率时，在平板中心区域的抵消开始削弱，这是因为正负活塞之间的分隔接近 $\lambda/2$。在吻合频率及以上时，抵消完全终止，整块板辐射声波，这些模态称为表面模态。这时平板长度和宽度方向的弯曲波波长 λ_{p1} 和 λ_{p2} 都大于声波长 λ（或 k_x 和 k_y 都小于 k），由正活塞小块（在 x 和 y 两个方向）向外排出的流体当传送到相邻的负活塞小块时受压缩，因为所有小块都大于流体波长。表面模态是非常有效的声辐射体，其结果是有限板每一小部分的辐射都是独立的，有限板声辐射表现出类似无限板的形式。

4.2　旋转声源的辐射特性

对旋转机械气动噪声的研究正日益受到人们的重视。以风机噪声为例，风机噪声的产生有两方面的原因：一是机械振动噪声，二是气流噪声。随着机械加工和装配精度的提高，目前的风机产品机械振动噪声很小，气流噪声成为了主要的噪声源。假想在风机叶片上取一微元，风机旋转气流噪声的声辐射特点仍然可用单极源、偶极源、四极源物理模型来描述，如图 4.5 所示。单极源噪声也称为叶片厚度噪声，它是由于旋转叶片具有一定厚度，空气被周期性的排开和吸入，产生声辐射；偶极源噪声也称为叶片力噪声，它是由于叶片固壁表面的压力脉动所产生的；四极源噪声也称为湍流噪声，它是由湍流边界层、尾迹区的湍流脉动、分离流动等流体内部的压力脉动产生的。同时叶片微元上的单极源、偶极源和四极源噪声又随着叶片做旋转运动，因而会产生多普勒效应。整个叶片在旋转时的辐射噪声可由所有微元辐射噪声的叠加来进行分析。

此外，如果按照噪声频谱分类，风机噪声又可分为离散噪声和宽带噪声。前者通常由于叶轮周期性旋转，叶片和流体存在周期性的相互作用，从而向外辐射噪声，这类噪声频谱存在明显的离散谱线，一般与叶片旋转频率有很大关系；而宽带噪声则是由于湍流脉动引起，频谱很宽，不存在明显的离散谱线。

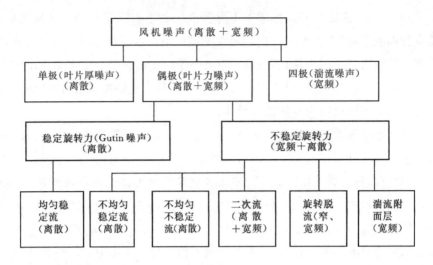

图 4.5　风机旋转噪声的声辐射特点

　　旋转运动是叶片运动的基本形式,因而对旋转声源的研究具有很好的实际意义。下面首先介绍多普勒效应,接着讨论旋转单极源和旋转偶极源的声辐射特性。

4.2.1　多普勒效应

　　在静止均匀的媒质中,如果声源与接受者不运动,则接收到的声音频率与声源频率相等,即听到的声音的音调高低与声源的音调没有区别。当接受者(或声源)相对或向反方向运动时,所听到的声音的音调要比静止时听到的高或低,这种现象称为多普勒效应。

　　如果在声源与接受者的连线方向上,接受者以速度 u_0 运动,声源以速度 u_S 运动,则接受者听到的声音频率为

$$f = f_S \frac{c_0 \mp u_0}{c_0 \pm u_S} \tag{4.25}$$

式中:c_0 为媒质中的声速;f_S 为声源的频率。当接受者与声源相对运动时,u_0 取正,u_S 取负;相反运动时 u_0 取负,u_S 取正。当速度方向不在声源与接受者的连线方向上时,把速度在连线方向上的投影代入上式即可。

　　多普勒效应可以解释如下。当声源相对观察者静止时,人耳听到的声音音调是由声源的振动频率决定的。声源每秒钟振动多少次,人耳就接收到多少个声波,人耳鼓膜的振动频率与声源的振动频率相同。但当声源以某种速度向观察者靠近时,声源每秒钟发出的声波个数仍不变,由于波源与观察者的距离逐渐缩短,波与波之间好像挤在一起,这样每秒钟传到人耳的声波个数就增加了,即人耳鼓膜的振

动频率增大,所以听到的声音音调就提高了。反之,声源若以某种速度远离观察者,则人耳每秒钟接收到的声波个数就会减少,所以听到的声音音调就要降低。这就是多普勒效应产生的原因。

自然界中不仅声波在传播中能产生多普勒效应,其它形式的波在传播中也存在多普勒效应。从遥远星球发来的光波频率都小于地球上静止的同种光源的频率,这就是星球运动产生的光波多普勒效应。它表明宇宙间的一切星体都在远离地球而去,即宇宙膨胀论。根据其频率改变量,可推算出星球远离地球时的运动速度。

4.2.2　旋转点声源的辐射严格解[11]

在任意运动点声源辐射频域解基础上,本小节推导了旋转点声源在空间任一点处的声压计算公式。该公式不需要附加条件,适合于任何近场或远场。由此讨论了简谐源作旋转运动时的声场方向性特征,研究了源频率及旋转频率等对声场声压的影响。研究表明:①声场分布具有强的空间指向性;②旋转频率的变化将伴随着多普勒效应的出现;③源自身频率的变化将改变谐波范围。

1. 旋转点声源频域严格解

首先建立坐标系 W,设观察点位置和时间坐标分别为 X、t,源位置和时间坐标分别为 ξ、τ,则强度为 $Q(\tau)$ 的源产生的声压为

$$p(\boldsymbol{X},t) = \frac{1}{4\pi}\int_{-\infty}^{\infty} \frac{Q(\tau)}{r_{\mathrm{S}}} \cdot \delta(g)\mathrm{d}\tau \qquad (4.26)$$

式中:$r_{\mathrm{S}}=|X-\xi(\tau)|$ 表示源到观察点间距离;$g=t-\tau-r_{\mathrm{S}}/c_0$ 为延迟时间(c_0 为声速)。

对上式两端进行傅里叶变换可以得到任意运动声源声场的频域解为

$$p(\boldsymbol{X},\omega) = \frac{1}{2\pi}\int_{-\infty}^{\infty} Q(\tau) \cdot \frac{\mathrm{e}^{\mathrm{i}\omega(\tau+r_{\mathrm{S}}/c_0)}}{4\pi r_{\mathrm{S}}}\mathrm{d}\tau = \frac{1}{2\pi}\int_{-\infty}^{\infty} Q(\tau) \cdot \frac{\mathrm{e}^{\mathrm{i}k_0 r_{\mathrm{S}}}}{4\pi r_{\mathrm{S}}} \cdot \mathrm{e}^{\mathrm{i}\omega\tau}\mathrm{d}\tau \quad (4.27)$$

式中:ω 为声场角频率;声学波数 $k_0=\omega/c_0$。

下面讨论点源旋转运动情形,采用图 4.6 所示的球坐标系。点源在 XY 平面内旋转,坐标原点 O 取在其旋转中心处,Z 为极轴。设源初始位置在 $\boldsymbol{r}_{\mathrm{b}}(r,\theta_{\mathrm{b}},\varphi_{\mathrm{b}})$ 处,空间观察点位于 $\boldsymbol{r}_0(r_0,\theta_0,\varphi_0)$ 处。在任一时刻 τ,设点源旋转到 $\boldsymbol{r}(r,\theta,\varphi)$ 处,若其旋转角频率为 Ω,则有 $\varphi=\varphi_{\mathrm{b}}+\Omega\tau$。这里,$\theta_{\mathrm{b}}=\pi/2$,$\theta=\pi/2$。源到观察点距离为 $r_{\mathrm{S}}=(r_0^2+r^2-2r \cdot r_0 \cdot \cos\beta)^{1/2}$,$\beta$ 为 $\boldsymbol{r}_0$ 和 $\boldsymbol{r}$ 之间的夹角。

根据点声源展开公式

$$\frac{\mathrm{e}^{\mathrm{i}k_0 r_{\mathrm{S}}}}{4\pi r_{\mathrm{S}}} = \sum_{m=0}^{\infty}(2m+1)k_0 \cdot \mathrm{P}_m(\cos\beta) \cdot \mathrm{j}_m(k_0 r_<) \cdot \mathrm{ih}_m^{(1)}(k_0 r_>) \qquad (4.28)$$

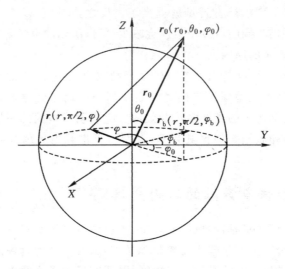

图 4.6　点源旋转运动示意图

式中:$\cos\beta = \cos\theta \cdot \cos\theta_0 + \sin\theta \cdot \sin\theta_0 \cdot \cos(\varphi - \varphi_0)$;$r_>$ 和 $r_<$ 分别代表 r 和 r_0 中的较大者及较小者;$P_m(\cdot)$ 为 Legendre 函数;$j_m(\cdot)$ 为球 Bessel 函数;$h_m(\cdot)$ 为球 Hankel 函数;i 为虚数单位。且有

$$P_m(\cos\beta) = P_m(\cos\theta) \cdot P_m(\cos\theta_0) + 2\sum_{n-1}^{m} \frac{(m-n)!}{(m+n)!}$$

$$\cdot P_m^n(\cos\theta) \cdot P_m^n(\cos\theta_0) \cdot \cos n(\varphi - \varphi_0) \tag{4.29}$$

式中:$P_m^n(\cdot)$ 为连带 Legendre 函数。

把式(4.28)、式(4.29)代入式(4.27),并由于 $\varphi = \varphi_b + \Omega\tau, \theta_b = \pi/2, \theta = \pi/2$,利用 $\cos\varphi = (e^{i\varphi} + e^{-i\varphi})/2$,最后得到

$$p(\boldsymbol{X},\omega) = \sum_{m=0}^{\infty} (2m+1)k_0 \cdot j_m(k_0 r_<) \cdot i \cdot h_m^{(1)}(k_0 r_>)$$

$$\cdot \left[P_m(0) \cdot P_m(\cos\theta_0) \cdot A_0(\omega) + \sum_{n=1}^{m} \frac{(m-n)!}{(m+n)!} \right.$$

$$\cdot P_m^n(0) \cdot P_m^n(\cos\theta_0) \cdot (e^{in(\varphi_b - \varphi_0)} \cdot A_0(\omega + n\Omega)$$

$$\left. + e^{-in(\varphi_b - \varphi_0)} \cdot A_0(\omega - n\Omega)) \right] \tag{4.30a}$$

式中:$A_0(\omega)$ 为 $Q(\tau)$ 的傅里叶变换。或者写成

$$p(\boldsymbol{X},\omega) = \sum_{m=0}^{\infty} (2m+1)k_0 \cdot j_m(k_0 r_<) \cdot i \cdot h_m^{(1)}(k_0 r_>)$$

$$\cdot \sum_{n=0}^{m} \varepsilon_n \cdot \frac{(m-n)!}{(m+n)!} \cdot \mathrm{P}_m^n(0) \cdot \mathrm{P}_m^n(\cos\theta_0)$$

$$\cdot (\mathrm{e}^{in(\varphi_b-\varphi_0)} \cdot A_0(\omega+n\Omega) + \mathrm{e}^{-in(\varphi_b-\varphi_0)} \cdot A_0(\omega-n\Omega)) \tag{4.30b}$$

式中：$\varepsilon_n = \begin{cases} 0.5 & n=0 \\ 1 & n \text{ 为正整数}。 \end{cases}$

上式即为本节得到的旋转点声源在空间任一点处的声压计算公式。

2. 旋转简谐源的声学特性

假设运动声源是简谐的，即 $A_0(\omega)=Q\delta(\omega-\omega_t)$（$Q$ 为源强度幅值，ω_t 为源频率），由式(4.30(b))得到其声压解为

$$p(X,\omega) = \sum_{m=0}^{\infty} (2m+1)k_0 \cdot \mathrm{j}_m(k_0 r_<) \cdot i \cdot \mathrm{h}_m^{(1)}(k_0 r_>)$$

$$\cdot \sum_{n=0}^{m} \varepsilon_n \cdot \frac{(m-n)!}{(m+n)!} \cdot \mathrm{P}_m^n(0) \cdot \mathrm{P}_m^n(\cos\theta_0) \cdot Q \cdot (\mathrm{e}^{in(\varphi_b-\varphi_0)}$$

$$\cdot \delta(\omega+n\Omega-\omega_t) + \mathrm{e}^{-in(\varphi_b-\varphi_0)} \cdot \delta(\omega-n\Omega-\omega_t)) \tag{4.31}$$

(1)远场声压计算

对于远场，现在取 $r_0=2.0$ m，$r=0.3$ m，$\varphi_b=0$，$\varphi_0=-\pi/4$，$Q=1$。由式(4.31)分别计算了下列六种情况下的声压幅值：

(a)$\omega_t=6800$ rad/s，$\omega_0=560$ rad/s；

(b)$\omega_t=6800$ rad/s，$\omega_0=112$ rad/s；

(c)$\omega_t=2300$ rad/s，$\omega_0=560$ rad/s；

(d)$\omega_t=2300$ rad/s，$\theta_0=\pi/6$；

(e)$\omega_t=2300$ rad/s，$\theta_0=\pi/3$；

(f)$\omega_t=2300$ rad/s，$\theta_0=\pi/3$。

如图 4.7 所示，图中纵坐标均表示声压幅值，横坐标均表示频率 $\omega=\omega_t+s\Omega$，横轴上的数值即为 s 的值。(a)、(b)、(c)三种情况均表示了不同观察角 θ_0 处（θ_0 依次为 0、$\pi/18$、$\pi/6$、$\pi/2$，图中分别用线型—、———、---、⋯表示）声压幅值的谐波分布；(d)、(e)分别表示了不同旋转频率 ω_0（ω_0 依次为 5 rad/s、50 rad/s、100 rad/s、400 rad/s，图中分别用线型—、———、---、⋯表示）时声压幅值的谐波分布；(f)表示了 ω_0 依次为 500 rad/s、1000 rad/s、2000 rad/s、3000 rad/s（图中分别用线型—、———、---、⋯表示）时声压幅值的谐波分布。图 4.8 示出情况(a)时声压幅值沿观察角的分布情况。）

从图 4.7 和图 4.8 可以得到以下结论：

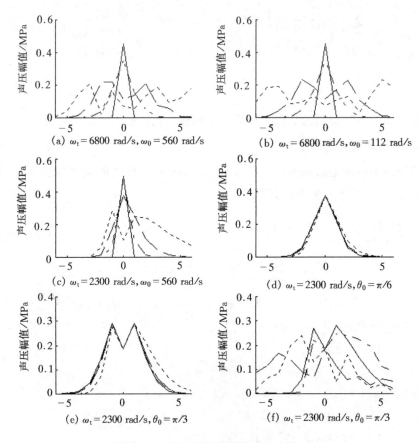

图 4.7　远场声压幅值的谐波分布

①无论何种情形,在旋转轴方向($\theta_0=0$)都只能听到基频;

②随 θ_0 增加,谐波越来越丰富,且声压幅值也越来越小;

③由图 4.7(c)知,源自身频率的减小会显著地缩小谐波范围;

④由图 4.7(d)、(e)知,在旋转频率较低时,旋转频率的变化对谐波分布并无多大影响;但在 θ_0 较大时会出现频率偏移;

⑤由图 4.7(f)知,在旋转频率较高时,旋转频率的变化对谐波分布影响很大,且出现明显的多普勒效应,即接收频率相对声源频率发生偏移;

⑥s 由负值增加时叶瓣数目增多,至 $s=0$ 时叶瓣数最多,随后又开始减少;

⑦在指向性方面,偏离基频的谐波更多地发生于旋转平面($\theta_0=\pi/2$)附近,而在基频附近趋于轴向,$s=0$ 时则强烈地指向轴向位置。

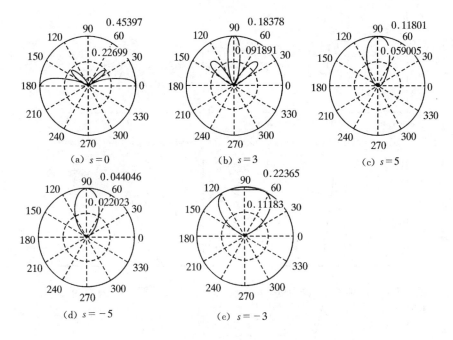

图 4.8　声压幅值沿观察角分布(远场)

(2)近场声压计算

对于近场,取 $r_0 = 0.4$ m,其他参数和远场计算相同。同样根据式(4.31)计算(a)、(b)、(c)、(d)、(e)、(f)六种情况下的声压幅值,如图 4.9、图 4.10 所示,说明同上。

从图 4.9(a)、(b)、(c)可以看出,近场对小 θ_0 情况下声压幅值的谐波分布影响不大;对 θ_0 接近 $\pi/2$ 的情况影响很大,随 θ_0 增加,声压幅值越来越大,而且使谐波分布范围加宽。从图 4.9(d)、(e)、(f)可看出,对于近场情况:

①在旋转频率较低时,旋转频率的变化对谐波分布并无多大影响,但在 θ_0 较大时会出现频率偏移;

②在旋转频率较高时,旋转频率的变化对谐波分布影响很大,且出现明显的多普勒效应。从图 4.10 可看出,对某一谐波,叶瓣数目和分布同远场基本相同;在 $\theta_0 = 0$ 方向上仍然只有基频,在 $\theta_0 = \pi/2$ 方向上声压有所加强。

(3)旋转简谐源的声场特性

本节推导了旋转运动声源空间声压计算的频域精确解,它适合于任何近场或远场。由此讨论了声源旋转导致的一些声场特性。研究表明:

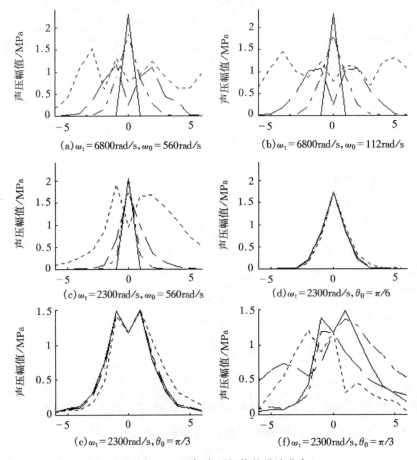

图 4.9　近场声压幅值的谐波分布

①声场分布具有强的空间指向性。在轴线方向只有基频,而在旋转平面附近谐波越来越丰富;

②在旋转频率较低时,旋转频率的变化对谐波分布并无多大影响,但在 θ_0 较大时会出现多普勒效应;

③在旋转频率较高时,旋转频率的变化对谐波分布影响很大,且出现明显的多普勒效应;

④不论远场或近场,源自身频率的减小在小 θ_0 时会显著地缩小谐波范围,但对于近场,在大 θ_0 时谐波范围会有所增加。

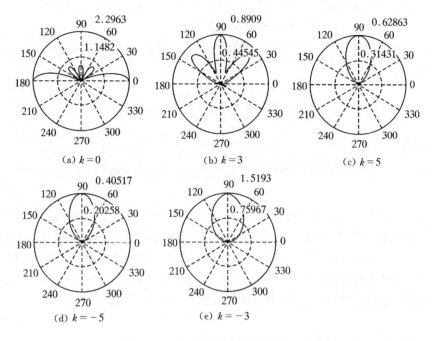

图 4.10　声压幅值沿观察角分布（近场）

4.2.3　旋转偶极源的辐射严格解

对旋转叶片来说，叶片与流体的相互作用使其产生垂直于表面的振动，这时振动面一侧呈压缩相，而另一侧必然呈稀疏相，这样在叶片微元处就形成一对振幅相等而相位相反的小脉动球源，即组成偶极子声源。叶片由于振动辐射的声场就是所有微元处偶极子声源辐射声场的叠加。下面将在旋转单极源辐射严格解基础上来求解旋转偶极源的辐射严格解。

前面已得到结论，偶极源的辐射声压等于位于偶极源中心的单极源沿其连线的方向导数乘以偶极距。如设叶片厚度为 h，叶片振动时形成的偶极源的偶极距亦为 h，则偶极源的辐射声场可由单极源辐射声压表示为

$$P_{\mathrm{D}}(\boldsymbol{r}) = \frac{\partial P_{\mathrm{M}}(\boldsymbol{r})}{\partial \boldsymbol{n}}h = h\left[\frac{\partial P_{\mathrm{M}}(\boldsymbol{r})}{\partial r}\cos(\widehat{\boldsymbol{n},r}) + \frac{\partial P_{\mathrm{M}}(\boldsymbol{r})}{\partial \theta}\frac{\cos(\widehat{\boldsymbol{n},\theta})}{r} + \frac{\partial P_{\mathrm{M}}(\boldsymbol{r})}{\partial \varphi}\frac{\cos(\widehat{\boldsymbol{n},\varphi})}{r\sin\theta}\right]$$

$$(4.32)$$

式中：$P_{\mathrm{D}}(\boldsymbol{r})$ 和 $P_{\mathrm{M}}(\boldsymbol{r})$ 分别为偶极（Dipole）源和单极（Monopole）源在空间任一点 $\boldsymbol{r}$ 处的辐射声压；$[\cos(\widehat{\boldsymbol{n},r}),\cos(\widehat{\boldsymbol{n},\theta}),\cos(\widehat{\boldsymbol{n},\varphi})]$ 为偶极源连线方向 $\boldsymbol{n}$ 的方向余弦。

将旋转单极源的频域精确解式(4.30)代入上式即可得到旋转偶极源辐射声场在任一观察点 $\boldsymbol{r}_0(r_0,\theta_0,\varphi_0)$ 处的频域精确解如下

$$P_{\mathrm{D}}(\boldsymbol{r}_0) = h\left[\frac{\partial P_{\mathrm{M}}(\boldsymbol{r}_0)}{\partial r_0}\cos(\widehat{\boldsymbol{n},r_0}) + \frac{\partial P_{\mathrm{M}}(\boldsymbol{r}_0)}{\partial \theta_0}\frac{\cos(\widehat{\boldsymbol{n},\theta})}{r_0} + \frac{\partial P_{\mathrm{M}}(\boldsymbol{r}_0)}{\partial \varphi_0}\frac{\cos(\widehat{\boldsymbol{n},\varphi_0})}{r_0\sin\theta_0}\right]$$

$$(4.33)$$

式中:$P_{\mathrm{M}}(\boldsymbol{r}_0)$ 可由式(4.30)表示如下(式中符号意义同式(4.30))

$$P_{\mathrm{M}}(\boldsymbol{r}_0) = \sum_{m=0}^{\infty}(2m+1)k_0 \cdot j_m(k_0 r_<) \cdot \mathrm{i} \cdot \mathrm{h}_m^{(1)}(k_0 r_>) \cdot \sum_{n=0}^{m}\varepsilon_n \cdot \frac{(m-n)!}{(m+n)!}$$
$$\cdot \mathrm{P}_m^n(0) \cdot \mathrm{P}_m^n(\cos\theta_0) \cdot (\mathrm{e}^{\mathrm{i}n(\varphi_b-\varphi_0)} \cdot A_0(\omega+n\Omega) + \mathrm{e}^{-\mathrm{i}n(\varphi_b-\varphi_0)} \cdot A_0(\omega-n\Omega))$$

$$(4.34)$$

在线性条件下,叶片旋转过程中流激振动引起的外部辐射噪声就是叶片上所有微元处的单极源、偶极源在旋转过程中的辐射声场的叠加。根据将要介绍的第 5 章中的 Kirchhoff 公式可以得到旋转单极源和旋转偶极源进行线性叠加时的权重分配。这样通过上面得到的旋转单极源和旋转偶极源的辐射声压计算公式,就可得到任意形状叶片或任意形状封闭弹性腔体在旋转时的辐射声场。

4.3　旋转叶片的噪声分析

4.3.1　风扇噪声

在空气动力机械中,如鼓风机、螺旋桨飞机、带叶轮的空气压缩机等带有各种风扇的动力机械占相当大的比例,这些设备发出的噪声主要是由旋转的风扇造成的。风扇噪声由旋转噪声和涡流噪声组成。

1. 旋转噪声

旋转噪声亦称叶片噪声。当一旋转叶片经过一均匀流体运动时,叶片和流体的相互作用使整个叶片上产生压力分布,叶片平面可以被认为是一偶极分布的声源。当叶片均匀旋转时,旋转叶片周期性地打击空气质点,同时叶片上每一个固定点上都作用有频率为 $f_1 = n \cdot f_0$ 的周期性作用力,这里 n 是叶片数目,f_0 是每秒钟转数。而叶片上每一点的脉动以声速传播到空间形成旋转噪声。这样,旋转噪声的频率就等于每秒钟内叶片打击空气质点的次数,即

$$f_s = s \cdot f_1 = s \cdot n \cdot f_0 \quad s = 1,2,3,\cdots \tag{4.35}$$

图 4.11 所示为典型的鼓风机噪声频谱[8],这是对 K—4250 型透平鼓风机的实测结果(分析器为窄带滤波器),测试参数为:叶片数 $n=13$,转速为 2600 r/min,

吹风容量为 4250 m³/min。图中在 560 Hz、1120 Hz、1680 Hz 时出现峰值,这正好和由式(4.32)计算的旋转噪声的前三次谐波频率相对应。

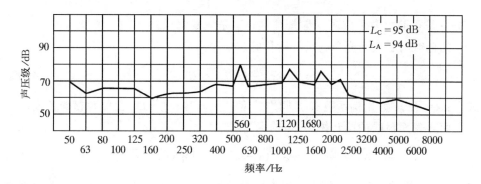

图 4.11　典型的鼓风机噪声频谱

2. 涡流噪声

涡流噪声也称为湍流噪声。叶片旋转使叶片周围的空气产生涡流,而这些涡流由于粘滞力的作用分裂成一系列小涡流,从而使空气发生扰动,形成压缩与稀疏交替的变化过程,产生涡流噪声。当旋转机械的功率大和圆周速度高时,风扇噪声中旋转噪声占优势,反之则涡流噪声占优势。而设备中导风板、弯头、局部障碍物等也会产生不小的涡流噪声。大家所熟悉的风吹电线发出的声音,就是涡流噪声的一个例子。

旋转机械的噪声频谱往往是一个宽频带的连续谱,在其上有几个较突出的频率成分(在功率小、转速低时一般看不出),如图 4.11 所示。这是旋转噪声和涡流噪声相互混杂的结果。当风扇旋转时,涡流噪声的频率取决于叶片与气体的相对速度,而旋转叶片的圆周速度则随着与圆心的距离而变化。从圆心到最大圆周,速度连续变化,因此,风扇旋转所产生的涡流噪声呈明显的连续谱。

涡流噪声的频率为

$$f_m = Sr \frac{mv}{D} \quad m = 1,2,3,\cdots \qquad (4.36)$$

式中:v 是气体与物体的相对速度;D 是物体的正表面宽度在垂直于速度平面上的投影;Sr 称为斯特劳哈尔数,其值为 0.14～0.20,一般取 0.185。

在亚声速情况下,涡流噪声源主要属于偶极子型声源。而导致涡流噪声偶极子型辐射的三种机理:第一种是沿旋转叶片上发展的湍流边界层引起的表面压力脉动;第二种是来流中存在足够大的湍流度;第三种是由于叶片尾缘涡的脱落。

由于涡流噪声属于偶极子源,其声功率与速度的六次方成正比(见式(4.23))。此外,风扇涡流噪声的声功率还与风扇直径的平方成正比,也与风扇的阻力系数、

形状有关,可表示为

$$W \propto \rho_0 \xi^2 D_F^2 \frac{v^6}{c_0^3} \tag{4.37}$$

式中:ξ 是正面阻力系数;v 是圆周速度;D_F 是风扇直径。

尤金给出了表面光滑的风机叶片的声功率为[10]

$$W = K \frac{\rho_0}{c_0^5} (\xi Sr)^2 v^6 l D_H \tag{4.38}$$

式中:$K=0.04$ 为比例系数;v 是圆周速度;l 是叶片长度;D_H 是叶片横向长度。

而对表面粗糙的旋转体,其声功率为

$$W = \frac{K}{7} \frac{\rho_0}{c_0^3} (Sr\xi)^2 (1-K_n)^6 v_R^6 D_T R (1-\overline{d}^7) Z \tag{4.39}$$

式中:v_R 是旋转叶片末端圆周速度;D_T 是旋转叶片在垂直于冲击流方向上的横向尺寸;R 是旋转叶片半径;$\overline{d}$ 是旋转体上的套管半径与 R 之比;Z 是旋转叶片数;$K_n=0.05$。

4.3.2　飞机螺旋桨旋转噪声分析及控制措施

下面以飞机螺旋桨为例来说明螺旋桨的旋转噪声。按照惯例,螺旋桨叶片上单位面积作用力用推力和阻力的分力来表示。对于具有均匀入射流动的螺旋桨,Gutin 估计在离螺旋桨距离为 r,与螺旋桨轴夹角为 γ 方向的频率为 f_s 的声压幅值为[13]

$$P_s(r,\gamma) = \frac{f_s}{\sqrt{2}rc_0} \left(-F_t\cos\gamma + \frac{c_0 F_d}{2\pi f_0 R_0} \right) J_{s \cdot n} \left(\frac{2\pi f_s R_0}{c_0} \sin\gamma \right) \tag{4.40}$$

式中:f_s 是 s 次谐波的频率;R_0 等于螺旋桨半径乘以系数 0.7;F_t 是螺旋桨总推力,作用在转动轴的方向上;F_d 是阻力,作用在叶片圆形轨迹线的切线方向上,而 $F_d R_0$ 是螺旋桨必须克服的力矩。

根据 Bessel 函数的下面性质

$$J_m(0) = \begin{cases} 1 & m = 0 \\ 0 & m \neq 0 \end{cases} \tag{4.41}$$

从式(4.40)可知,在螺旋桨轴线上(即 $\gamma=0°$),螺旋桨旋转噪声的声压幅值最大,但只具有基频频率 nf_0,因为这时只有 $s=0$ 存在。这和上节中旋转点声源的辐射特性相同,即在旋转源旋转平面的轴线方向上只有基频辐射声存在,不管其旋转速度如何。

通常,螺旋桨叶片线速度不超过声速,所以 $\frac{2\pi f_0 R_0}{c_0}\sin\gamma < 1$。在这种情况下,对 Bessel 函数采用其指数级数中第一项进行近似

$$J_m(x) \approx \frac{1}{m!}\left(\frac{x}{2}\right)^m \tag{4.42}$$

以及近似式

$$m! \approx \sqrt{2\pi m} \cdot m^m \cdot e^{-m-1} \tag{4.43}$$

这样可得出式(4.40)中声压幅值的近似表达式

$$P_s(r,\gamma) \approx \frac{e}{2\sqrt{\pi}}\frac{f_0\sqrt{sn}}{rc_0}\left(-F_t\cos\gamma + \frac{F_d}{M}\right)\left(\frac{e}{2}M\sin\gamma\right)^{s\cdot n} \tag{4.44}$$

式中：$M = 2\pi f_0 R_0/c_0$；常数 e 为自然对数底数。

从式(4.44)可看出，因子$(\sin\gamma)^{s\cdot n}$在螺旋桨旋转平面上$\gamma = 90°$处达到峰值，而且各次谐波都存在。这个结论又和我们上节推导的旋转点声源的辐射特性相同，即在旋转平面附近各次谐波越来越丰富。然而，对于叶尖速度较低的螺旋桨$M \ll 1$，在旋转平面上只有基频nf_0是重要的。随着叶尖速度的增加，各次谐波就显得越来越重要。在$\frac{1}{2}eM < 1$条件下，声压幅值随着叶片数目n的增加而下降。

叶片数目n对辐射声功率的影响如图4.12所示，这些设计曲线是综合考虑理论和测量结果后得到的[13]。图中右侧表示的是螺旋桨辐射声效率。

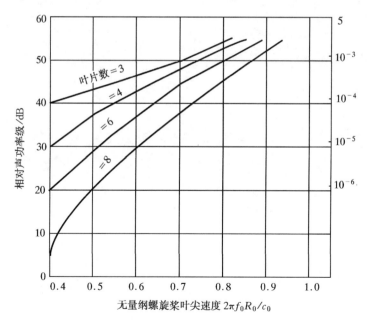

图 4.12　螺旋桨声功率级和声效率随叶尖速度和叶片数目而变化的曲线

（螺旋桨直径为 5.3 m）

从图 4.12 可看出,螺旋桨叶尖速度对声功率有很强的单一影响。因而在不改变吹风容量条件下要降低辐射声功率,可以通过下面措施首先降低叶尖速度来达到。

①增加叶片数目。在叶尖速度为常数时,随着叶片数目的增加,辐射噪声降低(见图 4.12)。

②增大叶片宽度。通过增大叶片宽度同时降低旋转频率可满足吹风容量一定的要求,这样就可降低叶尖速度,从而降低螺旋桨辐射声功率。

③增大螺旋桨直径。这和措施②是一致的,即在吹风容量一定的情况下,通过增大螺旋桨直径就可适当降低叶尖速度,从而降低螺旋桨辐射声功率。

4.4　本章小结

本章从单极源、偶极源和四极源的特性出发阐述了气动噪声产生的物理过程,接着详细推导和分析了旋转声源的辐射特性。作为旋转声源的典型工程应用,最后给出了旋转叶片的辐射噪声计算公式及其特性。

第 5 章　Kirchhoff 公式在声振耦合分析中的应用

第 3 章中得到了圆柱壳体和圆球壳体声辐射问题的精确解,但如何求解工程实际中具有复杂形状的封闭腔体向内或向外辐射噪声的问题呢?如飞机舱内的声场特性分析、潜艇内部和外部的辐射噪声预估、汽车驾驶室的内部和外部辐射噪声的分析和控制等等。这些问题的共同特点都是要研究和分析复杂腔体的声辐射问题。而 Kirchhoff 公式是解决这些问题的非常有效的方法和工具。对于任何复杂的声学表面,只要知道该表面上的声压和振动速度,我们就可以利用 Kirchhoff 公式求得该表面在空间的辐射声场分布。从波传播的角度来说,Kirchhoff 公式是惠更斯原理的数学表达式,具有简洁的表示方式和深刻的物理意义,由于它适合于任何复杂形状的封闭腔体,因而在声场计算中占有重要地位。本章首先推导 Kirchhoff 公式,详细阐述其物理意义,并举例说明该公式在声振耦合分析中的应用。

5.1　Kirchhoff 公式及其物理意义

任意复杂形状腔体如图 5.1 所示,在由表面 S 所限的体积为 V 的空间区域内,任一观察点 $M(r_0)$ 处的声场势函数可由下面 Kirchhoff 公式表示为

$$\Phi(r_0) = \frac{1}{4\pi} \iint_S \left[\frac{\partial \Phi(r)}{\partial n} G(r, r_0) - \Phi(r) \frac{\partial G(r, r_0)}{\partial n} \right] dS \tag{5.1}$$

式中:n 表示表面 S 的外法线;r 是表面面元 dS 相对原点 O 的空间位置;r_0 是区域内的观察点 M 的位置;$r_1 = r - r_0$ 是观察点 M 到面元 dS 的距离;$G(r, r_0)$ 是自由空间的格林(Green)函数。

第 3 章中指出,对于时谐运动,速度势和声压之间只差一个常数因子,即 $P = -i\omega\rho\Phi$(见式(3.30)),因此在理想流体中描述声波的一般现象时,常常把声压和速度势这两个词当作同义语来使用。因而,这里式(5.1)中的速度势函数 Φ 也可以替换为声压 P。

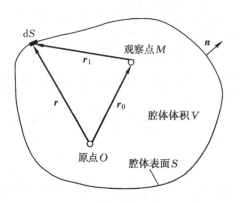

图 5.1　复杂形状腔体中的 Kirchhoff 公式

　　Kirchhoff 公式(5.1)表示空间任一观察点的声压是由包围该观察点表面上的球面声源和偶极子声源发射出来的,即任何一个声场都可以看作是波的叠加形式。因而,Kirchhoff 公式实际上又给出惠更斯原理的数学形式。

5.1.1　三维空间的 Kirchhoff 公式推导

　　下面从 Helmholtz 方程出发来推导 Kirchhoff 公式。在推导 Kirchhoff 公式时要利用格林函数的奇异性和立体角的定义,因而这里先介绍三维自由空间格林函数的特性和立体角的概念,然后再推导 Kirchhoff 公式,并详细阐述其物理意义。

1. 三维自由空间的格林函数

　　假如在自由空间一点 r_0 处置一单位强度点声源,则该点源在空间以球面波形式传播,其在空间另一点 r 处的辐射声压就可写成

$$G(\boldsymbol{r}_0,\boldsymbol{r}) = \frac{\mathrm{e}^{ik|\boldsymbol{r}_0-\boldsymbol{r}|}}{|\boldsymbol{r}_0-\boldsymbol{r}|} \tag{5.2}$$

式(5.2)就是自由空间的格林函数。

　　格林函数除了在声源所在点 $r = r_0$ 外,在所有点都满足齐次 Helmholtz 方程。也就是说,格林函数在 $r = r_0$ 处具有奇异性。利用 δ 函数可以写出格林函数在整个空间的如下方程式

$$\nabla^2 G(\boldsymbol{r},\boldsymbol{r}_0) + k^2 G(\boldsymbol{r},\boldsymbol{r}_0) = -4\pi\delta(\boldsymbol{r}-\boldsymbol{r}_0) \tag{5.3}$$

上式右边表示了点声源在 $r = r_0$ 点的存在,系数 4π 是为了格林函数归一化而引入的。注意式(5.3)表示声源存在时用了一负号,这是由于附加物质流而产生压力升高的原因。下面举一简单例子来说明。设想有一个充气的软橡皮球,球内压力为

p。在其球心处存在一点声源 q，点声源产生物质空气流使球内压力升高。将橡皮球作为一个单自由度系统处理，其质量为 m，则 $p+q=m\ddot{r}$，或者 $p-m\ddot{r}=-q$。从物理意义上说它等效于方程式(5.3)。

从式(5.2)可知，$G(r_0,r)=G(r,r_0)$，即格林函数是对称函数，当源和观察点交换位置时，函数的形式不变。这种互易性质是声学互易关系在自由空间中的简单表现，将在第 6 章中进一步讨论。

此外，格林函数在 $r=r_0$ 时具有奇异点形式 $1/|r-r_0|$，这可以从对式(5.2)两边取绝对值看出来。

2. 立体角的定义

设 O 为空间某一点，S 为某一有向曲面，按从 O 点发出的矢径方向将 S 投影到以 O 为中心的单位球面 K 上，如图 5.2 所示。设 dS_P 为曲面 S 在点 P 处的面积元素，n_P 为 S 在点 P 的外法向单位向量。如果 $\cos(r_{OP},n_P)$ 为正，则规定其投影的面积 $d\sigma_P$ 取正值；反之，规定 $d\sigma_P$ 为负。这样

$$d\sigma_P = \frac{\cos(r_{OP},n_P)}{r_{OP}^2}dS_P \quad (5.4)$$

称 $d\sigma_P$ 为从 O 点看曲面块 dS_P 的立体角。因而，从 O 点看曲面 S 的立体角就可表示为 $d\sigma_P$ 的代数和，即

$$\sigma_P = \iint_S \frac{\cos(r_{OP},n_P)}{r_{OP}^2}dS_P \quad (5.5)$$

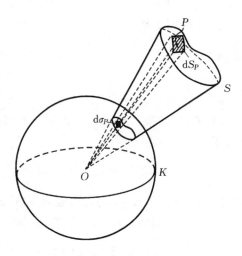

图 5.2　立体角的定义

从上式可知，在任一闭曲面内一点看此闭曲面的立体角为 4π，在任一闭曲面外一点看此闭曲面的立体角为零，而在闭曲面上一点看此闭曲面的立体角为 2π。

3. 向内辐射的 Kirchhoff 公式推导

根据第 3 章可以知道，在一由表面 S 所限的体积为 V 的空间区域内，其声场势函数 Φ 满足 Helmholtz 方程，即

$$\nabla^2\Phi(r)+k^2\Phi(r) = 0 \quad (5.6)$$

若在该空间区域内某观察点 $r=r_0$ 处存在一点声源 $q(r)=\delta(r-r_0)$，如图 5.3 所示，则由格林函数(5.2)表示的该点声源辐射的声场除了在声源所在点 $r=r_0$ 外，在所有点都满足齐次 Helmholtz 方程，即满足下式

$$\nabla^2 G(\boldsymbol{r}, \boldsymbol{r}_0) + k^2 G(\boldsymbol{r}, \boldsymbol{r}_0) = 0 \tag{5.7}$$

因为只在点 $\boldsymbol{r} = \boldsymbol{r}_0$ 处 $G(\boldsymbol{r}, \boldsymbol{r}_0)$ 有奇异性,因而在这点不能取导数,为了保证 $G(\boldsymbol{r}, \boldsymbol{r}_0)$ 在区域内所有点都连续,考虑把观察点 $\boldsymbol{r}_0$ 从所考虑的区域中排除出去。为此,围绕声源点 $\boldsymbol{r}_0$ 作一个半径为 ε 的小球面 S_0。这样所围成的新区域 V' 处于 S 和 S_0 之间,而包围这个新区域的新面积 S' 就由表面 S 和 S_0 两部分组成。如图 5.3 所示,$\boldsymbol{n}$ 表示表面 S 和 S_0 的外法线。这里,S_0 表面法线朝向区域内,即是指向

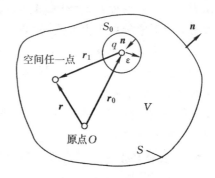

图 5.3　Kirchhoff 公式推导

球面 S_0 内,也就是说它的方向和 $\boldsymbol{r}_1 = \boldsymbol{r} - \boldsymbol{r}_0$ 增加方向相反,结果在 S_0 面上有 $\dfrac{\partial}{\partial n} = -\dfrac{\partial}{\partial r_1}$。

让式(5.6)乘以 $G(\boldsymbol{r}, \boldsymbol{r}_0)$,再减去式(5.7)乘以 $\Phi(\boldsymbol{r})$,然后对新体积 V' 进行积分,得到

$$\iiint_{V'} [\nabla^2 \Phi(\boldsymbol{r}) \cdot G(\boldsymbol{r}, \boldsymbol{r}_0) - \nabla^2 G(\boldsymbol{r}, \boldsymbol{r}_0) \cdot \Phi(\boldsymbol{r})] \mathrm{d}V = 0 \tag{5.8}$$

由于函数 $\Phi(\boldsymbol{r})$ 和 $G(\boldsymbol{r}, \boldsymbol{r}_0)$ 在区域内一阶和二阶导数存在并连续,根据格林公式可将式(5.8)中的体积分转化为面积分,即

$$\iiint_{V'} [\nabla^2 \Phi(\boldsymbol{r}) \cdot G(\boldsymbol{r}, \boldsymbol{r}_0) - \nabla^2 G(\boldsymbol{r}, \boldsymbol{r}_0) \cdot \Phi(\boldsymbol{r})] \mathrm{d}V$$

$$= \iint_{S'} \left[\frac{\partial \Phi(\boldsymbol{r})}{\partial n} G(\boldsymbol{r}, \boldsymbol{r}_0) - \frac{\partial G(\boldsymbol{r}, \boldsymbol{r}_0)}{\partial n} \Phi(\boldsymbol{r}) \right] \mathrm{d}S \tag{5.9}$$

当小球面半径 $\varepsilon \to 0$ 时,$V' \to V$。这样,式(5.8)就可变为

$$\iint_{S} \left[\frac{\partial \Phi(\boldsymbol{r})}{\partial n} G(\boldsymbol{r}, \boldsymbol{r}_0) - \frac{\partial G(\boldsymbol{r}, \boldsymbol{r}_0)}{\partial n} \Phi(\boldsymbol{r}) \right] \mathrm{d}S$$

$$= -\lim_{\varepsilon \to 0} \iint_{S_0} \left[\frac{\partial \Phi(\boldsymbol{r})}{\partial n} G(\boldsymbol{r}, \boldsymbol{r}_0) - \frac{\partial G(\boldsymbol{r}, \boldsymbol{r}_0)}{\partial n} \Phi(\boldsymbol{r}) \right] \mathrm{d}S \tag{5.10}$$

对于式(5.10)右边 S_0 的积分,在半径 ε 很小($\varepsilon \neq 0$)时,G 和 $\dfrac{\partial G}{\partial n}$ 在表面 S_0 上的值保持为常量。此外,在区域中任意点未知场 Φ 是坐标的连续函数,那么在半径 ε 很小的球范围内,可以认为 Φ 和 $\dfrac{\partial \Phi}{\partial n}$ 与表面 S_0 上点的位置几乎没有关系,所以 Φ 和

$\dfrac{\partial \Phi}{\partial n}$ 就可以提到积分号之外，它们的值可以由向量 $\boldsymbol{r}_0$ 所表示的那一点的值来代替（对于 G 就不能这样做，因为 G 不是连续函数）。这样，式(5.10)右边可以写成

$$\lim_{\varepsilon \to 0}\iint\limits_{S_0}\left(G\frac{\partial \Phi}{\partial n}-\Phi\frac{\partial G}{\partial n}\right)\mathrm{d}S_0 = \lim_{\varepsilon \to 0}\left[-\frac{\partial \Phi(\boldsymbol{r}_0)}{\partial r_1}\iint\limits_{S_0}G\mathrm{d}S_0 + \Phi(\boldsymbol{r}_0)\iint\limits_{S_0}\frac{\partial G}{\partial r_1}\mathrm{d}S_0\right]$$

$$(5.11)$$

根据立体角的定义，$\mathrm{d}S_0 = \varepsilon^2 \mathrm{d}\Omega$，这里 $\mathrm{d}\Omega$ 为立体角微分元，且由于 $\dfrac{\mathrm{d}G}{\mathrm{d}r_1}=\left(\dfrac{\mathrm{i}k}{\varepsilon}-\dfrac{1}{\varepsilon^2}\right)\mathrm{e}^{\mathrm{i}kr_1}$，因此可得

$$\lim_{\varepsilon \to 0}\left[-\frac{\partial \Phi(\boldsymbol{r}_0)}{\partial r_1}\iint\limits_{S_0}\frac{\mathrm{e}^{\mathrm{i}k\varepsilon}}{\varepsilon}\varepsilon^2 \mathrm{d}\Omega + \Phi(\boldsymbol{r}_0)\iint\limits_{S_0}\mathrm{e}^{\mathrm{i}k\varepsilon}\left(\frac{\mathrm{i}k}{\varepsilon}-\frac{1}{\varepsilon^2}\right)\varepsilon^2 \mathrm{d}\Omega\right]=-4\pi\Phi(\boldsymbol{r}_0) \quad (5.12)$$

最后由式(5.10)～式(5.12)整理可得

$$\Phi(\boldsymbol{r}_0) = \frac{1}{4\pi}\iint\limits_{S}\left[\frac{\partial \Phi(\boldsymbol{r})}{\partial n}G(\boldsymbol{r},\boldsymbol{r}_0) - \Phi(\boldsymbol{r})\frac{\partial G(\boldsymbol{r},\boldsymbol{r}_0)}{\partial n}\right]\mathrm{d}S \qquad (5.13)$$

表达式(5.13)称为 Kirchhoff 公式[2]。

最后还应指出，当利用格林函数 $G(\boldsymbol{r},\boldsymbol{r}_0)$ 作为辅助函数推导 Kirchhoff 公式时，与其说利用格林函数式(5.2)的具体形式，不如说利用此格林函数在点 $\boldsymbol{r}_0$ 具有 $1/|\boldsymbol{r}-\boldsymbol{r}_0|$ 奇点形式的特点。因此，利用任何一个满足 Helmholtz 方程并具有 $1/|\boldsymbol{r}-\boldsymbol{r}_0|$ 奇点形式的辅助函数，都会得到类似式(5.13)的结果。

4. Kirchhoff 公式的物理意义

Kirchhoff 公式(5.13)是以边界上 Φ 和 $\dfrac{\partial \Phi}{\partial n}$ 的函数值来确定区域内任意一点 $\boldsymbol{r}_0$ 的势函数的值的。公式(5.13)右端两项有明显的物理意义：第一项给出了置于表面 S 上的简单声源的声势；第二项确定了一个产生偶极子的声辐射的双层声源的势函数。

实际上，第一项可以写成这种形式

$$\frac{1}{4\pi}\frac{\partial \Phi}{\partial n}\frac{\mathrm{e}^{\mathrm{i}k|\boldsymbol{r}_0-\boldsymbol{r}|}}{|\boldsymbol{r}_0-\boldsymbol{r}|}\mathrm{d}S = \frac{\mathrm{d}Q}{4\pi|\boldsymbol{r}_0-\boldsymbol{r}|}\mathrm{e}^{\mathrm{i}k|\boldsymbol{r}_0-\boldsymbol{r}|} = \frac{\mathrm{d}Q}{4\pi r'}\mathrm{e}^{\mathrm{i}kr'} \qquad (5.14)$$

式中：$\mathrm{d}Q$ 是面元 $\mathrm{d}S$ 的体积速度；$r'=|\boldsymbol{r}-\boldsymbol{r}_0|$。因此，第一项确定一个球面波声源的势函数。

在第二项中引入了导数 $\dfrac{\partial G(\boldsymbol{r},\boldsymbol{r}_0)}{\partial n}$，这是由双层点声源产生的具有声偶极源辐射特性的势函数。根据第 3 章式(3.15)，球面声源声场的法线方向导数实际上就是偶极源的势函数。为了表明这点，想象在振动表面 S 附近有相距为 h 的两层声

源,这两层的每个元都是点声源,如图 5.4 所示。由于表面振动,表面两层形成压缩和稀疏相,因而这两层元的振动相位相反。这样 dS 面元的总的辐射势函数可以写成 $\dfrac{\mathrm{d}Q}{4\pi}\left(\dfrac{\mathrm{e}^{\mathrm{i}kr_1}}{r_1} - \dfrac{\mathrm{e}^{\mathrm{i}kr_2}}{r_2}\right)$。对于微小值 $h(h \ll r')$,有 $r_1 \approx r' + \dfrac{h}{2}\cos\alpha, r_2 \approx r' - \dfrac{h}{2}\cos\alpha$。且当两层趋近时,声源的体积速度可以认为按 $\dfrac{1}{h}$ 规律增长,因而有

$$\lim_{h \to 0} \frac{1}{h}\left[\frac{\mathrm{e}^{\mathrm{i}k(r' + \frac{h}{2}\cos\alpha)}}{r' + \dfrac{h}{2}\cos\alpha} - \frac{\mathrm{e}^{\mathrm{i}k(r' - \frac{h}{2}\cos\alpha)}}{r' - \dfrac{h}{2}\cos\alpha}\right] = \frac{\mathrm{i}kr' - 1}{r'^2}\cos\alpha\,\mathrm{e}^{\mathrm{i}kr'} \tag{5.15}$$

再来计算导数 $\dfrac{\partial G}{\partial n}$,根据式(5.2)有

$$\frac{\partial G}{\partial n} = \frac{\partial}{\partial n}\left(\frac{\mathrm{e}^{\mathrm{i}kr'}}{r'}\right) = \frac{\mathrm{i}kr' - 1}{r'^2}\cos\alpha\,\mathrm{e}^{\mathrm{i}kr'} \tag{5.16}$$

比较式(5.15)和(5.16),可以证明球面声源声场的法线方向导数实际上就表示偶极源的辐射。

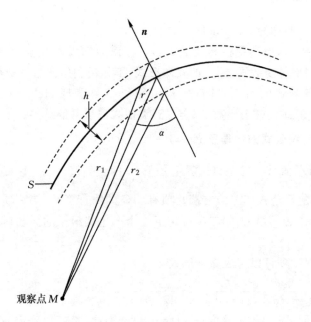

图 5.4　双层点声源形成的偶极源

因此,Kirchhoff 公式(5.13)表示空间任一观察点的声压是由包围该观察点表面上的球面声源和偶极子声源发射出来的,即任何一个声场可以看作是波的叠加形式,而表面上的振动速度和声压(或势函数)分别是单极源和偶极源线性叠加时

的权重系数。因而,Kirchhoff 公式实际上又给出了惠更斯原理的数学形式。

5.1.2　向外部区域的表面声辐射

1. 声场辐射条件

(1)三维声场辐射条件

对于一封闭曲面 S,若给定边界条件 $\Phi=0$ 或 $\partial\Phi/\partial n=0$(绝对软或绝对硬的表面),并假设在 S 面所限定的体积内没有声源。在这种情况下,虽然在所限的区域内部没有从外面流进能量,但还不能断言声场在此区域中等于零,因为当介质损耗很小时,尚可能长时间在该体积内存在自由振动。驻波就可以说明这种振动,它是由向边界传播的波和由边界反射的波叠加结果产生的。如果区域是无限的,那么这种现象就不可能了,因为由边界反射的波在这种情况是不应存在的。也就是说,放在无穷远处面上的声源不可能向声场中引入贡献。所以必须对场附加条件,使之排除从无穷远处流入能量的可能性。

令 S 面是半径 r 的球面,而观察点放在球的中心,根据上述分析,那么应满足条件

$$\lim_{r\to\infty}\Phi = \lim_{r\to\infty}\frac{1}{4\pi}\iint_S\left[\frac{\partial\Phi}{\partial n}\frac{e^{ikr}}{r} - \Phi\frac{\partial}{\partial n}\left(\frac{e^{ikr}}{r}\right)\right]dS = 0 \qquad (5.17)$$

如果 Φ 和 $\partial\Phi/\partial n$ 在同一球面是常量,则由上式可得

$$\lim_{r\to\infty}r^2\left[\frac{\partial\Phi}{\partial n}\frac{e^{ikr}}{r} - \Phi\frac{ikr-1}{r^2}e^{ikr}\right] = 0 \qquad (5.18)$$

因此得

$$\lim_{r\to\infty}r\left(\frac{\partial\Phi}{\partial r} - ik\Phi\right) = 0 \qquad (5.19)$$

式(5.19)叫作 Sommerfeld 辐射条件。

有时辐射条件也可写成另一种形式:离声源距离较远的地方声场应该是向外发射的球面波,即

$$\lim_{r\to\infty}\Phi = A(\varphi,\theta)\frac{e^{ikr}}{r} \qquad (5.20)$$

这个辐射条件的公式说明,不论多么复杂的声源,在远离声源发射处,声源所产生的声场随距离的变化关系都应该取决于式(5.20)的 $\dfrac{e^{ikr}}{r}$。$A(\varphi,\theta)$ 是关于声源指向性的。这样,对任何一个声源,从足够大的距离 r 开始,指向性与距离应无关系。

将式(5.20)右边代入式(5.19)左边,立刻得到零,也即条件(5.20)和 Sommerfeld 辐射条件(5.19)是等效的。

(2)二维声场辐射条件

在三维辐射问题中,当辐射体在某一方向的长度比波长大很多,且远大于另外方向的尺度,这时可将此方向的尺度近似看作无限大,从而将三维辐射体当作二维辐射的情况来处理。对于二维自由空间情况,格林函数由以下关系式确定

$$G(\boldsymbol{r}, \boldsymbol{r}_0) = \pi i H_0^{(1)}(k \mid \boldsymbol{r} - \boldsymbol{r}_0 \mid) \tag{5.21}$$

这里,格林函数表示为零阶第一类 Hankel 函数,具有无限长直线辐射的柱面声波的特性(见式(3.68))。当宗量 $k \mid \boldsymbol{r} - \boldsymbol{r}_0 \mid$ 趋于零时,格林函数式(5.21)具有 $\ln(k \mid \boldsymbol{r} - \boldsymbol{r}_0 \mid)$ 形式的奇点。当离声源距离很大时,由上式确定的声场发出按 $1/\sqrt{\mid \boldsymbol{r} - \boldsymbol{r}_0 \mid}$ 规律衰减的柱面扩张波。

在二维情况下的辐射条件可写成如下形式

$$\lim_{r \to \infty} \sqrt{r}\left(\frac{\partial \Phi}{\partial r} - ik\Phi\right) = 0 \tag{5.22}$$

同样,在二维空间情况,任何一个发射器的声场都可以写成振幅按 $1/\sqrt{r}$ 规律变化的发散波形式,即

$$\lim_{r \to \infty} \Phi = A(\varphi)\frac{e^{ikr}}{\sqrt{r}} \tag{5.23}$$

这里也容易证明条件(5.22)和(5.23)是等效的。

2. 向区域外部辐射的声场计算

在推导 Kirchhoff 公式(5.13)时,曾利用 Helmholtz 方程的特解即格林函数在区域内具有奇点的特性。对于任一观察点,在推导中将点源置于观察点处,从而点源在观察点处形成一奇异点,利用附加表面包围此奇异点,将此奇异点排除在所考虑的声场区域外,这样声场在该区域内满足格林公式(见式(5.9))的条件,从而推导出 Kirchhoff 公式(5.13)。现在假如把观察点移向表面,并越过表面到区域之外,则放在观察点的点源的声场在整个所考虑的区域内就没有奇点,在此情况下Kirchhoff 公式的积分为零。这也就是说,当观察点越过包围区域的边界时,Kirchhoff 公式的积分突变为零,即 Kirchhoff 公式在边界上给出间断解。显然,解的跃变量决定于边界上的声场,所以 Kirchhoff 积分式通过已知连续场在越过边界时的间断值来给出势函数问题的解。

现在考虑向外部区域的表面声辐射,这可表示为:给定辐射表面 S 上的 Φ 和$\partial \Phi/\partial n$ 值求 S 面外的声场。由于格林公式(5.13)仅对封闭空间是成立的,因而在表面 S 外作一半径为 a 的辅助球面 S',该球面亦包围观察点 M,如图 5.5 所示。和内部问题一样,选取在观察点 M 处的点源的声场作为辅助解。由于点 M 处的奇异性,绕该点作一个半径为 ε 的小球面 S_0。这样,所考虑的声场区域就落在表面 S、S_0 和 S' 之间。根据格林公式对这些表面进行积分时,由上节的声场辐射条

件,当 $a \to \infty$ 时,沿 S' 的积分趋于零,而沿 S_0 的积分确定观察点的声场值。结果得到外部声场计算的 Kirchhoff 公式如下

$$\Phi(\boldsymbol{r}_0) = \frac{1}{4\pi} \iint\limits_S \left[\frac{\partial \Phi(\boldsymbol{r})}{\partial n} G(\boldsymbol{r}, \boldsymbol{r}_0) - \Phi(\boldsymbol{r}) \frac{\partial G(\boldsymbol{r}, \boldsymbol{r}_0)}{\partial n} \right] \mathrm{d}S \tag{5.24}$$

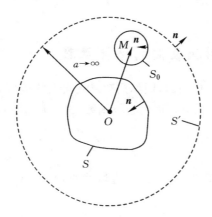

图 5.5　向区域外部辐射的 Kirchhoff 公式推导

式(5.24)和描述内部声场计算的 Kirchhoff 公式(5.13)在形式上完全相同,但这里的微分求导是沿所考虑区域的外法线方向进行的,即向 S 面内的方向。当观察点越过边界进入内部区域时,声场则跃变为零。

5.1.3　二维空间的 Kirchhoff 公式

类似于前面对三维空间的推导,在二维空间 Kirchhoff 公式推导时使用式(5.21)中 $G(\boldsymbol{r}, \boldsymbol{r}_0) = \pi \mathrm{i} \mathrm{H}_0^{(1)}(k|\boldsymbol{r} - \boldsymbol{r}_0|)$ 作为辅助函数,求解过程与三维空间情况没有什么原则上的不同。最后归并外部问题和内部问题,得到二维空间的 Kirchhoff 公式为

$$\Phi(\boldsymbol{r}_0) = \frac{\mathrm{i}}{4} \int_l \left[\frac{\partial \Phi(\boldsymbol{r})}{\partial n} \mathrm{H}_0^{(1)}(k \mid \boldsymbol{r} - \boldsymbol{r}_0 \mid) - \Phi(\boldsymbol{r}) \frac{\partial \mathrm{H}_0^{(1)}(k \mid \boldsymbol{r} - \boldsymbol{r}_0 \mid)}{\partial n} \right] \mathrm{d}l$$

$$\tag{5.13b}$$

这里微分应该取对所要计算声场的区域的外法线方向。

5.2　Kirchhoff 公式应用在理想边界情况

在处理实际工程问题时,虽然实际表面是弹性的,但仍然可以应用极端的理想边界条件来近似表示其表面特征。如第 3 章 3.5.2 节所述,这些理想边界包括绝

对硬或绝对软边界条件。绝对硬边界表示具有全反射性质的刚性边界,如刚性骨架、固定的钢化玻璃以及水泥地面等等;绝对软边界表示具有全吸收性质的边界,如局部开口边界,这时边界声压就等于外部环境压力。对于具有简单形状的绝对硬或绝对软表面,由于可以求得具体的格林函数,因而可以相应地简化 Kirchhoff 公式。

5.2.1　简单形状表面的格林函数

根据 Kirchhoff 公式(5.13),假如只知道表面上的声压,则为了求空间任意点的声场,必须选取对于绝对软表面的格林函数,这时 $G|_S = 0$,因而有

$$\Phi(\boldsymbol{r}_0) = \frac{1}{4\pi} \iint_S \left[-\Phi(\boldsymbol{r}) \frac{\partial G(\boldsymbol{r}, \boldsymbol{r}_0)}{\partial n} \right] \mathrm{d}S \tag{5.25}$$

假如只知道表面上的振动速度,则应该选取绝对硬表面的格林函数,这时 $\dfrac{\partial G}{\partial n}\Big|_S = 0$,且有

$$\Phi(\boldsymbol{r}_0) = \frac{1}{4\pi} \iint_S \left[\frac{\partial \Phi(\boldsymbol{r})}{\partial n} G(\boldsymbol{r}, \boldsymbol{r}_0) \right] \mathrm{d}S \tag{5.26}$$

如果知道绝对软或绝对硬表面的格林函数,就可以利用公式(5.25)或(5.26)求出该表面的辐射声场。下面给出几种简单形状表面的格林函数。

(1)三维半空间的格林函数

三维半空间即是三维空间被无限大平面分隔成的半空间。由一绝对硬或绝对软的无限大界面形成的三维半空间的格林函数为

$$G(\boldsymbol{r}, \boldsymbol{r}_0) = \frac{e^{ik\sqrt{(x-x_0)^2 + (y-y_0)^2 + (z-z_0)^2}}}{\sqrt{(x-x_0)^2 + (y-y_0)^2 + (z-z_0)^2}}$$
$$\pm \frac{e^{ik\sqrt{(x-x_0)^2 + (y-y_0)^2 + (z+z_0)^2}}}{\sqrt{(x-x_0)^2 + (y-y_0)^2 + (z+z_0)^2}} \tag{5.27}$$

这里,$\boldsymbol{r}_0 = (x_0, y_0, z_0)$ 是源的坐标,$\boldsymbol{r} = (x, y, z)$ 是观察点的坐标,z 轴的方向垂直于表面,正、负号分别对应于绝对硬或绝对软的表面。式(5.27)可由镜像原理得到,即认为在另一半空间中相对于 $z=0$ 平面存在着对称于点源的镜像源,而空间声场是由点源直达声和镜像源共同产生的,如图 5.6 所示。可以证明,对于绝对硬的表面,格林函数式(5.2)满足边界条件 $\dfrac{\partial G}{\partial z}\Big|_{z=0} = 0$;而对于绝对软的表面则满足边界条件 $G|_{z=0} = 0$。

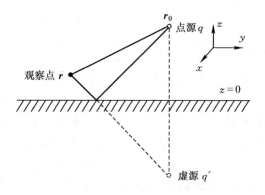

图 5.6　镜像原理示意图

式(5.27)表明,放在刚性壁上的点源产生的声场的声振幅为没有这个壁时声源声场中振幅值的两倍。

(2)二维半空间的格林函数

二维半空间即是二维空间被无限长直线分隔成的半空间。对于半空间的二维情况,格林函数具有下面形式

$$G(\boldsymbol{r},\boldsymbol{r}_0) = \pi\mathrm{i}\Big[\,\mathrm{H}_0^{(1)}\big(k\,\sqrt{(x-x_0)^2+(y-y_0)^2}\,\big) \pm \mathrm{H}_0^{(1)}\big(k\,\sqrt{(x-x_0)^2+(y+y_0)^2}\,\big)\Big]$$

$$\tag{5.28}$$

y 轴方向垂直于平面。正负号分别对应于绝对硬和绝对软的表面。

(3)有限厚度平面层的格林函数

对于具有上下绝对硬壁的有限等厚度平面层,格林函数由级数形式确定为

$$G(\boldsymbol{r},\boldsymbol{r}_0) = \frac{\pi\mathrm{i}}{d}\sum_{n=0}^{\infty}\varepsilon_n\cos\frac{n\pi z}{d}\cos\frac{n\pi z_0}{d}\mathrm{H}_0^{(1)}\left(kr\sqrt{1-\left(\frac{n\pi}{kd}\right)^2}\right) \tag{5.29}$$

式中:$\varepsilon_n = \begin{cases} 1 & \text{当 } n=0 \\ 2 & \text{当 } n>0 \end{cases}$;$r = \sqrt{(x-x_0)^2+(y-y_0)^2}$;$d$ 是平面层的厚度;z 轴方向垂直于平面。

通过直接微分容易验证在平面层的两刚性壁上满足条件 $\dfrac{\partial G}{\partial z}\Big|_{z=0,d} = 0$。

对于具有上下绝对软壁的有限等厚度平面层,类似于式(5.29),格林函数可由级数形式确定为

$$G(\boldsymbol{r},\boldsymbol{r}_0) = \frac{\pi\mathrm{i}}{d}\sum_{n=0}^{\infty}\varepsilon_n\sin\frac{n\pi z}{d}\sin\frac{n\pi z_0}{d}\mathrm{H}_0^{(1)}\left(kr\sqrt{1-\left(\frac{n\pi}{kd}\right)^2}\right) \tag{5.30}$$

这里也容易验证在层的两壁满足条件 $G|_{z=0,d} = 0$。

对于一个表面是绝对软,而另一个表面是绝对硬的情况,应该在式(5.29)中用

$\sin\dfrac{\pi(2n+1)z}{2d}\sin\dfrac{\pi(2n+1)z_0}{2d}$ 取代 $\cos\dfrac{n\pi z}{d}\cos\dfrac{n\pi z_0}{d}$。这样,当 $z=0$ 时,满足 $G|_{z=0}=0$ 的条件,而当 $z=d$ 时,满足条件 $\dfrac{\partial G}{\partial z}\Big|_{z=d}=0$。

　　对于简单形状的表面,可以得到绝对软或绝对硬表面的格林函数。然而,对于形状复杂的表面,求格林函数本身就是难题。对于任意的、复杂的三维物体,一般不可能得到格林函数的解析解,而通常的方法是用数值法解积分方程或用实验法来建立格林函数。对于某些复杂的结构和机器,其自由空间格林函数可以通过建立互易性的实验方法求出,这点将在第 6 章中给出简单实例。而一旦格林函数确定以后,格林函数对整个一类问题都适用,从而不需要对一种分布情况求解时再求一次格林函数。

5.2.2　Kirchhoff 公式计算平板声辐射

　　第 3 章中讨论了无限大薄板在简谐振动下的声辐射问题,下面将给出应用 Kirchhoff 公式求解无限大薄板在任意振动下的声辐射问题。

　　对于一无限大平板,同样仅考虑在板中 x 方向以波数 β 传播的行波,板面上的振动速度为

$$v(x,\beta)=\mathrm{e}^{\mathrm{i}\beta x} \tag{5.31}$$

这样,在 $y>0$ 的半空间里,声场的势函数可以写成以下形式

$$\Phi(x,y)=\frac{\mathrm{i}}{\sqrt{k^2-\beta^2}}\mathrm{e}^{\mathrm{i}(\beta x+\sqrt{k^2-\beta^2}\,z)} \tag{5.32}$$

上式是可以直接验证的,实际上式(5.32)满足 Helmholtz 方程和下面边界条件

$$-\frac{\partial\Phi(x,y)}{\partial y}\Big|_{y=0}=v(x,\beta) \tag{5.33}$$

式(5.32)的解表征与 z 轴成 α 角方向行进的平面波 $\mathrm{e}^{\mathrm{i}k(x\sin\alpha+z\cos\alpha)}$,且 α 角由以下关系确定

$$\beta=k\sin\alpha,\ \sqrt{k^2-\beta^2}=k\cos\alpha \tag{5.34}$$

　　在一般情况下,可将板表面上的振动速度 $v=f(x_0)$ 展开成式(5.31)的组合形式,即每项传播波数 β 为不同值,即

$$f(x_0)=\frac{1}{\sqrt{2\pi}}\int_{-\infty}^{\infty}\widetilde{f}(\beta)\cdot\mathrm{e}^{\mathrm{i}\beta x_0}\,\mathrm{d}\beta \tag{5.35}$$

这里,$\widetilde{f}(\beta)$ 是波数谱函数,它由傅里叶变换确定

$$\widetilde{f}(\beta)=\frac{1}{\sqrt{2\pi}}\int_{-\infty}^{\infty}f(x_0)\cdot\mathrm{e}^{-\mathrm{i}\beta x_0}\,\mathrm{d}x_0 \tag{5.36}$$

因而,空间辐射声场的势函数可以相应地展开成关于行波波数 β 的傅里叶积分的形式

$$\Phi(x,z) = \frac{\mathrm{i}}{\sqrt{2\pi}} \int_{-\infty}^{\infty} \frac{\widetilde{f}(\beta) \cdot \mathrm{e}^{\mathrm{i}(\beta x + \sqrt{k^2 - \beta^2}\, z)}}{\sqrt{k^2 - \beta^2}} \mathrm{d}\beta \tag{5.37}$$

把式(5.36)变换式代入式(5.37)中,并考虑到下面 Hankel 函数积分形式

$$\int_{-\infty}^{\infty} \frac{\mathrm{e}^{\mathrm{i}(\beta(x-x_0) + \sqrt{k^2 - \beta^2}\, z)}}{\sqrt{k^2 - \beta^2}} \mathrm{d}\beta = \pi \mathrm{H}_0^{(1)}(k\,\sqrt{(x-x_0)^2 + z^2}) \tag{5.38}$$

结果可求出

$$\Phi(x,z) = \frac{\mathrm{i}}{2} \int_{-\infty}^{\infty} f(x_0) \cdot \mathrm{H}_0^{(1)}(k\,\sqrt{(x-x_0)^2 + z^2}) \mathrm{d}x_0 \tag{5.39}$$

式(5.39)和二维空间的 Kirchhoff 公式(5.24)是一致的。

5.3　Kirchhoff 公式在声振耦合分析中的应用

对于任意形状封闭腔体的声振耦合问题,根据 Kirchhoff 公式(5.13)或(5.24),只要知道腔体表面上的振动速度和声压,我们就可以得到该封闭腔体表面振动时向内或向外任一点处的辐射声压。在处理一般实际工程问题时,可以通过在腔体表面划分一系列网格单元,同时在每个网格处布放加速度计和声级计来分别测试该单元处的振动速度和表面声压,这样振动表面在空间任一点处的辐射声压就是各个网格单元产生的单极源辐射和偶极源辐射在该点处的叠加。网格单元的数目和所考虑的频率范围有关,而同时也将影响计算结果的精度和计算规模的大小。一般认为在所考虑的最高频率对应的波长上用 6~8 个单元较为理想。除了一般情况,在实际应用时 Kirchhoff 公式还可以有不同的形式。

5.3.1　Kirchhoff 公式在声振耦合分析中的不同形式

1. 腔体表面绝对硬情形或采用绝对软表面格林函数

在式(5.13)或式(5.24)中,当 $\left.\dfrac{\partial \Phi}{\partial n}\right|_s = 0$ 或 $G(\boldsymbol{r},\boldsymbol{r}_0)|_s = 0$ 时,都有

$$\Phi(\boldsymbol{r}_0) = \frac{1}{4\pi} \iint_s \left[-\Phi(\boldsymbol{r}) \frac{\partial G(\boldsymbol{r},\boldsymbol{r}_0)}{\partial n} \right] \mathrm{d}S \tag{5.40}$$

这样对于腔体表面绝对硬情形,Kirchhoff 公式就简化为式(5.40)的形式。这时只需测出腔体表面各网格单元处的表面声压即可。在许多时候,腔体表面并非绝对硬情况,但由于条件所限只能测试腔体表面声压,这时可采用绝对软表面格林函数

(即 $G(r,r_0)\big|_s = 0$),我们仍然可通过式(5.40)来得到振动腔体表面的辐射声场。

2. 腔体表面绝对软情形或采用绝对硬表面格林函数

在式(5.13)或式(5.24)中,当 $\Phi(r)\big|_s = 0$ 或 $\dfrac{\partial G}{\partial n}\big|_s = 0$ 时,都有

$$\Phi(r_0) = \frac{1}{4\pi}\iint_s \left[\frac{\partial \Phi(r)}{\partial n}G(r,r_0)\right]\mathrm{d}S \tag{5.41}$$

这样对于腔体表面绝对软情形,Kirchhoff 公式就简化为式(5.41)的形式。这时只需测出腔体表面各网格单元处的振动加速度或速度即可。同样地,在许多时候,腔体表面并非绝对软情况,但由于条件所限只能测试腔体表面振动加速度,这时可采用绝对硬表面格林函数(即 $\dfrac{\partial G}{\partial n}\big|_s = 0$),我们仍然可通过式(5.41)来得到振动腔体表面的辐射声场。

3. 通过构造一虚拟封闭曲面来求解腔体辐射

对于一类形状复杂、内部振动源和噪声源错综分布的复杂噪声辐射体,有时很难在其表面处通过放置加速度计和声级计来分别测试该表面处的振动速度和表面声压,似乎不能直接应用 Kirchhoff 公式来得到其辐射声场。电力变压器是这类复杂噪声辐射体的典型代表,其辐射噪声是由于变压器硅钢片的磁致伸缩、接合处磁通量畸变等引起铁心振动并传到箱壁而产生的。为了求解这类辐射噪声,可在辐射体外面的空气介质中构造一虚拟封闭曲面,根据 Kirchhoff 公式,只要我们知道该曲面上的振动速度和声压,就可以得到其辐射声场。由于在空气介质中,可利用 Euler 方程(3.27)由声压得到质点振动速度,因而只需在该虚拟曲面上划分单元并测出每个单元上的声压,这样就可得到该复杂辐射体的辐射声场。这种方法还适用于求解多个复杂辐射体的声辐射问题。

5.3.2　实例 1:在电容器装置噪声水平预估中的应用[14]

在高压直流输电系统中,滤波电容器装置作为换流站的主要噪声源之一,已经严重影响到周围居民及工作人员的生活。为了满足环境对滤波电容器的要求,国电公司制定了滤波电容器在围栏外的噪声水平不应超过 60 dB 的标准,所以,在建造高压直流输变电站时,有必要对设计好的滤波电容器装置的噪声水平进行预估,在此基础上才能对其进行治理。

国外由于高压直流输变电技术发展比较早,对滤波电容器装置噪声水平的预估研究也比较早。国内近几年也开始研究滤波电容器装置的噪声水平预估。总体来讲,现有的滤波电容器装置噪声水平的预估方法虽然各有特点,但预估结果与实测结果常常存在较大误差。为了提高预估精度,本节探索了将 Kirchhoff 公式引

入到滤波电容器装置的辐射声场预估的可行性。

1. 电容器噪声产生机理

单台滤波电容器组成如图 5.7 所示,电容器的工作方式如图 5.8 所示,即交流电通入电容器元件内部的小电容时会在两极板产生交变电压,进而产生交变电场力,其电场力的大小如下式

$$f(y) = \frac{1}{2}V^2 \frac{\mathrm{d}C(y)}{\mathrm{d}y} = -\frac{1}{2}\frac{\varepsilon A V^2}{d^2} \tag{5.42}$$

式中:V 是交流电压;C 为电容值;A 是电容器极板面积;d 是电容器两极板之间距离;ε 是极板间介质的介电常数。

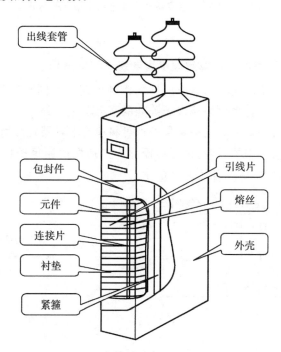

图 5.7　滤波电容器组成图

由此可见,电容器的噪声主要有两个来源:

① 电容器元件两个极板在电场力作用下产生振动所辐射的噪声;

② 电场力通过电容器内部元件的传递,作用到电容器的薄壁外壳上,从而造成外壳的振动而辐射的噪声。

由于电容器极板产生的噪声在通过内部其他元件及电缆纸等绝缘介质时,它们的阻性较大,所以极板辐射的噪声衰减很快,故电容器的辐射噪声主要来源于电

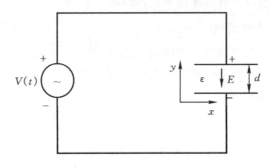

图 5.8　平行板电容器在交流电压作用下的示意图

容器外壳的振动。

2. 单极子阵列声源法计算滤波电容器装置辐射声场

单极子阵列声源法是将每台电容器的声辐射简化为同相位的单极子声源,而多个电容器的声辐射就简化为单极子阵列的声源群进行处理。如果电容器的尺寸及测量点离电容器的距离满足一定条件即可将单台电容器近似简化为点声源进行处理。根据文献[15]中的经验,声源群简化为点声源的满足条件是测点距离要大于声源群自身的最大尺寸,如图 5.9 所示。

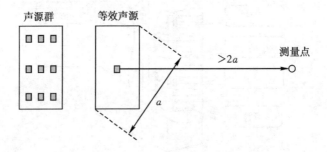

图 5.9　声源群简化

根据某换流站中围栏到各个电容器的距离可以得知,将每台电容器简化为点声源是满足要求的。将电容器装置简化为单极子阵列声源后,由于忽略了声源之间的相互影响,在任何一个测点的声压就等于各个声源产生的声压总和,即

$$P \approx \sum_{m=1}^{n} \frac{\mathrm{i}k\rho_0 c_0}{4\pi r_m} Q_0 \mathrm{e}^{\mathrm{i}k r_m} \tag{5.43}$$

式中:r_m 为第 m 个电容器到测点的距离;$Q_0 = Su_a$ 为声源面积和表面振动速度的乘积;ρ_0 为介质(空气)密度;c_0 为声音在空气中的传播速度;k 为波数。

此方法的缺点是忽略了电容器之间所造成的声的衍射现象,该方法的具体计算及计算结果在文献[16]中已经进行了详细的叙述,只是在文献[16]中未考虑地面对声反射的作用,理论计算结果偏小。而实际滤波电容器塔架辐射声场主要来自两个方面:一是电容器自身振动产生的直接辐射噪声;二是地面的反射声场。对于地面的反射可以将地面看成刚性反射表面,根据镜像原理可以将地面对声场的反射作用看成在地面的另一侧存在着和原来声源相同的虚声源进行处理。这样辐射声场的计算将是这两个声场的叠加结果,在本节计算中考虑了这点。

3. Kirchhoff 公式计算滤波电容器装置辐射声场

由于电容器装置由很多台电容器分层排列组成,所以每个电容器自身辐射的噪声在传递到测量点的过程中还存在电容器之间的相互影响,而单极子阵列声源在计算过程中未考虑这点。为了准确得到测点处噪声值,预估中应该考虑该因素对声场的影响。

根据 Kirchhoff 公式(5.13)计算滤波电容器装置辐射声场时,必须知道电容器外壳的法向振动速度及靠近电容器表面的声压分布。由于在一般的测量中电容器的表面振动速度可以实际测量得到,而表面声压未知。这就需要利用简单关系式(5.41)在只已知表面振动速度的条件下对辐射声压进行求解,但这里要选取绝对硬表面的格林函数,即 $\left.\dfrac{\partial G}{\partial n}\right|_S = 0$。这样,辐射声压就表示为

$$P(\boldsymbol{r}_0) = \frac{1}{4\pi}\iint\limits_S \left[\frac{\partial P(\boldsymbol{r})}{\partial n}G(\boldsymbol{r},\boldsymbol{r}_0)\right]\mathrm{d}S \tag{5.44}$$

4. 实测结果与两种计算方法的计算结果比较

以某换流站中滤波电容器装置为对象验证预估方法。某换流站中的工作电流的具体参数如表 5.1 所示,其中滤波电容器装置的布局及测点布置如图 5.10 所示。

表 5.1　某并联电容器 BAM7.896/380—1W 工作条件

谐波次数	1	2	5	7	9	11	13	23
元件电流/A	3.19	0.1	0.64	0.19	0.05	0.04	0.025	0.021
元件阻抗/Ω	437.2	218.6	87.4	62.5	48.6	39.7	33.6	19.0
元件电压/V	1394.67	21.86	55.94	11.88	2.62	1.51	0.84	0.399
元件场强/MV·m⁻¹	46.489	0.729	1.865	0.396	0.09	0.05	0.028	0.013

在理论计算时,上述两种估算方法都考虑了地面反射的影响。具体实地测量的测点布置如图 5.10(b)所示,计算结果与现场实测得到的 A 计权声压级对比结果如表 5.2 所示。

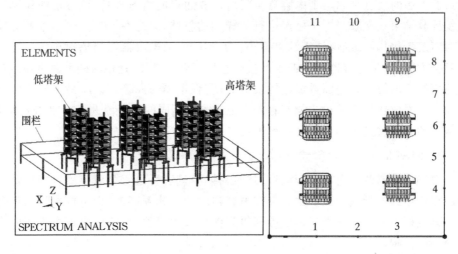

（a）某换流站中滤波电容器装置布局图　　　（b）某换流站中滤波电容器装置俯视图

图 5.10　滤波电容器装置及测点布置图

表 5.2　理论计算结果与实测结果比较

实际测量结果		应用 Kirchhoff 公式		应用单极子阵列方法	
测点序号	测量结果/dB	计算结果/dB	相对误差	计算结果/dB	相对误差
1	44.0	43.5	−1.1%	47.1	7.0%
2	44.5	44.2	−0.7%	47.8	7.4%
3	44.0	44.0	0	47.6	8.2%
4	44.0	44.3	0.7%	47.9	8.9%
5	44.5	44.8	0.7%	48.4	8.8%
6	44.0	45.0	2.3%	48.7	10.7%
7	45.0	44.8	−0.4%	48.5	7.8%
8	42.0	44.3	5.5%	48.1	14.5%
9	44.5	44.0	−1.1%	47.6	7.0%
10	44.5	44.2	−0.7%	47.8	7.4%
11	43.0	43.5	1.2%	47.1	9.5%

　　从表 5.2 可以看出 Kirchhoff 公式计算结果的误差中最大是 5.5%,与实际测量结果比较吻合。而单极子阵列声源计算的结果最大误差为 14.5%,最小误差为 7.0%,其最小误差率比 Kirchhoff 公式计算结果的最大误差还大,且该方法计算

的结果比实际测量结果的声压级要高,但是其计算量比较小,在一定情况下可以作为对换流站滤波电容器装置噪声水平的粗略预估。

综上所述,Kirchhoff 公式计算法在考虑了电容器之间的相互影响后,其计算的结果要比单极子阵列声源计算法计算的结果更接近实际测量值。但是 Kirchhoff 公式计算法其本身计算量比较大,而单极子阵列声源计算量比较小。所以,Kirchhoff 公式计算方法比较适合精确计算,而单极子阵列声源计算法适合粗略估算。

5.3.3　实例 2:在变电站噪声预估中的应用

变电站产生的低频噪声已经严重干扰居民的日常生活,本节利用 Kirchhoff 公式理论预估变电站厂界噪声,以便采取措施将这种噪声干扰降到最小。Kirchhoff 公式作为一类研究声与结构振动相互耦合的声学公式,非常适合计算由结构振动引起的内外声场分布。在变电站厂界噪声分析中,只要知道变压器表面的声压级就可利用该方法实现变电站厂界辐射噪声的理论预估。依据国家标准,变电站所用的电力变压器在出厂时要检验和测定其表面声压级,因而,在不增加额外工作负担的情况下就可以利用 Kirchhoff 公式和这些测得的表面声压级对变电站厂界噪声进行理论预估。本节以某 110 kV 户外变电站为例对其厂界噪声进行理论预估,与实测结果比较证明了这种方法的准确性和高效性,从而可以利用该方法指导实际变电站的设计和建设。

1. 变电站噪声源及其特性

变电站噪声源主要有变压器、电抗器和冷却设备等。为了更准确地对变电站厂界噪声进行理论预估,首先分析变电站的主要噪声源及其特性,具体如下。

(1)变压器

变压器噪声主要来自其本体声源与辅助冷却设备两部分。前者主要是由硅钢片的磁致伸缩和绕组中的交变电磁力引起的基频频率为两倍电源频率及频率为基频整数倍的低频噪声构成的,其频率范围为 100~500 Hz,具有频率低,衰减慢,传播远的特性,因而较难控制。辅助冷却设备声源主要是风扇和油泵,目前有了较为成熟的治理方案。

(2)电抗器

电抗器主要有空心式和铁心式两类。随着变电站容量的增加,具有体积小、容量大特点的铁心式电抗器已被广泛应用到超高压输电中,但是带来了严重的噪声问题。此类噪声在高频段快速衰减,具有明显的工频谐波特性。

(3)冷却设备

冷却风扇、油泵等作为声源产生噪声。产生的原由:一方面,冷却风扇、油泵在运行时产生的振动辐射噪声;另一方面,变压器本体振动使得与其联接的油管接头及装配零件等冷却设备振动加剧,增大噪声的辐射。

(4)变电站噪声

变压器噪声属于中低频噪声,波长较长,不易吸收,影响最大的频率为 250 Hz 和 500 Hz;冷却设备产生的噪声属于中高频噪声,影响最大的频率是 1000 Hz 和 2000 Hz。变压器的辐射噪声会随着工况不同而发生变化,满载运行时,噪声一般较高;空载或运行功率较低时,噪声水平也较低。因而,变压器噪声治理控制的难度较大。

变电站厂界的辐射噪声是从变压器四周向空间四面八方发散性传播,其传播会受到多种复杂因素的影响得到衰减,一是随着距离的增加,由于空气吸收(包括经典吸收和弛豫吸收)、气象条件(如温度梯度、湿度、风、雨、雾等)及地面吸收(随地面条件,草地、灌木、树林、起伏的丘陵等而不同)使噪声水平自然衰减,直到衰减至背景噪声水平;二是噪声在传播过程中受到声屏障的阻隔,在屏障的另一边噪声会受到一定程度的衰减。

2. 户外变电站厂界噪声理论预估

(1)变压器表面声压级测定

依据国家标准 GB/T.1094.10—2003 中的相关规定,变压器在出厂时要对其表面声压级进行测定。如图 5.11(a)所示为变压器声压级测点布置示意图;图 5.11(b)为本节理论计算时的变压器声压级测点布置图。规定轮廓线取在设备高度的 1/3、2/3 处,测点位于距离设备 2 m 的规定轮廓线上,且测点间距为 1 m。

(2)观察点选取

观察点选取的一般原则:根据实际情况及关心范围进行合理选取。以变电站厂界为计算边界条件选取观察点,将观察点坐标作为参数输入到程序中进行计算。理论计算时选取的观察点为沿变电站厂界进行选取:高度 3 m、间距 5 m,与实测时的观察点一致,便于两者之间进行比较。

(3)理论预估

根据变压器声级测定标准 GB/T.1094.10—2003,以基准发声面作为假想发声面,在规定轮廓线上放置传声器测定变压器表面声压级。将测得的变压器表面声压级数据作为计算程序源数据。

以 Kirchhoff 公式为基础对变电站厂界噪声进行理论预估时,若已知变压器表面上的声压,可选取对于绝对软表面的格林函数,即 $G|_s = 0$,这样就应用式(5.25)求解变压器的辐射噪声。考虑到绝对硬地面的影响,根据镜像原理可以将地面对声场的反射作用看成在地面的另一侧存在着和原来声源相同的虚声源进行处理。最后即可得到厂界观察点处的噪声声压值。

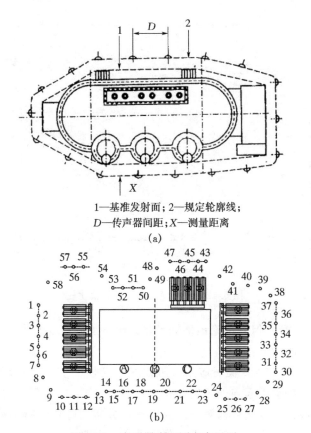

1—基准发射面；2—规定轮廓线；
D—传声器间距；X—测量距离
(a)

(b)

图 5.11　变压器表面测点布置图

（4）实测结果与预估结果比较

应用上述基于 Kirchhoff 公式为理论基础的变电站厂界噪声预估方法，对某 110 kV 户外变电站的厂界噪声进行理论预估。将得到的预估结果与实测结果进行比较，如图 5.12 所示。从图中可以看出，实测值与理论预估值误差中最大为 6.4%，与实测值较为吻合，满足工程精度要求，可以在工程实际中用来指导实际变电站建设。所以，以 Kirchhoff 公式为理论基础得出的计算结果是比较准确的。

在上述理论计算中不可避免会出现一些误差，主要原因如下。

① 变压器表面声压级测定时，各测点之间的距离为 1 m，而且测点只布置在变压器 1/3 和 2/3 高度的两个规定轮廓线上。即测点的选取较疏，使厂界噪声预估结果不精确。

② 厂界噪声预估仅仅是理论计算，很难全面考虑到当时当地的实际情况，比如纬度、季节、温度梯度、湿度、风速等很现实的问题。因而，理论预估结果与实测

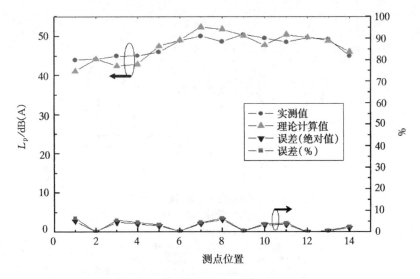

图 5.12　实测值与理论计算值比较

结果存在一定的误差,但是理论预估结果足以满足工程精度的要求,对实际变电站的建设有相当大的指导意义。

　　Kirchhoff 公式作为一类可应用于研究声与结构振动相互耦合的声学公式,非常适合计算结构振动引起内外声场分布。从某 110 kV 户外变电站厂界噪声理论预估结果可以看出该方法可以对户外变电站厂界辐射噪声进行准确预估,应用该方法对户外变电站厂界噪声进行理论预估具有可行性。

5.3.4　实例 3:在高压输电线电晕噪声预估中的应用[17]

　　高压交流输电导线在运行中产生电晕可听噪声,引起电能损失和噪音污染。随着我国高压输电线路数目的增加、输电电压等级的提高,电晕可听噪声引起的扰民问题受到越来越多的关注,已经成为高压输电工程建设中必须考虑的因素之一。对于电压等级达到 500 kV 以上的线路其可听噪声的扰民问题尤其严重。

1. 电晕可听噪声现象

　　电晕是一种电离现象,是一种不均匀的放电形式,并非只存在于高压输电导线上,当导体局部位置电场强度过大时就会发生。高压输电线运行电压达几百至上千千伏,其表面电场强度很大,因而能够部分电离临近的空气,发生电晕。电晕现象伴随有声、光、热效应。图 5.13 显示了发出蓝紫色荧光的导线电晕现象。

图 5.13　发出蓝紫色荧光的导线电晕现象

如图 5.13 所示,在空气中发生电晕时,能够看到蓝紫色的光,这是由处于激发态的空气分子回归到基态时释放出来的,同时伴随有声音,即电晕可听噪声。对于高压交流输电导线,该噪声由两部分组成,一部分是放电产生的无规则宽频噪声,表现为破裂声、吱吱声、嘶嘶声,其频率大小从次声频段一直持续到超声频段,另一部分是输电线工频二倍及其整数倍频率的纯音分量,表现为嗡嗡声。纯音分量中二倍工频分量最为明显,声压幅值较大。

电晕可听噪声伴随空气电离而产生。在电离区包含着空气分子、正负离子以及电子,电离气体中的各种过程与粒子的运动密切相关。这些粒子进行着无规则的热运动,引起频繁的碰撞和能量转移,从宏观上讲可听噪声是电场能量通过电离气体传递给空气而引起的。

对于交流高压输电导线而言,电离气体受电场力作用在电离边界处形成对空气层的周期性作用,引起空气层振动,这种振动向外传播即形成声波,这就是电晕可听噪声的来源。

2. 利用 Kirchhoff 公式预估电晕噪声

输电导线可视作无限长平直且平行于地面的圆柱导体,表面电势即输电电压。导线作为等势体,在空气发生电离及离子运动的临近薄层内,可以认为导线电场沿周向均匀分布,强度与离导线轴心距离近似成反比关系。因而可采用二维 Kirchhoff 公式(式(5.13b))来预估电晕噪声,在此声学表面选取电离半径大小的圆周,即

$$P(\boldsymbol{r}_0) = \frac{i}{4} \int_l \left[\frac{\partial P(\boldsymbol{r})}{\partial n} H_0^{(1)}(k\,|\,\boldsymbol{r} - \boldsymbol{r}_0\,|) - P(\boldsymbol{r}) \frac{\partial H_0^{(1)}(k\,|\,\boldsymbol{r} - \boldsymbol{r}_0\,|)}{\partial n} \right] \mathrm{d}l$$

$$(5.45)$$

为了得到电离区内大量离子在电场作用下在电离边界处施加给空气层的压强 $P(\boldsymbol{r})$,这里采用 Drude 模型[18]分析电离形成的大量离子的运动规律,得出在电离边界处离子的速度分布。

类比 Drude 模型,在圆柱导线上采用柱坐标,得到离子的径向动量方程

$$\frac{\mathrm{d}I_r(r,t)}{\mathrm{d}t} = qE_r(r,t) - \frac{I_r(r,t)}{\tau} \tag{5.46}$$

式中:$I_r(r,t)$ 表示 t 时刻距导线中心 r 处离子的径向平均动量;$E_r(r,t)$ 是电场的径向分量;τ 是离子的弛豫时间;正离子电荷量 q 的大小即元电荷。

从上式求得的离子径向平均动量可得到离子径向平均速度,进一步根据压强的微观定义可得到离子运动对空气产生的压强。于是由式(5.45)可建立起电晕可听噪声的理论预估模型。

根据所得理论模型可知,输电导线的表面电场强度和离子运动弛豫时间是影响电晕可听噪声的重要因素。表面场强与线路自身结构及电气参数有关,而弛豫时间受线路所处环境的影响,反映了环境条件对于离子向空气分子转移能量的制约。

3. 降低电晕噪声的措施

通过对影响电晕可听噪声的诸多因素(如导线半径、导线相间距等参数)进行分析,结果表明:增大导线半径和采用分裂导线能有效降低噪声;增大线路架设高度和相间距达不到降低噪声的效果;采用分裂导线时,导线的分裂圆半径对于电晕可听噪声的影响不大,增加导线分裂数目能够降低线路的电晕可听噪声。针对环境因素的计算结果表明:导线所处环境温度的变化对电晕可听噪声的影响很小;随着海拔高度的增加,导线电晕可听噪声增加。导线本身的毛刺和附着的水滴会使得导线的电晕加剧,从而使电晕可听噪声增加。毛刺对于新导线的影响较为严重,在线路架设前应进行光滑处理。水滴在导线运行过程中不可避免,可以采用适宜的热传导材料,利用导线自身的电阻发热来加速附着水滴的蒸发,减小其不利影响。

5.4　本章小结

本章首先详细介绍了 Kirchhoff 公式及其物理意义,在此基础上探讨了 Kirchhoff 公式应用在绝对软或绝对硬等理想边界条件的情况,最后以三个应用实例深入分析了 Kirchhoff 公式在声振耦合研究中的应用。

第6章　声学互易定理及其应用

在线性动力系统中,虽然互易定理是个一般性的定理,但它能够解出在许多情形下使用直接方法不能或很难求解的问题。有时当动力系统的特性不能很方便地直接测量时,互易性质常常能够成功地应用在实验中以确定这种动力系统的特性。因此,用以确定各种情形下的互易关系的互易定理就具有非常重大的意义。声学互易定理是声学理论中十分有用的定理,它将两个声源的两个声场联系起来。利用互易定理可以求解声振耦合系统的辐射声场,可以用来推论实际器件的若干基本特性,可以进行传声器灵敏度的互易校正,等等。

6.1　引言:简单的互易现象

第5章中介绍过,在自由空间中,当源和观察点交换位置时,格林函数的形式不变,即

$$G(\boldsymbol{r}_0, \boldsymbol{r}) = \frac{e^{ik|\boldsymbol{r}_0 - \boldsymbol{r}|}}{|\boldsymbol{r}_0 - \boldsymbol{r}|} = G(\boldsymbol{r}, \boldsymbol{r}_0) \tag{6.1}$$

这就是一种简单的互易关系。

互易性对研究噪声和振动很有用,但仅对线性过程成立。图 6.1 给出了结构中力激励位置和速度测量位置互换性的示意图,作用于结构某位置 X 的激励力 F_1 在另外的位置 Y 处产生速度 v_1;而作用于某位置 Y 的激励力 F_2 在位置 X 处产生速度 v_2。对于线性系统,两位置处输入和响应之间的机械阻抗应相等,则有关系式

$$\frac{F_1}{v_1} = \frac{F_2}{v_2} \tag{6.2}$$

式(6.2)表明,假如力激励位置和速度测量位置进行互换,则激励力与测量速度的比保持常数。这里要注意,这种互易性的重要条件是第一个实验中作用力的方向与第二个实验中所测速度的方向应该相同。

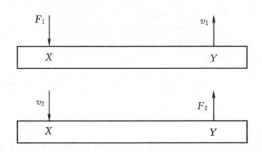

图 6.1　输入和响应之间的互易性示意图

　　图 6.2 表示梁结构输入和响应之间所有 FRF(Fourier 响应函数)的互易性。逐次用力锤在梁上点 3、点 2 和点 1 处分别进行激励,同时分别测量点 3、点 2 和点 1 处的响应。由于描述该系统的质量矩阵、阻尼矩阵和刚度矩阵都是对称矩阵,因而 FRF 矩阵是对称的,即 $h_{ij} = h_{ji}$,称为互易性。

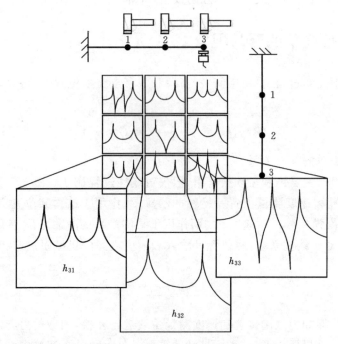

图 6.2　梁结构输入和响应之间 FRF 的互易性

6.2　经典互易定理

6.2.1　瑞利经典互易定理

经典互易定理是 1873 年由瑞利首先确立的,它将施于线性动力系统的各种外作用及其效应联系了起来[19]。瑞利的经典互易定理可表述如下。

设有一自由度为 n 的线性动力系统,如图 6.3 所示,其瞬时状态用广义坐标 x_i 及广义速度 v_i 来表示,作用于坐标 x_i 方向的广义外力为 $F_i(i=1,2,\cdots,n)$,则存在互易关系

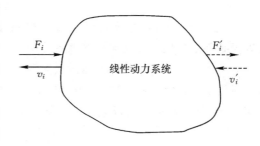

图 6.3　自由度为 n 的线性动力系统示意图

$$\sum_{i=1}^{n} (F'_i v_i - v'_i F_i) = 0 \tag{6.3}$$

上式是瑞利经典互易定理的一般公式。瑞利曾论证了这个定理适用于所有可用二次方程形式来描述其能量(动能和势能)的线性系统。

其最简单的特例是,第一项中除 F_1 外所有外力均为 0,第二项除 F'_2 外所有 F'_i 均等于 0。这时由式(6.3)得

$$F'_2 v_2 = v'_1 F_1$$

或

$$\frac{v_2}{F_1} = \frac{v'_1}{F'_2} \tag{6.4}$$

这就是说,如果由于在坐标 x_1 方向存在外力 F_1 而出现效应 v_2,那么同样的外力作用于坐标 x_2 方向就会有效应 v'_1,它的大小与符号都和 v_2 相同。

另外一个特例是,令所有类型的外力中除了两个以外均等于 0,这时有

$$F'_1 v_1 + F'_2 v_2 = v'_1 F_1 + v'_2 F_2 \tag{6.5}$$

在这种情形下,动力系统就是一个无源线性四端网络,如图 6.4 所示,这种系统称为互易系统。如果有外作用 F_1 和 F'_1 分别作用于无源四端网络的第一对极上时,在该网络第二对极上将分别产生响应 v_1 和 v'_1;反之,在第二对极上有外作用 F_2 和 F'_2 时,在第一对极上将分别产生响应 v_2 和 v'_2,它们之间的关系如式(6.5)所描述。

这里要指出,线性四端网络两边的变量不一定要具有相同的量纲。例如,若

图 6.4　无源线性四端网络

F_1、v_1 分别表示力及线速度,而 F_2 和 v_2 却可以是力矩及角速度。而且,上述论断可以无条件地应用于线性无源的电系统中。

对于如图 6.5 所示的可逆、线性、无源的四端网络,如果有一恒定电流流过其第一对极上时,在该网络第二对极上产生开路电压 e_2;反之,在第二对极上有恒定电流 i_2 流过时,在第一对极上产生开路电压 e_1,这四个量之间有如下互易关系

$$\frac{e_2}{i_1} = \frac{e_1}{i_2} \tag{6.6}$$

因而,这种线性网络系统的互易定理可叙述为:可逆、线性、无源的四端网络的转移阻抗相等。

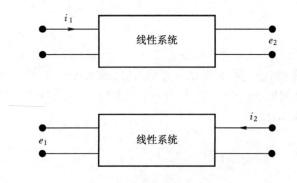

图 6.5　线性网络互易系统

经典互易定理只具有形式性,因为它仍然未明确在系统中起作用的各种耦合的物理特性,定理形式上的一般性会使人产生模糊的印象。

6.2.2　力声变换结构的互易关系

图 6.6 所示为一由活塞和腔体组成的力学-声学综合系统,实际也是一种具有互易关系的力声变换结构[10]。活塞面积为 S,当在外力 F_1 作用下,活塞以速度 v_1 挤压腔体中的空气使其声压从静压 P_0 增加到 $P_0 + P$;反过来,当腔体中的声压增高时,压力会推动活塞向外运动,并产生力作用。因而,这种力声变换结构的参量

之间就具有互易性,其互易关系可分析如下。

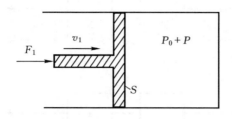

图 6.6　具有互易关系的力学-声学综合系统

在外力 F_1 作用下,腔体内的体积速度 $U = Sv_1$,这时腔体这个声学系统的声阻抗为 $Z_2 = P/U$,而活塞这个力学系统的声阻抗为 $Z_1 = F_1/v_1$。此外,活塞作用于腔中气体的力 F_1 应等于腔中增压部分作用在活塞上的力 $F_2 = SP$。这样,力学系统和声学系统的声阻抗之间就有关系

$$Z_2 = \frac{P}{U} = \frac{F_2/S}{Sv_1} = \frac{F_1}{v_1}\frac{1}{S^2} = \frac{1}{S^2}Z_1 \tag{6.7}$$

这就是力学系统与声学系统相耦合的力声变换结构参量之间的互易关系。

6.2.3　电声换能器的互易关系

电声换能器是将电(声)信号能量转换成相应的声(电)信号能量的器件。一般电声换能器的能量转换过程:对于电-声转换是先将电信号转换成机械振动,然后由机械振动产生声波;对于声-电转换,则是先将声信号转换成机械振动后再转换成电信号。它们的能量转换是可逆的。根据式(6.6),可进一步推导电声换能器的互易定理。

由电声类比定理,电声换能器可表示成四端网络。若换能器是线性可逆无源的换能器,则该四端网络应是一互易系统,如图 6.7 所示。当换能器的电极上通以电流 i_1 时,其膜片就向周围介质辐射声音,并且在其远场中距离 r 的小面积 S_1 处产生自由场声压 P_T;反之,若在 S_1 处放一声压源 P_S,使其在小面积 S_1 上的体积速度为 Q_S,在这声源产生的声压作用下,换能器作为接收器,其开路电压输出为 e_1,而作用在其膜片上的声压设为 P_M。

根据电声类比,电学中的恒压源和电流分别类比于声学中的恒声压源和体积速度,这样由式(6.6)可得电声换能器的互易关系为

$$\frac{P_T}{i_1} = \frac{e_1}{Q_S} \tag{6.8}$$

换能器在辐射状态时可看作一个小面积的声源,当考虑远场辐射时,这样的声源就可看作简单的球形声源。而由于小面积 S_1 较小,因而,在声空间 S_1 处的体积

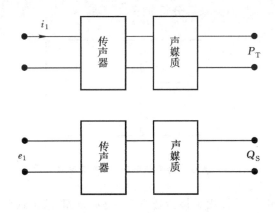

图 6.7　电声换能器的互易系统

速度为 Q_S 的声压源 P_S 在远距离 r 处亦可看作简单的球面声源。因此,换能器在辐射状态时在距离 r 处产生的声压和声压源 P_S 在换能器处产生的自由场声压 P_M 是相等的,它们可由下式表示

$$P_M = -\frac{\mathrm{i}\omega\rho_0 Q_S}{4\pi r}\mathrm{e}^{\mathrm{i}kr} = -\frac{\mathrm{i}\rho_0 f Q_S}{2r}\mathrm{e}^{\mathrm{i}kr} \tag{6.9}$$

这里再引入传声器声压灵敏度的定义。传声器声压灵敏度是指传声器输出的开路电压与未置入传声器时作用在其膜片处的声压之比。这样,传声器的接收灵敏度被定义为 $M_f = |e_1/P_M|$,而传声器的发送灵敏度就定义为 $S = |P_T/i_1|$。因而,由式(6.6)和(6.7)可得

$$\frac{M_f}{S} = \left|\frac{Q_S}{P_M}\right| = \frac{2r}{\rho_0 f} \tag{6.10}$$

式(6.10)就是电声换能器的互易定理的表达式。它表明:对于可逆、线性、无源的电声换能器,其接收灵敏度和发送灵敏度之比等于换能器作辐射器时的体积速度和离它 r 处产生的声压之比。这个比值是一常数,称为互易参量,它与声媒质、频率及传播特性有关。

这里需要指出的是,上式中的 $\dfrac{2r}{\rho_0 f}$ 是球面波自由声场中的互易参量。互易参量在各种不同声场中是不同的,其值如表 6.1 所示。

表 6.1　在各种不同声场中的互易参量[20]

声场	球面自由声场	平面自由声场	柱面声场	扩散声场
互易参量	$\dfrac{2r}{\rho_0 f}$	$\dfrac{2B}{\rho_0 c_0}$	$\dfrac{2L}{\rho_0 c_0}\sqrt{r\lambda}$	$\dfrac{2h}{\rho_0 f}$

表中 B 为平面自由声场中可逆换能器辐射面积，L 是柱形传声器长度，r 为径向距离，λ 为声波波长，$h = \sqrt{\dfrac{A}{16\pi}}$，$A$ 为混响室的总吸收。

6.3 声学互易定理推导

上面给出了有限自由度的线性系统中的互易定理。然而，在许多情形下，要牵涉到包含矢量场的动力系统，这些场用偏微分方程描述。例如：对于声场系统，其相互耦合是通过介质中的声辐射建立的。下面我们将推导声学互易定理。

6.3.1 弹性表面在声源和力作用下的声学互易定理[3]

声学互易定理只适用于线性系统，满足声场的叠加原理。对由空间声源和激励力引起的弹性表面的小振幅振动，介质可以看作是线性的，即由声源和表面振动产生在空间任一点的声场可以进行叠加而互不影响。

当空间存在弹性物体或弹性壳体，由其外表面 S 和无限大球面 S' 围成的声场体积为 V，如图 6.8 所示。下面推导弹性体在空间声源和激励力共同作用的两种不同情形下的互易关系。这两种情形分别是在空间声源 $q_1(\boldsymbol{r})$ 和分布力 $f_1(\boldsymbol{r})$ 共同作用下及在空间声源 $q_2(\boldsymbol{r})$ 和分布力 $f_2(\boldsymbol{r})$ 共同作用下的两种情形。

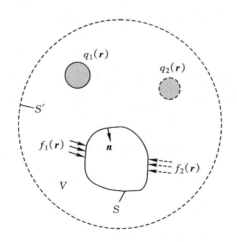

图 6.8 弹性表面在声源和力作用下的声学互易定理推导

在声源 $q_1(\boldsymbol{r})$ 和分布力 $f_1(\boldsymbol{r})$ 共同作用下，声空间 V 中的声场声压 $P_1(\boldsymbol{r})$ 满足下面 Helmholtz 方程

$$\nabla^2 P_1(r) + k^2 P_1(r) = i\omega\rho_0 q_1(r) \tag{6.11}$$

式中:波数 $k = \omega/c_0$，c_0 为声速。

弹性表面的速度连续条件为

$$\frac{1}{i\omega\rho_0} \cdot \frac{\partial P_1(r)}{\partial n}\bigg|_S = v_1(r) \tag{6.12}$$

式中:$v_1(r)$ 为表面振动速度的法线方向分量。

在表面分布力 $f_1(r)$ 和表面声压的作用下,弹性表面的运动方程可由线性微分算子表示

$$Lv_1(r) = f_1(r) - P_1(r)\,|_S \tag{6.13}$$

相应地,在声源 $q_2(r)$ 和分布力 $f_2(r)$ 的共同作用下,对于声空间中的声场声压 $P_2(r)$,可以写成与公式(6.11)~(6.13)相似的关系式

$$\nabla^2 P_2(r) + k^2 P_2(r) = i\omega\rho_0 q_2(r) \tag{6.14}$$

$$Lv_2(r) = f_2(r) - P_2(r)\,|_S \tag{6.15}$$

$$\frac{1}{i\omega\rho_0} \cdot \frac{\partial P_2(r)}{\partial n}\bigg|_S = v_2(r) \tag{6.16}$$

将式(6.11)乘以 $P_2(r)$,而式(6.14)乘以 $P_1(r)$,两者相减并对体积 V 积分,它包括所有声源在内的并以 S 和 S' 所限的体积。根据 Sommerfeld 辐射条件(5.19),对无限大表面 S' 的积分为零,再按格林公式将对表面 S 的体积积分转换为面积分,这样就得到

$$-\iint\limits_S \left[\frac{\partial P_1(r)}{\partial n}P_2(r) - \frac{\partial P_2(r)}{\partial n}P_1(r)\right]dS = i\omega\rho_0 \iiint\limits_V \left[q_1(r)P_2(r) - q_2(r)P_1(r)\right]dV$$

$$\tag{6.17}$$

利用运动方程(6.13)、(6.15)及边界条件(6.12)、(6.16),代入上式得到

$$\iint\limits_S \left[\frac{\partial P_1(r)}{\partial n}f_2(r) - \frac{\partial P_2(r)}{\partial n}f_1(r)\right]dS + i\omega\rho_0 \iint\limits_S \left[v_2(r) \cdot Lv_1(r) - v_1(r) \cdot Lv_2(r)\right]dS$$

$$= -i\omega\rho_0 \iiint\limits_V \left[q_1(r)P_2(r) - q_2(r)P_1(r)\right]dV \tag{6.18}$$

由于表面 S 是封闭的,因而,微分算子是自共轭的,即满足条件

$$\iint\limits_S \left[v_2(r) \cdot Lv_1(r) - v_1(r) \cdot Lv_2(r)\right]dS = 0 \tag{6.19}$$

如果表面 S 是不封闭的,则上式右边可能不等于零,这样式中要引入与作用在表面边缘的外力和外力矩有关的项。因此,对于封闭表面,式(6.18)可以写成

$$\iint\limits_S \left[\frac{\partial P_1(r)}{\partial n}f_2(r) - \frac{\partial P_2(r)}{\partial n}f_1(r)\right]dS = -i\omega\rho_0 \iiint\limits_V \left[q_1(r)P_2(r) - q_2(r)P_1(r)\right]dV$$

$$\tag{6.20}$$

上式是弹性表面在声源和力作用下的一般声学互易定理。下面我们考虑声学互易定理在不同情形下的具体表现形式。

6.3.2　声学互易定理的不同形式

1. 简单声源的互易定理

如图 6.9 所示,假设在声空间中只有两个简单声源 A 和 B,而不存在任何障碍物,这时式(6.17)变为

$$\iiint\limits_V q_1(\boldsymbol{r}) P_2(\boldsymbol{r}) \mathrm{d}V = \iiint\limits_V q_2(\boldsymbol{r}) P_1(\boldsymbol{r}) \mathrm{d}V \tag{6.21}$$

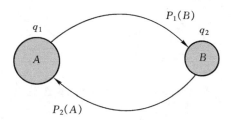

图 6.9　简单声源的互易定理

这是关于简单声源的声学互易定理。

为了说明上式的物理意义,设

$$\iiint\limits_V q_1(\boldsymbol{r}) P_2(\boldsymbol{r}) \mathrm{d}V = Q_1(A) P_2'(A), \iiint\limits_V q_2(\boldsymbol{r}) P_1(\boldsymbol{r}) \mathrm{d}V = Q_2(B) P_1'(B)$$

$$\tag{6.22}$$

式中: $Q_1(A) = \iiint\limits_V q_1(\boldsymbol{r}) \mathrm{d}V$ 和 $Q_2(B) = \iiint\limits_V q_2(\boldsymbol{r}) \mathrm{d}V$ 分别是声源 A 和 B 的总体积速度,而 $P_2'(A) = \dfrac{1}{Q_1(A)} \iiint\limits_V q_1(\boldsymbol{r}) P_2(\boldsymbol{r}) \mathrm{d}V$ 是声源 B 在声源 A 处所产生的声压 $P_2(\boldsymbol{r})$ 的平均值, $P_1'(B) = \dfrac{1}{Q_2(B)} \iiint\limits_V q_2(\boldsymbol{r}) P_1(\boldsymbol{r}) \mathrm{d}V$ 是声源 A 在声源 B 处所产生的声压 $P_1(\boldsymbol{r})$ 的平均值 。 $Q_1(A) P_2'(A)$ 即是声源 A 的体积速度与声源 B 产生的声压的乘积,这一项决定了声源 A 消耗在为克服声源 B 所产生的附加阻力上的功率。因此,式(6.21)的两边也可看作是能量的关系,其物理意义表示声源 A 消耗在为克服声源 B 的作用的功率等于声源 B 为克服声源 A 的作用所消耗的功率。

由式(6.21)可以得出以下结论:若将空间声源和接收器互易,即将空间某点放声源的地方改为放接收器,而将放接收器的地方改为放置声源,则接收器接收到的

由声源发射的声压是相同的。这个定理的数学公式,就是格林函数的对称性质 $G(\boldsymbol{r}_0, \boldsymbol{r}) = G(\boldsymbol{r}, \boldsymbol{r}_0)$,即当源和观察点交换位置时,格林函数的形式不变。

2. 振动表面的互易定理

现在假设声源是振动表面而声空间中不存在体积声源,即 $q_1(\boldsymbol{r}) = q_2(\boldsymbol{r}) = 0$, 如图 6.10 所示。在此情况下,式(6.17)的右边等于零,因而有

$$\iint\limits_S \frac{\partial P_1(\boldsymbol{r})}{\partial \boldsymbol{n}} P_2(\boldsymbol{r}) \mathrm{d}S = \iint\limits_S \frac{\partial P_2(\boldsymbol{r})}{\partial \boldsymbol{n}} P_1(\boldsymbol{r}) \mathrm{d}S \tag{6.23}$$

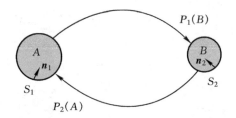

图 6.10　振动表面的互易定理

由于表面 S 仅由 S_1 和 S_2 两个表面组成,而每个表面的振速都是给定的,这样 就有

$$\iint\limits_{S_1} \frac{\partial P_1(\boldsymbol{r})}{\partial \boldsymbol{n}_1} P_2(\boldsymbol{r}) \mathrm{d}S = \iint\limits_{S_2} \frac{\partial P_2(\boldsymbol{r})}{\partial \boldsymbol{n}_2} P_1(\boldsymbol{r}) \mathrm{d}S \tag{6.24}$$

上式的每边表示其中一个发射器的振动速度与另一个发射器产生在这个发射器表 面上的声压的乘积,所以等式的左边和右边是声源为克服另一声源的作用所消耗 的功率。这样,就物理意义来说,等式(6.24)和式(6.21)是等效的。通过比较式 (6.24)和式(6.21),说明在简单声源和振动表面声源两种情况下互易定理的公式 在形式上是一致的。

(1)可逆换能器性能的互易比较

互易定理广泛地用于可逆换能器(既作发射器又作接收器)的接收、发射性能 的比较。

如图 6.11 所示,当自由空间存在一小脉动球 A 和换能器 B 时,基于振动表面 的互易关系式(6.24),可以进一步进行分析。因为球面 S_1 很小,声压 $P_2(\boldsymbol{r})$ 可以提 取到积分号之外,而剩下的 $\iint\limits_{S_1} \frac{\partial P_1(\boldsymbol{r})}{\partial \boldsymbol{n}_1} \mathrm{d}S = Q_1(A)$ 则表示小球源的体积速度。同样, 对于换能器表面,振动速度 $\dfrac{\partial P_2(\boldsymbol{r})}{\partial \boldsymbol{n}_2}$ 在该平面是常数,亦可以提到积分号外,这样

$Q_2(B) = \dfrac{\partial P_2(\boldsymbol{r})}{\partial \boldsymbol{n}_2} S_2$ 就表示换能器的体积速度,而 $P_1(B) = \dfrac{1}{S_2}\iint\limits_{S_2} P_1(\boldsymbol{r})\mathrm{d}S$ 表示小球

源在换能器处产生的平均声压。因而,由式(6.24)可得

$$P_2(A)Q_1(A) = P_1(B)Q_2(B) \tag{6.25}$$

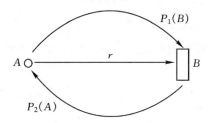

图 6.11　可逆换能器性能的互易比较

小球源在换能器 B 处产生的自由场声压(即当换能器不在场时)可由下式表示

$$P_0 = -\frac{\mathrm{i}\omega\rho_0 Q_1(B)}{4\pi r}\mathrm{e}^{\mathrm{i}kr} = -\frac{\mathrm{i}\rho_0 f Q_1(B)}{2r}\mathrm{e}^{\mathrm{i}kr} \tag{6.26}$$

将式(6.25)两边同除以 P_0,可以得到

$$\frac{P_1(B)}{P_0} = -\frac{2r\mathrm{e}^{-\mathrm{i}kr}}{\mathrm{i}\rho_0 f}\frac{P_2(A)}{Q_2(B)} \tag{6.27}$$

式(6.27)的左边是换能器上的声压与自由场声压之比,它表示换能器作为接收器的性能。右边的因子 $\dfrac{P_2(A)}{Q_2(B)}$ 是发射换能器辐射声波的声压和这个换能器体积速度的比值,因而,它表示换能器作为发射器的性能。而量 $\dfrac{2r}{\rho_0 f}$ 是对球面波传播规律的互易参量。

式(6.27)是现今广泛推行的应用互易法校准换能器的基础。应用不同互易参量的概念,不仅可以在球面规律传播情况进行校准,也可以在其他复杂声场中进行校准。

(2)力学 Betti 互易定理

假设只有作用在弹性表面上的分布力,而声空间中不存在体积声源,即 $q_1(\boldsymbol{r}) = q_2(\boldsymbol{r}) = 0$。在此情况下,式(6.20)的右边等于零,因而有

$$\iint\limits_{S} \frac{\partial P_1(\boldsymbol{r})}{\partial \boldsymbol{n}} f_2(\boldsymbol{r})\mathrm{d}S = \iint\limits_{S} \frac{\partial P_2(\boldsymbol{r})}{\partial \boldsymbol{n}} f_1(\boldsymbol{r})\mathrm{d}S \tag{6.28}$$

上式也可以写成

$$\iint_S v_1(\boldsymbol{r})f_2(\boldsymbol{r})\mathrm{d}S = \iint_S v_2(\boldsymbol{r})f_1(\boldsymbol{r})\mathrm{d}S \tag{6.29}$$

即在外分布力 f_1 和 f_2 作用下,弹性表面分别以速度 v_1 和 v_2 被激起振动。式 (6.29)就是力学中的互易定理,亦称 Betti 互易定理。上式的左边和右边,是一个系统的力为克服另一系统的作用而消耗的功率。

3. 力和声源相互作用的互易定理

现在设想在弹性表面上只给定一个外力 $f_2(\boldsymbol{r})$,而在空间只有一简单声源 $q_1(\boldsymbol{r})$,这时根据式(6.20)可以得到

$$\iint_S \frac{\partial P_1(\boldsymbol{r})}{\partial \boldsymbol{n}}f_2(\boldsymbol{r})\mathrm{d}S = -\mathrm{i}\omega\rho_0 \iiint_V q_1(\boldsymbol{r})P_2(\boldsymbol{r})\mathrm{d}V \tag{6.30}$$

上式表示了在弹性表面上的分布力 $f_2(\boldsymbol{r})$ 作用下弹性面辐射的声场 $P_2(\boldsymbol{r})$ 和在声源 $q_1(\boldsymbol{r})$ 作用下弹性面散射的声场 $P_1(\boldsymbol{r})$ 之间的关系。因此,若已知弹性表面的散射声场,根据上式就可求出外力作用下弹性面的辐射声场。

为了计算空间任一点 $\boldsymbol{r}_0$ 处的辐射声压,假设在点 $\boldsymbol{r}_0$ 置一个辅助点源 $q_1(\boldsymbol{r}) = Q_1\delta(\boldsymbol{r}-\boldsymbol{r}_0)$,这样,就有

$$P_2(\boldsymbol{r}_0) = \frac{\mathrm{i}}{\omega\rho_0 Q_1}\iint_S \frac{\partial P_1(\boldsymbol{r},\boldsymbol{r}_0)}{\partial \boldsymbol{n}}f_2(\boldsymbol{r})\mathrm{d}S \tag{6.31}$$

如果知道在 $\boldsymbol{r}_0$ 处点源作用下的散射声场 $P_1(\boldsymbol{r},\boldsymbol{r}_0)$,就可利用上式求出弹性面在分布力 $f_2(\boldsymbol{r})$ 作用下点 $\boldsymbol{r}_0$ 处的辐射声压。这是一种求解弹性面在外力作用下辐射声场的简便计算方法。

6.4　声学互易定理的工程应用

声学互易定理在工程实际中得到了广泛的应用,下面将分别举例说明。

6.4.1　应用互易定理校准传声器

1. 自由空间中互易法校准传声器

在自由空间中要按互易法校准传声器声场灵敏度,需要有三个传声器,即一个互易传声器、一个待校准的非互易传声器和一个作为辅助声源的传声器。下面将采用三次测量法利用互易定理分别对接收换能器和辐射换能器进行校准。

(1)接收换能器的互易法校准

首先,假定待校准的电声器件是接收换能器,自由空间中互易法校准接收换能器的步骤如图 6.12 所示,图中接收换能器以符号 x 表示,作为辅助声源的辐射换

能器以字标 1 表示。互易换能器既可作为接收器，也可作为辐射器，以字标 2
表示。

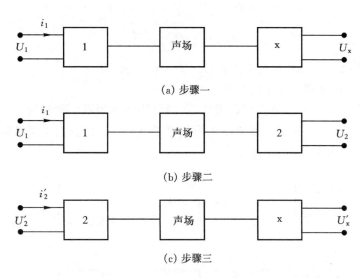

（a）步骤一

（b）步骤二

（c）步骤三

图 6.12　接收换能器的互易法校准步骤

步骤一：将传声器 1、x 相对置于自由声场中，使它们的参考轴（一般是指垂直
于膜片且通过膜片中心的直线）在同一直线上，如图 6.12(a)所示。使辐射传声器
1 在自由空间条件下产生声场，这时测量接收换能器 x 所产生的开路电压 U_x。

步骤二：不改变辐射器 1 的工作状态，以可逆换能器 2 代替被校准器件，如图
6.12(b)所示，并测量它在接收工作状态时产生的开路电压 U_2。由所测得各电压
的比值就可以得到相应于换能器 x 及 2 的声压灵敏度的比值

$$\frac{U_x}{U_2} = \frac{U_x}{P} \cdot \frac{P}{U_2} = \frac{M_{fx}}{M_{f2}} \tag{6.32}$$

式中：M_{fx} 和 M_{f2} 分别是换能器 x 和 2 的接收灵敏度。

步骤三：将换能器 x 放还原来位置，并以可逆换能器 2 代替辐射换能器 1，即
使换能器 2 工作于辐射状态，并测量它的输入电流 i_2' 和这时接收器 x 产生的开路
电压 U_x'，如图 6.12(c)所示。这样就有

$$\frac{U_x'}{i_2'} = \frac{U_x}{P'} \cdot \frac{P'}{i_2'} = M_{fx} S_2 \tag{6.33}$$

式中：S_2 是换能器 2 的发送灵敏度。

根据电声换能器的互易定理表达式(6.10)，可知传声器的接收灵敏度和发送
灵敏度之比为常数，即

$$\frac{M_{f2}}{S_2} = C \tag{6.34}$$

因此,由式(6.32)～(6.34)可得

$$M_{fx} = \sqrt{C\frac{U_x}{U_2} \cdot \frac{U'_x}{i'_2}} \tag{6.35}$$

上式就是待校准的接收换能器的接收灵敏度校准公式。

(2)辐射换能器的互易法校准

若待校准的电声器件是辐射换能器,仍以符号 x 表示。此时以声接收器作为辅助声源,以字标 1 表示。换能器 2 仍是可逆器件。自由空间中互易法校准该辐射换能器的步骤如图 6.13 所示。

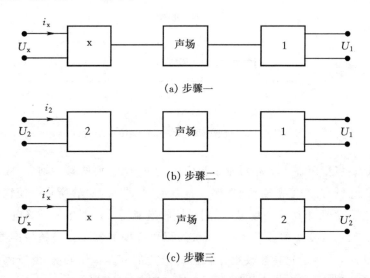

(a) 步骤一

(b) 步骤二

(c) 步骤三

图 6.13　辐射换能器的互易法校准步骤

步骤一:测量被校准换能器的输入电压 U_x 或电流 i_x,如图 6.13(a)所示。

步骤二(见图 6.13(b)):以换能器 2 代替待测器件 x,并选择其输入的工作状态,使得接收器 1 的输出状态在步骤一和步骤二中一样。根据所测量的短路电流,就可以得到

$$\frac{i_2}{i_x} = \frac{i_2}{P} \cdot \frac{P}{i_x} = \frac{S_x}{S_2} \tag{6.36}$$

步骤三:器件 x 再次作为辐射器,可逆换能器 2 则作为接收器,如图 6.13(c)所示。通过测量器件 x 的输入电流 i'_x 和接收器 2 产生的开路电压 U'_2,可以得到

$$\frac{U'_2}{i'_x} = \frac{P'}{i'_x} \cdot \frac{U'_2}{P'} = S_x M_{f2} = CS_x S_2 \tag{6.37}$$

因此,最后得到

$$S_x = \sqrt{\frac{1}{C} \frac{U_2'}{i_x'} \frac{i_2}{i_x}} \tag{6.38}$$

上式就是待校准的辐射换能器的发送灵敏度校准公式。

因为常数 C 的值是已知的(见表 6.1),这样就可以利用式(6.35)和(6.38)这种测量纯电量的易于实现的办法来绝对校准换能器的灵敏度。

利用互易法校正传声器灵敏度的理论和公式比较简单,并不需要引用过分简单化的假定,且只需测量开路电压和短路电流,因此,所用仪器也比较简单。但是,由于常数 C 是在无限自由空间条件下得到的,因而,互易法给出的上述灵敏度公式也只适用于无限自由空间。也就是说,用互易法来测量传声器自由场灵敏度所遇到的最大限制是要得到一个自由声场,即必须要有一个消声室。为了弥补上述缺陷,下面提出非消声室中传声器灵敏度的互易校正方法,作为对自由场传声器灵敏度互易法校正的补充。

2. 非消声室中互易法校准换能器

非消声室中传声器灵敏度的互易法校正可以在室外或在较大房间内进行[21]。在非消声室中,不得不考虑地面、周围壁面和天花板的反射声影响。如果在室外或较大房间中,传声器位置距周围壁面和天花板的距离比传声器之间校正距离要大得多(大于 10 倍以上),那么根据球面发散波的计算就可以忽略它们对互易法校正的影响,而只需考虑地面声发射的近距离影响。因此,只要设法校正地面反射声的影响,那么非消声室中的测量就像在自由声场中进行,从而可以继续利用自由场中的互易法校正传声器灵敏度。

(1)地面反射声的校正

球面波在两种介质分界平面上的反射示意图如图 6.14 所示,图中 $S(x_0, y_0, z_0)$ 是点源位置,$T(x, y, z)$ 是空间接收点位置。由于入射波具有球面对称性,而分界面是平面,一般很自然会将该球面波展开成不同平面波叠加的积分形式

$$\frac{e^{ikR}}{R} = \frac{ik}{2} \int_\Gamma H_0^{(1)}(kr\sin\xi) e^{ik|z-z_0|\cos\xi} \sin\xi d\xi \tag{6.39}$$

式中:$r = \sqrt{(x-x_0)^2 + (y-y_0)^2}$;$R = \sqrt{r^2 + (z-z_0)^2}$;积分路径 Γ 如图 6.15 所示。

为了确定平面分界面的反射场,把式(6.39)中被积式的每一平面波乘以相应的声反射系数 $V(\xi)$,这里 ξ 是平面波基元的入射角,然后再对 ξ 积分。当然还要考虑波从点源行进到分界面上然后再折回观察点的过程中所经历的相移,如图 6.14 所示,这个反射过程就好像波是从点源 S 的镜像对称点 S' 出发经过直线距离 $R_1 = \sqrt{r^2 + (z+z_0)^2}$ 到达观察点 T 的。这样,分界面上反射声波的表达式就为

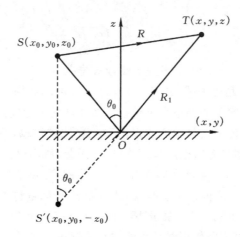

图 6.14　声空间中球面波在平面界面上的反射示意图

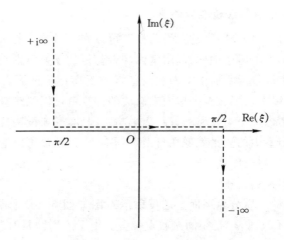

图 6.15　积分路径 Γ 示意图

$$\varphi_R = \frac{ik}{2} \int_\Gamma H_0^{(1)} (kr\sin\xi) e^{ik(z+z_0)\cos\xi} V(\xi) \cdot \sin\xi d\xi \qquad (6.40)$$

利用这一公式不仅可以计算两种均匀介质分界面上的反射波,而且代以相应的反射系数 $V(\xi)$ 后,也可以计算任意不均匀层上的反射波。

当离开点源的距离比波长大很多,即 $kr \gg 1$ 时,采用 Hankel 函数的渐近表示

$$H_0^{(1)} (u) \approx \sqrt{\frac{2}{\pi u}} e^{i(u-\frac{\pi}{4})} \qquad (6.41)$$

考虑到 $z+z_0 = R_1\cos\theta_0$ 和 $r = R_1\sin\theta_0$,式(6.40)可以写成

$$\varphi_R = e^{i\frac{\pi}{4}}\sqrt{\frac{k}{2\pi r}}\int_\Gamma e^{ikR_1\cos(\xi-\theta_0)}V(\xi)\sqrt{\sin\xi}d\xi \tag{6.42}$$

由于 kR_1 很大,可以应用平稳相位法(见附录 C)求得上述积分的近似值为

$$\varphi_R = \frac{e^{ikR_1}}{R_1}V(\theta_0) \tag{6.43}$$

式中:θ_0 是方程式 $\dfrac{d\cos(\xi-\theta_0)}{d\xi}=0$ 的根,称为平稳相位点,因为这个点 θ_0 是靠近相位 $\cos(\xi-\theta_0)$ 变化最慢的点。

为了简单起见,将直达声的声压写成

$$P_D = \frac{A_0}{R}\cos(\omega t - kR) \tag{6.44}$$

而反射声的声压表示为

$$P_R = \frac{A_0 V(\theta)}{R_1}\cos(\omega t - kR_1) \tag{6.45}$$

式中:A_0 是声压振幅值;R、R_1 如图 6.14 所示。

接收器所在点的总声压应是直达声和反射声的声压之和,但由于接收器输出的电压只反映其均方根值,则根据式(2.1),均方根声压值可表示为

$$P = \sqrt{\frac{1}{T}\int_0^T (P_D + P_R)^2 dt} = \frac{A_0}{\sqrt{2}}\left[\frac{1}{R^2} + \frac{|V(\theta)|^2}{R_1^2} + \frac{2|V(\theta)|}{RR_1}\cos k(R_1-R)\right]^{\frac{1}{2}}$$

$$\tag{6.46}$$

如果维持发射器到接收器之间的距离 R 不变,而同时改变发射器和接收器的高度,如图 6.16 所示,则有

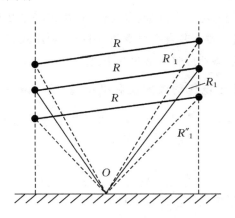

图 6.16　保持距离 R 不变而改变高度以获得声压极大值和极小值的示意图

当 $k(R_1'-R)=2n\pi$ 时,从式(6.46)可知这时 P 有极大值为

$$P_{\max} = \frac{A_0}{\sqrt{2}}\left(\frac{1}{R} + \frac{|V(\theta')|}{R'_1}\right) \tag{6.47}$$

当 $k(R'_1 - R) = (2n+1)\pi$ 时,从式(6.46)可知这时 P 有极小值为

$$P_{\min} = \frac{A_0}{\sqrt{2}}\left(\frac{1}{R} - \frac{|V(\theta')|}{R''_1}\right) \tag{6.48}$$

通常情况地面是水泥地,其相对于界面上的空气介质而言可看作刚性界面,因此有反射系数 $V(\theta') \approx V(\theta'') = 1$。即使不是刚性地面,但在较高频率时,由于波长很短,这时求极大值和极小值的相应高度差也很小,因而角度变化很小,可近似认为 $\theta' \approx \theta''$。因此在一般测量条件下,只要地面相对于空气是比较硬的,则总可以取 $V(\theta') = V(\theta'') = V$。因此,从式(6.47)和式(6.48)可得

$$\frac{A_0}{\sqrt{2}}\frac{1}{R} = \frac{1}{2}(P_{\max} + P_{\min})\left[1 - \frac{1}{1 + \frac{2R''_1 R'_1}{R(R''_1 - R'_1)V}}\right] \tag{6.49}$$

式(6.49)左边正是自由场中球面声压的表达式。在低频时 R'_1 和 R''_1 会相差较大,但在测试频率大于 500 Hz 时有 $R'_1 \approx R''_1$,此时式(6.49)就简化为

$$\frac{A_0}{\sqrt{2}}\frac{1}{R} = \frac{1}{2}(P_{\max} + P_{\min}) \tag{6.50}$$

因此在测量时,只要保持发射器到接收器之间的距离 R 不变,上下平移点源发射器和接收器的高度,从得到的相邻的极大值和极小值之和除以 2 即可消去地面反射声影响。

(2)传声器的互易校正

式(6.38)中,我们采用三次测量法给出了自由声场中待校准的辐射换能器的发送灵敏度校准公式。对于非自由声空间,则可以利用式(6.50)消去地面反射声的影响,即在保持发射器到接收器之间的距离不变时,上下平移发射器和接收器的高度测几组接收器输出电压的极大值和极小值,然后取其平均值,即 $\frac{1}{2}(U_{\max} + U_{\min})$,再用这个平均值来代替式(6.38)中可逆换能器 2 的输出电压。这样,非自由声场中辐射换能器的发送灵敏度校准公式就为

$$S_x = \sqrt{\frac{1}{C}\frac{(U'_{2\max} + U'_{2\min})}{2i'_2}\frac{i_2}{i_x}} \tag{6.51}$$

同理,非自由声场中接收换能器的接收灵敏度校准公式就可由三次测量法得到的式(6.35)改变为

$$M_{fx} = \sqrt{C\frac{(U_{x\max} + U_{x\min})}{(U_{2\max} + U_{2\min})} \cdot \frac{(U'_{x\max} + U'_{x\min})}{2i'_2}} \tag{6.52}$$

式(6.51)和式(6.52)就是非自由声场中采用三次测量法得到的换能器灵敏度互易校正公式。

6.4.2　力激励下的辐射噪声计算

1. 外力作用下薄板的声辐射

对于外力作用下薄板的声辐射问题，可以根据上述的互易定理(6.31)得到。问题具体描述如下：设在厚度为 h 的无限大均匀板上 S_1 处作用有面密度为 f 的力系，平板两侧的流体介质相同，现要求解在该力系作用下平板在空间任一点 $M(r_0)$ 处的辐射声场，如图 6.17 所示。

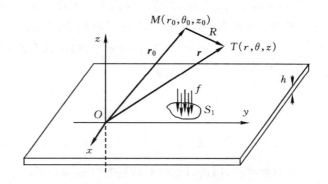

图 6.17　无限大平板在力激励下的声辐射

为了求解这个问题，根据力和源的互易定理式(6.31)，首先需要得到系统的散射声场。现假设在点 $M(r_0)$ 处放入一单位强度的点声源 $q(r)=\delta(r-r_0)$，它在空间另一点 $T(r)$ 处产生的球面波为

$$P_0(r,r_0) = -\frac{\mathrm{i}\omega\rho}{4\pi \mid r-r_0 \mid}\mathrm{e}^{\mathrm{i}k\mid r-r_0 \mid} = -\frac{\mathrm{i}\omega\rho}{4\pi R}\mathrm{e}^{\mathrm{i}kR} \tag{6.53}$$

按照式(6.39)将此球面波分解成不同平面波的叠加，而对于每个入射平面波平板的反射声场和透射声场可以根据第 3 章 3.5.3 节的内容得到，这样无限平板在此球面波入射下的散射声场就可表示为

$$P_1(r,r_0) = \frac{\omega\rho k}{8\pi}\int_\Gamma A(\xi)\mathrm{H}_0^{(1)}(k \mid r-r_0 \mid \sin\xi)\mathrm{e}^{\mathrm{i}k\mid z-z_0 \mid\cos\xi}\sin\xi\,\mathrm{d}\xi \tag{6.54}$$

上述散射声场 $P_1(r,r_0)$ 是要代入互易定理式(6.31)中被积函数的辅助解，因而，在分布力 f 作用下平板的辐射声场就可确定为

$$P_2(r_0) = \frac{\mathrm{i}}{\omega\rho}\iint\limits_{S_1}\frac{\partial P_1(r,r_0)}{\partial z}\bigg|_{z=h}f(r,\theta,h)\mathrm{d}S \tag{6.55}$$

对于集中力作用在平板的情形，假设集中力作用在平板坐标原点，即 $f(r,\theta)=\frac{F}{r}\delta(r)\delta(\theta)$，则对式(6.55)沿面积积分后得

$$P_2(\boldsymbol{r}_0) = \frac{k^2 F}{8\pi} \int_{\Gamma} A(\xi) \mathrm{H}_0^{(1)}(kr_0 \sin\xi) \mathrm{e}^{\mathrm{i}k|h-z_0|\cos\xi} \cos\xi \sin\xi \mathrm{d}\xi \tag{6.56}$$

上式表示了无限平板在力作用下的辐射声和声反射系数的关系。

2. 外力作用下球壳的声辐射

在外力作用下薄壁球壳的声辐射问题依然可以用力和源的互易定理(即式(6.31))得到。

在第 3 章 3.5.5 节中,当在球壳内部点 $\boldsymbol{r}_0(r_0,\theta_0,\varphi_0)$ 处存在一单位强度的点声源时,我们已经得到了球壳的内部散射声场 $P_\mathrm{S}(\boldsymbol{r},\boldsymbol{r}_0)$,见式(3.127)。这样,当在球壳表面 S_1 处作用有面密度为 f 的分布力时,球壳产生在内部任一点 $\boldsymbol{r}_0$ 处的辐射声场可根据式(6.31)表示为

$$P_1(\boldsymbol{r}_0) = \frac{\mathrm{i}}{\omega\rho_0} \iint\limits_{S_1} \frac{\partial P_\mathrm{S}(\boldsymbol{r},\boldsymbol{r}_0)}{\partial r} f(\boldsymbol{r}) \mathrm{d}S \tag{6.57}$$

设在球壳顶端有集中力 F 作用在球壳上,即力的面密度函数为 $f(\boldsymbol{r}) = \dfrac{F}{r^2 \sin\theta}$ $\delta(r-R)\delta(\theta)\delta(\varphi)$,因而,由式(6.57)和式(3.123)可得

$$P_1(r_0,\theta_0,\varphi_0) = \frac{-kF}{4\pi\rho c} \sum_{n=0}^{\infty} \sum_{m=-n}^{n} \frac{b_{n1}}{a_{n2}} \cdot (2n+1) \cdot \frac{(n-m)!}{(n+m)!} \cdot \mathrm{P}_n^m(\cos\theta_0) \cdot$$
$$\mathrm{e}^{-\mathrm{i}m\varphi_0} \cdot \mathrm{j}_n(kr_0) \cdot \mathrm{j}_n'(kR) \cdot \mathrm{P}_n^m(1) \tag{6.58}$$

图 6.18 表示在内半径为 0.5 m、壁厚为 0.002 m 的钢质球壳球面上,一单位集中力作用下球壳内任一过球心截面在频率为 10000 Hz 时的内部辐射声场。可以看出,在集中力作用处辐射声压幅值最大。

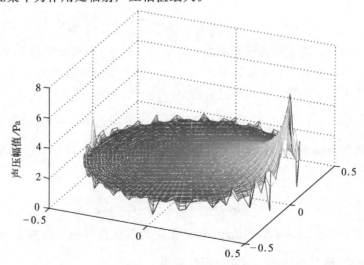

图 6.18　球壳在集中力作用下过球心截面的内部辐射声场

6.4.3　应用互易定理求解撞击噪声

在工业环境中撞击噪声源是一种常见噪声源。Koss 和 Alfredson 给出了计算两个圆球相撞击产生的辐射声压的一个公式[22]。对于非球形的任意形状物体，其辐射声场的计算只能在此基础上将其体积等效为同体积的球来近似计算[6]。但对于两个方向线度之比相差较大的物体，这种近似计算误差就比较大。本节利用声学互易定理导出圆球在冲击力作用下辐射声场的计算公式，并和文献[22]给出的公式进行了比较。事实上，这里利用互易定理计算圆球撞击噪声的方法完全可以推广到任意形状弹性物体的情况。

当两球碰撞时，可认为一球对另一球施加了一个冲击力，而在此冲击力作用下球体辐射噪声。因而，可以利用求解弹性面在外力作用下辐射声场的简便计算公式(6.31)来计算此碰撞噪声。

首先需要计算两球体的碰撞力。根据 Hertz 弹性接触理论[23]，任意形状两弹性体碰撞时的最大作用力为

$$f_m = \alpha \cdot \delta^{\frac{3}{2}} \tag{6.59}$$

式中：δ 是两弹性体接触后的最大变形量；α 是和两弹性体的弹性模量、泊松比及接触点处的曲率半径有关的常数。

根据文献[24]，两弹性体接触后的最大变形量和碰撞作用时间分别为

$$\delta = \left[\frac{1.25(v_1 - v_2)^2}{\alpha \alpha_1} \right]^{\frac{2}{5}} \tag{6.60}$$

$$t_m = 2.943 \cdot \frac{\delta}{v_1 - v_2} \tag{6.61}$$

式中：v_1 和 v_2 分别为两弹性体碰撞前的速度；$\alpha_1 = (m_1 + m_2)/m_1 m_2$，其中 m_1 和 m_2 分别为两弹性体的质量。

而碰撞的力-时间曲线可近似为半正弦脉冲，即

$$f(t) = f_m \cdot \sin \frac{\pi t}{t_m} \tag{6.62}$$

为了计算球体在碰撞力作用下的辐射声场，以该球体球心为坐标原点建立坐标系，如图 6.19 所示，图中碰撞力 $f(t)$ 作用在球体表面 $r_1(a, \theta_1, \varphi_1)$ 处，a 为圆球体半径。

首先计算单位脉冲力作用在球体表面点 r_1 时球体在空间任一点 r_0 处产生的频域辐射声压，根据式(6.31)，其可表示为

$$P_2(\boldsymbol{r}_0, \omega) = \frac{i}{\omega \rho_0} \iint\limits_S \frac{\partial P_1(\boldsymbol{r}, \boldsymbol{r}_0)}{\partial \boldsymbol{n}} \delta(\boldsymbol{r} - \boldsymbol{r}_1) dS = \frac{i}{\omega \rho_0} \frac{\partial P_1(\boldsymbol{r}, \boldsymbol{r}_0)}{\partial r} \bigg|_{r=r_1} \tag{6.63}$$

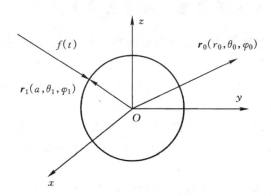

图 6.19　碰撞示意图

式中：$P_1(\boldsymbol{r}, \boldsymbol{r}_0)$ 是只在点 $\boldsymbol{r}_0$ 置一个辅助单位强度点源 $q_1(\boldsymbol{r}) = \delta(\boldsymbol{r} - \boldsymbol{r}_0)$ 时球体的散射声场。假设球体表面是绝对硬的,则可得到

$$\frac{\partial P_1(\boldsymbol{r}, \boldsymbol{r}_0)}{\partial r} = -\frac{\omega \rho_0}{4\pi} \sum_{m=0}^{\infty} (2m+1) k^2 \cdot P_m(\cos\beta) \cdot j'_m(kr) \cdot h_m^{(1)}(kr_0)$$

(6.64)

式中：$\cos\beta = \cos\theta \cdot \cos\theta_0 + \sin\theta \cdot \sin\theta_0 \cdot \cos(\varphi - \varphi_0)$。

进而根据傅里叶变换可以得到对应式(6.63)的时域辐射声压

$$P'_2(\boldsymbol{r}_0, t) = \int_{-\infty}^{\infty} P_2(\boldsymbol{r}_0, \omega) e^{-i\omega t} \, d\omega$$

(6.65)

因而,在式(6.62)的半正弦碰撞力作用下,圆球体的辐射声场计算公式为

$$P(\boldsymbol{r}_0, t) = \int_0^B P'_2(\boldsymbol{r}_0, t - \tau) \times f(\tau) \, d\tau$$

(6.66)

式中：B 为积分上限,当 $0 \leqslant t \leqslant t_m$ 时,$B = t$；当 $t > t_m$ 时,$B = t_m$。

上式即为由声学互易定理得到的计算两弹性圆球体碰撞噪声的公式。

为了检验上式的正确性,用上式和文献[22]中的计算公式分别对两圆球碰撞产生的辐射噪声进行了计算,结果对比如图 6.20 所示。图中的计算参数为：两球半径均为 $a = 50$ mm,初速度 $v_1 = 1.52$ m/s,$v_2 = 0$,声压计算点在碰撞力作用线上且距球心 $r_0 = 1.5$ m。从图中可以看出用两种不同方法的计算结果符合较好,从而说明了本节公式(6.66)的正确性。

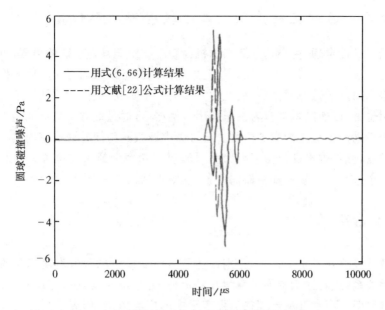

图 6.20　不同方法计算两球碰撞噪声的结果对比

6.4.4　通过互易性实验确定格林函数

自由空间格林函数的对称性,即源和接受体可以互换,这个互易性原理在工程噪声和振动分析中有着非常重要的应用,如可建立互易性的实验来从实验上确定格林函数。下面以图 6.11 中小脉动球 A 和平面换能器 B 为例进行说明。

设平面换能器被小脉动球产生的声场所声激励。如果换能器表面被静止地夹持住,这样它就不能振动和辐射声,就相当于刚性边界条件,这时小脉动球在换能器表面产生的阻塞压力将是把换能器移去后在原表面位置处压力的两倍。因此阻塞压力为

$$P_b = -\frac{\mathrm{i}\omega\rho_0 Q_1(B)}{2\pi r}\mathrm{e}^{\mathrm{i}kr} \tag{6.67}$$

式中:$Q_1(B)$ 表示小脉动球 A 在平面换能器 B 处的体积速度。

从式(6.67)可看出,用阻塞压力对小脉动源的体积速度之比可以得出自由空间的格林函数。这就表明对于某些复杂的结构和机器,其自由空间格林函数可以通过受控的实验用实验方法求出。

6.4.5　通过互易性确定最小辐射声功率位置

根据互易性定理,由结构上某点的机械激励在空间某点引起的声压,可以通过测量结构上该点由所研究的空间点位置处点声源激励该结构时所产生的振级的方法来确定。因此,通过进行一系列这种方式的简单实验,就能找到结构上机械力的最佳作用位置,以使结构声辐射减至最小。例如,可通过此方法确定混响工厂环境中对点力激励产生最小响应的位置。通过以声源激励房间并测量室内具有最小振动响应的点,就不难推断出由于点力引起辐射声功率为最小的位置。因此这个位置便是一个适合于安置振动机器的位置,以便于结构声减至最小。

6.5　本章小结

本章从经典互易定理入手,分别详述了力声变换结构和电声换能器的参量之间的互易关系,接着详细推导了声学互易定理,并给出声学互易定理的不同形式,最后举例说明了声学互易定理在工程实际中的广泛应用,如应用互易定理校准传声器,计算力激励下的辐射噪声和球体碰撞噪声等。

第 7 章　噪声源识别技术

噪声源识别(Noise Source Identification)是指在同时有许多噪声源或包含结构振动辐射的复杂声源情况下,根据各个声源或振动部件的声辐射性能以及它们对于声场的作用,对这些噪声源加以区别和分离,它是工程中一项重要的工作。

噪声源识别的主要目的有以下三个方面:

①对各个噪声源进行区别和排序,判别主要噪声源和振动源;

②理解噪声的产生根源及辐射机理,便于降噪处理或利用噪声信号进行故障诊断;

③掌握主要噪声源的物理属性,即位置、频谱成分、相对声功率贡献等。

作为现代声学的一个重要工具,噪声源识别技术日益引起人们的重视。人的听觉器官就是非常好的识别噪声源的分析器,人耳具有方向性辨别、频率分析等能力。噪声源识别有很多实现的方法,如声强和声压测试技术及声全息和相控技术等,测试工具不同,其原理与方法也不同,它被成功应用于很多场所,解决了很多问题。

从另一方面来说,噪声和振动信号的时间历程就是声压、位移、速度或加速度等信号在时域的波动形象或记录,因而亦可以利用信号分析方法来分离、识别物理声源。本章将从基本的信号分析方法入手,主要阐述噪声源识别中常用的和新近发展的几种技术。

7.1　基本的信号分析方法

大多数工业噪声和振动信号可分为平稳确定性的(即正弦的、周期的或准周期的)、平稳随机的或瞬态的三种类型。针对这三种类型的信号,常用的信号分析技术包括:①信号幅值分析;②单个信号的时域分析;③单个信号的频域分析;④双信号的时域或频域分析。图 7.1 概括出了常用的信号分析方法。

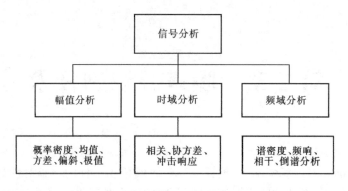

图 7.1　常用的信号分析方法

下面将应用相关的信号分析方法来进行物理声源分离识别。

7.2　物理声源分离识别技术

本节将首先介绍物理声源的若干分离识别技术,包括:①传统的分别运行法;②频谱分析法;③传递路径分析方法。

7.2.1　传统的分别运行法

在识别与排队复杂机器的各种噪声源时,除了人为主观评价不同的声音类型,还有传统的分别运行法,即先用铅、玻璃纤维、矿棉等把整个机器包扎/封包起来,然后对机器部件进行选择拆封并分别运行,即每次只露出其一部分,然后通过测量相应的声压级算出从这个敞开的"窗"辐射出来的声功率,从而识别和排队机器的各种噪声源。这种方法在应用上有许多限制,而且非常耗时和昂贵。由于吸声材料在低频段的透声性,这种方法还容易产生低频误差。

7.2.2　频谱分析法

机器的噪声和振动信号的时间历程是对声压、位移、速度或加速度等物理量在时域上波形变化的记录。频谱分析法就是将测得的时域信号通过(快速)傅里叶变换转换到频域进行分析,从而识别出不同的频率成分以及它们各自的幅值。这是因为,机器上各个部件各自对机器总的振动和总的噪声辐射的贡献在时域上一般很难识别,但在频域上信号的主要峰值频率能够容易地与诸如轴的转动频率、齿轮啮合频率等参数相联系,因而可以非常容易地识别哪个频率的噪声和振动是由哪个部件产生的。例如,在图 7.2 中[25],尽管由齿轮系辐射的时域噪声信号是杂乱无章的,但从经傅里叶变换后的频谱图中可以清楚识别出辐射噪声中与齿轮系各个齿轮相关的频率成分。

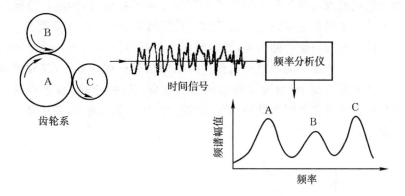

图 7.2　与啮合齿轮系相关的频率分量的识别

在频谱分析中,三个最常用的频域关系式为频率响应函数(简称频响函数)、互谱密度函数和相干函数。

1. 频响函数

对于线性系统的任一输入信号 $x(t)$,系统的输出信号为 $y(t)$,则该线性系统的频响函数 $H(\omega)$ 就定义为输出信号的傅里叶变换 $Y(\omega)$ 与输入信号的傅里叶变换 $X(\omega)$ 之比,即 $H(\omega)=Y(\omega)/X(\omega)$。频响函数 $H(\omega)$ 的定义亦适用于具有连续频率的系统,其本身具有一定的物理意义,可以包括:①位移比力——敏纳;②力比位移——动刚度;③速度比力——导纳;④力比速度——阻抗;⑤加速度比力和力比加速度等。频响函数反映了系统对信号的传递特性(幅频特性和相频特性),取决于系统的本身固有特性,而与系统的输入无关。频响函数可应用于包括结构模态分析、结构阻尼估算、结构振动响应及波传播分析等方面。这里需指出,工程界常用另一术语传递函数和频响函数略有不同,系统的传递函数是由拉普拉斯变换而不是傅里叶变换来定义的。

根据振动力学中的杜哈梅积分,一个线性系统对于任意输入的输出响应为单位脉冲响应函数 $h(t)$ 与输入信号 $x(t)$ 的卷积,即

$$y(t) = \int_0^t x(\tau)h(t-\tau)\mathrm{d}\tau \qquad (7.1)$$

单位脉冲概念在噪声和振动研究中是很重要的概念,并得到有效和广泛的实际应用。对于时域上具有单位面积的矩形脉冲,令脉冲的持续时间趋于零而保持其单位面积不变,在极限情况下则可得到具有无限大高度和零宽度的理想单位脉

冲。在单位脉冲激励下系统的响应就为单位脉冲响应函数。

对式(7.1)的两边进行傅里叶变换,立即得到结论:线性系统的频响函数$H(\omega)$就是其单位脉冲响应函数$h(t)$的傅里叶变换,也即$h(t)$是系统频响函数的时域表达式。由于频响函数反映的是系统本身在频域上的固有属性,因此单位脉冲响应函数的一个特别重要的应用便是通过其傅里叶变换来识别结构振动模态。

理想单位脉冲的持续时间为零,在频域上则是频率范围从$-\infty$到$+\infty$的幅值为常数的直线。当持续时间非常短的脉冲(瞬态)信号作用于系统,其频谱范围则是有限的。脉冲宽度越小,激励力的频谱范围越宽,脉冲响应的频率范围也就越宽。典型的瞬态信号包括矩形脉冲和半余弦脉冲,如图 7.3 所示,图中还表示了它们对应的频谱。

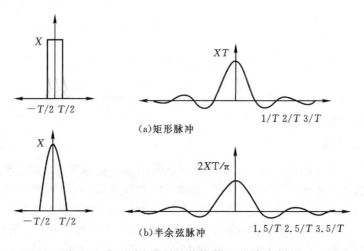

图 7.3　典型瞬态信号及其频谱(T 为脉冲宽度)

脉冲响应函数在工程实际中的具体应用就是锤击法识别结构模态,即给被测系统作用以瞬态激励,从而现场快速测量复杂结构或机器的结构振动模态的一种有效方法,其应用十分广泛。如图 7.4 所示,用带有标定的力传感器的冲击锤给被测系统一个冲击性的输入,并监测瞬态响应输出,接着对该瞬态响应函数进行傅里叶变换得到系统的频响函数。

在进行力锤激励时,需要根据实际响应的频率范围要求来调整激励力脉冲宽度,因而需要考虑多方面的因素,如施力的大小,锤头硬度的选择,对输出响应加指数窗等。

在激出频带内各阶模态的前提下,施力的大小应根据具体试件而定:对小试件,用力不能过大,否则会产生非线性;而对大试件不能用力太小,否则不足以激起

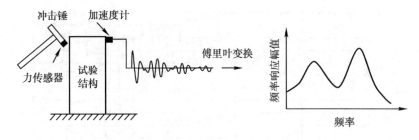

图 7.4　锤击法识别结构模态的示意图

各阶模态。

锤头的选择对于测量结果有重要影响。锤头的材料硬度决定了力脉冲宽度及其频谱宽度。锤头越坚硬,脉冲宽度越窄,频谱就越宽,如图 7.5 所示。因而实验中应选择合适的锤头以激出感兴趣频率范围内的所有模态。

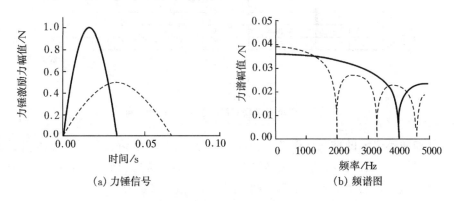

图 7.5　力锤信号及其频谱图

在实际操作中,若锤头太软或施力过小,则不能恰当激出所有模态,如图 7.6(a)所示,这时输入功率谱没有对所有频率范围进行很好激励,致使频率范围后半部分的相干函数和傅里叶响应函数(FRF)变坏;当输入激振力在频率范围内相对平坦,如图 7.6(b)所示,从输入和响应之间的相干函数可看出这样得到的 FRF 会更好一些。因此通常仔细选择合适锤头并努力使激振力在感兴趣的频率范围内保持相对平坦以激出所有模态。

另一个要考虑的重要方面:对输出响应加指数窗。通常,对于小阻尼结构,在采样时间范围内,力锤激出的结构响应不会很快衰减到零。这种情况下,泄漏问题就很突出。为减小泄漏,需要对测得的数据进行加窗,加窗可以满足傅里叶变换周期采样的要求。对于力锤激励这种情况,最常使用的窗函数是指数衰减窗。

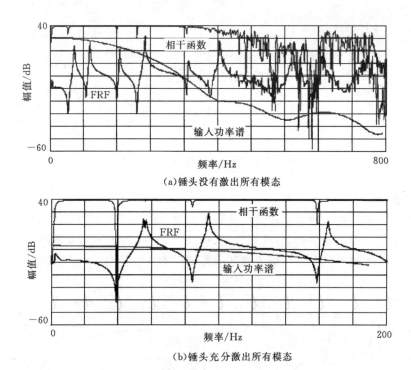

(a)锤头没有激出所有模态

(b)锤头充分激出所有模态

图 7.6　锤头太软对结构激发模态的影响

加窗减小泄漏的情况如图 7.7 所示。但另一方面,加窗会引起数据本身的畸变,应尽量避免加窗。为此,力锤激励时,有两点必须考虑:测量时减小带宽,增加谱线数。这些都会增加数据采集时间,这样就会减小加指数窗的需求。

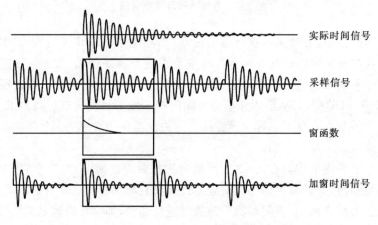

实际时间信号

采样信号

窗函数

加窗时间信号

图 7.7　加指数窗以减小泄漏

　　总的来说,锤击法的主要优点是所需要的设备简单、操作方便,特别是不需要激振器和功率放大器,只需一只带有力传感器的敲击锤,可在现场快速完成测试。试验时除加速度传感器对试件有附加质量外,力锤对试件没有任何附加质量、附加刚度和附加阻尼。但锤击法的主要缺点是不适于识别高频结构模态,因为锤击作用总有一定的持续时间,力激励信号的频率响应约限于 6000 Hz 以下。

　　最后,还需指出,虽然频响函数对快速识别结构的固有频率是非常有用的,但输入和输出信号之间好的相干性对于固有频率的识别同样是必不可少的。

2. 互谱密度函数

　　在噪声和振动分析中,某些系统的输入信号在性质上是随机的,不能用明显的数学关系来描述,而需要用概率分布和统计平均来描述。对于这类有明显非确定性的随机信号,其振幅、相位及频率的变化具有随机性质,因而用传统的傅里叶分析得到其幅度谱和相位谱的办法的效果并不好。这时需要从统计的角度出发引入适合于具有随机性质时间序列的功率谱分析方法,这是把傅里叶分析法和统计分析法结合起来考虑的。功率谱分析是为了研究信号能量(功率)的频率分布,并突出信号频谱图中的主频率。

　　对于连续随机信号 $x(t)$,引进任意时间延迟 τ,$x(t)$ 的自相关函数定义为

$$R_{xx}(\tau) = \lim_{T \to \infty} \frac{1}{T} \int_0^T x(t)x(t+\tau)\mathrm{d}t \tag{7.2}$$

根据此定义,自相关函数总是 τ 的偶函数,而其最大值总是发生在 $\tau = 0$。当时间延迟 τ 值增大时,$R_{xx}(\tau)$ 总是衰减为零,因此可用自相关函数来识别是否有被随机本底噪声所掩盖的确定性信号。图 7.8 所示为应用自相关函数成功检测出淹没在随机噪声中的正弦谐波信号的例子[26]。

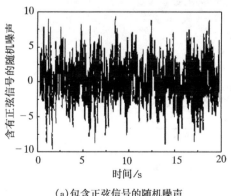

(a) 包含正弦信号的随机噪声

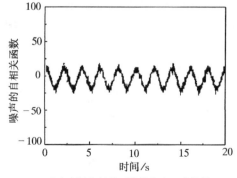

(b) 应用自相关函数分离出正弦信号

图 7.8　自相关函数识别被随机噪声掩盖的确定性信号

两个不同的平稳随机信号(例如输入 $x(t)$ 和输出 $y(t)$)之间的互相关函数定义为

$$R_{xy}(\tau) = E[x(t)y(t+\tau)] = \lim_{T \to \infty} \frac{1}{T} \int_0^T x(t)y(t+\tau)\,\mathrm{d}t \tag{7.3}$$

互相关函数表示两信号之间的相似性为时间移位 τ 的函数,给出输入(源)对于输出之总贡献的信息。它在噪声和振动中有着广泛的应用,包括检测两信号之间的时间延迟、室内声学的传播路径延迟、噪声源识别、雷达和声呐应用等。互相关函数还可用于估算源与接受体之间的距离,用于确立噪声和振动信号的不同传播路径,这在下节的传递路径分析方法中将有详述。

对于随机信号,相关函数提供了其在时域的统计特性的信息,而功率谱密度函数提供了其在频域的统计特性的信息。连续随机信号的自谱密度函数和互谱密度函数分别定义为

$$S_{xx}(\omega) = \int_{-\infty}^{\infty} R_{xx}(\tau)\mathrm{e}^{-\mathrm{i}\omega\tau}\,\mathrm{d}\tau \tag{7.4}$$

$$S_{xy}(\omega) = \int_{-\infty}^{\infty} R_{xy}(\tau)\mathrm{e}^{-\mathrm{i}\omega\tau}\,\mathrm{d}\tau \tag{7.5}$$

互功率谱密度是互相关函数的傅里叶变换,是两信号之间互功率的度量,包含着幅值和相位两个信息,表示了两个时域信号序列在频域中所得两种谱的共同成分及其相位差关系。

式(7.4)和式(7.5)中的谱密度函数定义在所有正负频率上,因而称为双边谱。虽然双边谱密度便于解析研究,但实际问题的频率范围都是从 0 至 $+\infty$,因此就采用物理上可测量的单边谱密度函数,且定义为 $G(\omega)=2S(\omega)(0<\omega<\infty)$,如图 7.9 所示。对应式(7.4)和式(7.5),则分别有 $G_{xx}(\omega)=2S_{xx}(\omega)$,$G_{xy}(\omega)=2S_{xy}(\omega)$。以后对应用问题将使用记为 $G(\omega)$ 的单边谱密度函数。

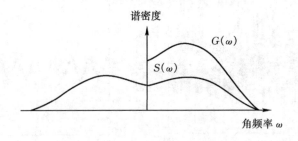

图 7.9　单边和双边谱密度函数的关系

这里需要特别指出,自相关函数和互相关函数之间及自谱密度和互谱密度之间的关键区别是,互相关函数和互谱密度包含相移或时移信息,所以它们是检测并

确定时间延迟的极有用工具。图 7.10 是应用互相关函数确定信号时间延迟的实例,图中(a)为原始信号,(b)为与原始信号之间有延迟 t_d 的信号,(c)表示这两个信号之间的互相关函数,其中在 $t = t_d$ 处有明显的确定峰值。

互谱密度常用于分析两信号之间的相位差,并利用相位移位来识别在频域中互相非常靠近的结构模态。图 7.11 表示了图 7.10 中所示的原始信号与其延迟信号之间的互功率谱(幅值及相位),从图中可以看出,时间延迟反映在互功率谱的相位上。由于时间延迟导致的相移为 $-2\pi t_d f(\text{rad})$,因此对于简单的时间延迟,互功率谱上的相位曲线是一系列斜率为 $-2\pi t_d(\text{rad/Hz})$ 的直线。

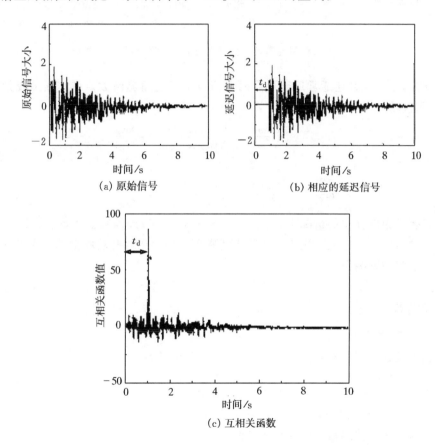

(a) 原始信号　　　　　　　　　(b) 相应的延迟信号

(c) 互相关函数

图 7.10　原始信号与其简单延迟信号之间的互相关函数

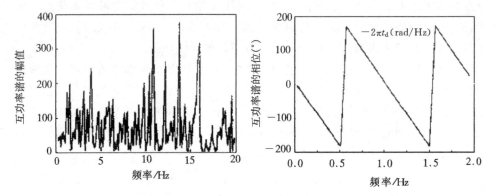

图 7.11　原始信号与其延迟信号之间的互功率谱(幅值及相位)

此外,互功率谱还通常用于计算两个信号之间的频响函数。在实践中我们发现,采用自功率谱和互功率谱来计算频响函数 $H(\omega)$ 更具优越性,即

$$H(\omega) = \frac{Y(\omega)}{X(\omega)} = \frac{Y(\omega)X^*(\omega)}{X(\omega)X^*(\omega)} = \frac{G_{YX}}{G_{XX}} \tag{7.6}$$

或

$$H(\omega) = \frac{Y(\omega)}{X(\omega)} = \frac{Y(\omega)Y^*(\omega)}{X(\omega)Y^*(\omega)} = \frac{G_{YY}}{G_{XY}} \tag{7.7}$$

在本底随机噪声存在的情况下,利用式(7.6)和式(7.7)计算频响函数可以减小与输入或输出信号不相关的噪声。实际上还常用自功率谱和互功率谱的多次平均来估算出系统的频响函数。

用一台机器整体噪声信号与各部件的振动信号进行互谱密度分析可用于寻找机器噪声源。

3. 相干函数

相干函数是测量频域里信号间的相关程度,定义为

$$\gamma_{xy}^2(\omega) = \frac{|G_{xy}(\omega)|^2}{G_{xx}(\omega)G_{yy}(\omega)} \tag{7.8}$$

式中:$G_{xx}(\omega)$ 为输入信号的自功率谱密度;$G_{yy}(\omega)$ 为输出信号的自功率谱密度;$G_{xy}(\omega)$ 为输入和输出信号的互功率谱密度。

相干函数是输出谱密度中由输入按线性在输出中所引起的分数部分的估算,还可以给出个别频率分量之间的相关信息。当相干函数 $\gamma_{xy}(\omega)=1$ 时,表示输出信号与输入信号完全相干;当 $\gamma_{xy}(\omega)=0$,表示输出信号与输入信号完全不相干;当 $0<\gamma_{xy}(\omega)<1$,则表明:①在测量中出现外部噪声;②在谱估算中存在偏置误差;③联系 $x(t)$ 与 $y(t)$ 的系统为非线性的;④输出 $y(t)$ 是由于 $x(t)$ 以外的附加输

入引起的。

相干函数的主要用途是测量两个信号之间频域的相关系数,反映了测量质量的好坏(噪声大小、泄露程度等)或所给模型的正确性(即信号之间的线性依赖性)。下面以某厂压缩机的声振特性为例来说明相干函数的应用。

为了解压缩机工作时是否存在机械性噪声源,对压缩机进行了近场声振特性及二者的相干分析。若声振相干性很好(即相干系数接近于 1),说明压缩机噪声与压缩机结构振动的声辐射关系密切;反之,若相干性很差,就说明它们之间的关联不密切。因此,近场声振相干分析法是判别压缩机噪声源的一种主要手段。图7.12 表示压缩机声振相干特性测试系统框图,图 7.13 表示压缩机声振相干系数。从图中可以看出,声振相干系数在较宽频率范围内一般都在 0.6 以上,即高频噪声与高频振动不是相互独立的,噪声有可能是由于压缩机储液罐的振动产生的。

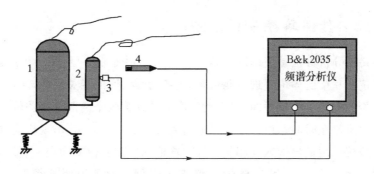

图 7.12　压缩机声振相干特性测试系统框图

1—压缩机;2—储液罐;3—B&K4368 加速度计;4—B&K2669 传声器

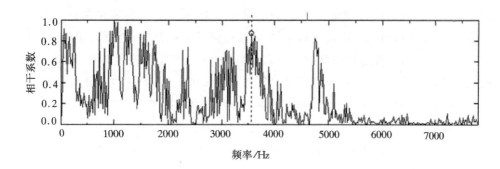

图 7.13　压缩机声振相干系数

4. 倒谱分析

倒谱分析是近年来发展的一种新的强有力的谱分析技术。功率倒频谱是信号功率谱取对数再进行反傅里叶变换,即

$$C_{Pxx}(\tau) = F^{-1}\{\lg G_{xx}(\omega)\} \tag{7.9}$$

式中:独立变量 τ 的量纲为时间,类似自相关函数中的时间延迟变量,称为"倒频率"。相对自相关函数而言,功率谱中的乘法效果在对数的功率谱中变成相加的,因此其可用来分离(解卷积)源效应和传播路径或传递函数效应。

功率倒频谱分析一般用作谱分析的补充工具,可以用来识别那些在谱分析中不易识别的项目。其主要限制是有压缩关于信号总谱成分信息的趋势,而谱成分可能包含着其内在的有用信息。因此一般将倒频谱分析和谱分析联合使用。

7.2.3　传递路径分析方法

传递路径分析方法是使用因果相关方法来识别传播路径,即把传声器分别置于各声源位置和接受体位置进行测量,求出各信号之间的相关系数,通过仔细检查与各个互相关的峰有关的时间滞后,便能容易地计算各个离散的相关效应。

互相关函数在时间移位等于信号通道系统所需时间时,将出现峰值,即系统的时间滞后直接可用输出输入互相关函数中峰值的时间移位来确定。利用互相关函数中的时延和能量信息可对传输通道进行识别。为了说明这个原理,考虑图 7.14(a)中实验布局所示的不同路径的声传播问题[26]。图中一个扬声器发出频率范围为 0~8000 Hz 的噪声。从扬声器处的输入声信号 $x(t)$ 到输出话筒采集到的输出信号 $y(t)$ 之间的传播路径共有四种(见图 7.14(b)):①只沿直接路径传播,即直达信号;②传播路径只经过顶面反射;③传播路径只经过侧面反射;④传播路径既经过顶面反射又经过侧面反射。图 7.14(c)~(f)是对上述四种不同传播路径时的互相关函数的计算值,计算用的时间分辨率为 0.012 ms,而平均数取为 256。图中(c)为只沿直接路径传播时的互相关函数,图中的相关峰值产生于 $\tau_1 = 2.0$ ms 处,这正好对应于声传播 $d_1 = 0.68$ m(传播速度约为 340 m/s)。图 7.14(d)给出的是只经过顶面反射的互相关函数,这时出现两个峰值,其中一个仍然出现在 $\tau_1 = 2.0$ ms 处,这是由直接路径产生的;另一个峰值出现在 $\tau_2 = 3.9$ ms 处,它准确地对应于有顶面反射时的传播距离 $d_2 = 1.32$ m。为同时考虑沿直接路径和具有顶面反射时的互相关函数。图 7.14(e)表示只经过侧面反射传播的互相关函数,这时除了直接路径对应的相关峰值外,在 $\tau_3 = 5.0$ ms 处增加了形状相似的第二个

峰,它对应于有侧面反射时的总路径长度 $d_3 = 1.70$ m。图 7.14(f)表示既经过顶面反射又经过侧面反射的传播路径的互相关函数,它对应于三个路径,按各自不同的时滞有三个明确分开的相关峰值。

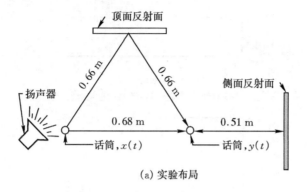

(a) 实验布局

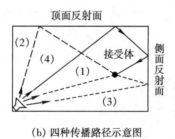

(b) 四种传播路径示意图

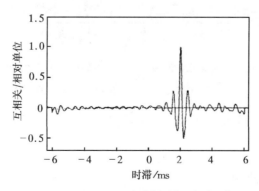

(c) 只沿直接路径传播时的互相关函数

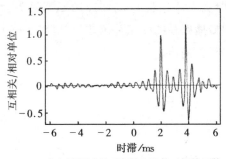

(d) 只经过顶面反射传播的互相关函数

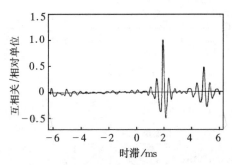

(e) 只经过侧面反射传播的互相关函数

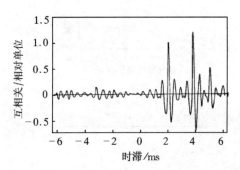

(f) 既经过顶面反射又经过侧面反射的传播路径的互相关函数

图 7.14　应用互相关函数进行传递路径分析的实例

　　这种利用互相关函数的方法还可以引伸到多个独立源且每个源具有其自身传播路径的系统。

7.3　声强测试技术

　　以前通过声压级测量来评价机器噪声。传统的声压法测量,需要消声室、混响室等特殊的声学环境,然而建造一个不大的消声室,就需要耗资近百万元。同时,即便有了这些设施,很多机器因结构、重量、尺寸及运转、安装条件的限制,也难以运进消声室内去测量。此外,对于声源定位、声源排队等工作,使用声压法将遇到很大的困难。由于受到测量距离、测量方位等因素影响,单点的声压测量数据难以评价机器设备的噪声情况,即数据可比性差。为此,国际标准化组织制定了"ISO3740—3746 机器噪声声功率级测量方法标准",并于 1980 年公布实施,该标准建议用声功率级代替声压级。而采用声强法测量声功率具有明显的优越性,不论近场、远场或现场都可随意进行。

对于声源定位、声源贡献量排序和确定辐射声功率来说,用以测量声功率的声强测试技术是一个高效和强有力的工具,并已成为国际标准(ISO/DIS 9614—1,1992 年 5 月公布)。声强测量适于在很高的环境噪声下测量机器产生的声功率。相比之下,声强测量技术具有诸多优点:它受现场影响比较小,能够有效地进行现场声功率测量,可以在普通环境下或生产现场准确地测定机器设备的声功率;声强测量及其频谱分析对噪声源的研究有着独特的优越性,可以方便地进行声源排队、声源定位;可以方便地进行声辐射效率、传递损失等方面的测试研究工作等等。

声强是在声场中给定方向上的声能通量,因此既有量值又有方向,是矢量。严格说来,声场是向量场,但正如第 2 章 2.2 节所述,对于无粘的流体介质,声场可以用一个标量势函数来完全表示,而由此势函数所表示的声压(式(2.22))也就是标量,即空间任何给定位置上的瞬时声压在所有方向是相同的;而由此势函数得到的微粒速度是矢量,即并不是在所有方向都一样。这样,根据声强的定义,在流体介质中,空间给定方向上某点的声强矢量 I 是该点的瞬时声压 $P(x,t)$ 与在该方向上对应的瞬时微粒速度 $v(x,t)$ 之乘积的时间平均,即

$$I = \frac{1}{T}\int_0^T P(x,t) \cdot v(x,t)\,\mathrm{d}t \qquad (7.10)$$

当声压波动和微粒速度均为时谐变量时,上式可简化为

$$I = \frac{1}{2}\mathrm{Re}[P(x)v(x)^*] \qquad (7.11)$$

一般来说,声压和微粒速度的乘积既有实部又有虚部。由于其虚部并不产生任何由声源发出的净能量流,即声强虚部在循环的正半周和负半周包含着相等而相反的能量流,其平均值为零,因而声强和声功率只与其实部有关。因此,在噪声和振动控制中,通常对声强的实部分量感兴趣,也就是声强方法只需测量声压和微粒速度的同相分量,而忽略其异相分量。

声强测量要求测量瞬时声压和瞬时微粒速度。测量声压可以采用直接方法,而测量微粒速度可能会要求热线风速仪和激光器,当前采用 Euler 方程间接求出微粒速度的方法得到了广泛应用。

Euler 方程如第 3 章式(3.27)所示为

$$\frac{\partial \boldsymbol{v}}{\partial t} + \frac{1}{\rho_0} \boldsymbol{\nabla} P = 0$$

上式表示给定方向上的微粒加速度与声压梯度成比例。在一维流动情况下,微粒速度可通过积分表示为

$$\boldsymbol{v}_x = -\frac{1}{\rho_0} \int_0^t \frac{\partial P}{\partial x} \mathrm{d}\tau \tag{7.12}$$

在实际测量中,当方向的空间间隔很近,沿 x 方向的声压梯度可由差分梯度来逼近,也就是通过使用两个距离很近的传声器同时测试瞬时波动声压来求得瞬时微粒速度 v_x,即

$$\boldsymbol{v}_x \approx -\frac{1}{\rho_0 \Delta x} \int_0^t \left[P_2(x + \Delta x, \tau) - P_1(x, \tau) \right] \mathrm{d}\tau \tag{7.13}$$

式中:P_1 和 P_2 分别是空间 x 和 $x + \Delta x$ 位置处的瞬时波动声压。上面近似公式仅仅在两个测量传声器之间的间隔 Δx 比所研究频率的波长小得多($\Delta x \ll \lambda$)时才有效。这时,在空间点 x 的 Δx 范围内瞬时波动声压可近似地写为

$$P \approx \frac{P_1 + P_2}{2} \tag{7.14}$$

因此,x 方向的声强矢量就为

$$I_x = -\frac{1}{\Delta x \rho_0 T} \int_0^T \left\{ \frac{P_1 + P_2}{2} \int_0^t (P_2 - P_1) \mathrm{d}\tau \right\} \mathrm{d}t \tag{7.15}$$

实际的声强测量系统包含两个间隔很近的声压传声器,如图 7.15 所示。为了计算沿着传声器中心线连线上的压力梯度分量,两传声器之间的任何相位差都将引起误差,因此这两个传声器在相位匹配上的要求就非常高。

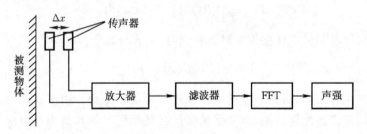

图 7.15　声强测量示意图

一种典型的声强传声器(面对面)配置如图 7.16 所示。声强传声器具有方向性,从 1♯传声器指向 2♯传声器的方向。两个传声器之间由隔离柱隔开,而且这两个传声器需要精心挑选,以保证相位匹配。在这种面对面构型下,两传声器的中心连线应垂直于任选的包围声源的测量表面 S,这样声源的声功率 Π 可在此包络

表面上对其法向声强分量 I_x 进行积分得到,即 $\Pi = \int_S I_x \mathrm{d}S$。实际测试时,测量表面可选用半球包络面或矩形包络面,而在包络面上选取一定的测点个数,这点可参考室外或大房间内的自由场测试标准(ISO3744,GB3767—83)。这种面对面的构型是一般制造厂所推荐使用的。

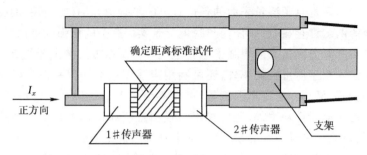

图 7.16　典型的声强传声器配置(面对面)

　　传声器的构型除了面对面外,还有并列式,其中鼻锥并列式用于高风速下测量,如图 7.17 所示。

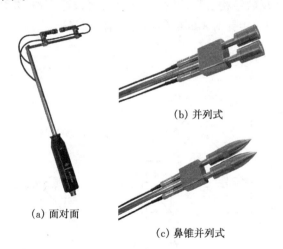

图 7.17　声强传声器的不同构型

　　为尽量减小对声场的影响,需要精确定义声强探头的两个传声器之间声学距离。表 7.1 给出两传声器间距与频率范围的关系,其中小间隔适合高频测试,而大间隔适合低频测试。为确保最高的测量精度,对于特定的测试条件,如强混响条件下,还要定义最合适的传声器之间的距离。由表 7.1 可知,声强测量方法也有其限制,有高频和低频的测试极限以及近场的偏置误差,但是这些限制与常规方法本身的有关限制没有什么不同。

表 7.1　声强传声器间距与频率范围的关系

间距/mm	6	12	25	50
频率下限/ Hz	250	125	63	31.5
频率上限/ Hz	10000	5000	2500	1250

　　因为声强是在垂直于测量表面的各位置上的平均值,具有方向性,而背景噪声在测量表面的两侧都存在,所以任何与附近背景噪声有关的声强就被消去了,这样就只检测到由声源方向传来的声强大小。这是声强测量方法的主要优点。

　　声强方法除用于测量声功率外,还可利用声强图查明和识别发自机器某声源的声强流,它是矢量流。三维声强测量,可以逐个测点测量每个面的声强分布图。声强方法除用于测量声功率外,还可利用声强图查明和识别发自机器某声源的声强流,它是矢量流。三维声强测量,可以逐个测点测量每个面的声强分布图。有许多表示声强图数据的方法,包括矢量场图、等声强线图和三维瀑布图。矢量场图对于声强的"热点"和声强矢量的流出区(声源)及流入区(声汇)的快速识别特别有用,图 7.18 表示一个典型的声强矢量场图。等声强线图采用等高线方式绘制三维声强测量结果,从而反映结构各部位的噪声强弱,定位噪声源,并快速识别声功率流方向。相邻测点的间距针对不同的物体可以有所调整。

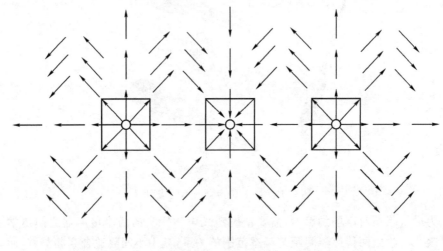

图 7.18　声强矢量场包含两个声源及一个声汇的示意图

　　图 7.19 表示某旅行车车外的声强等高线图,从等高线图可看出旅行车在行驶中的最大噪声源是出现在前轮和地面接触处以及前轮和后轮之间的距地面较近的空间[27]。

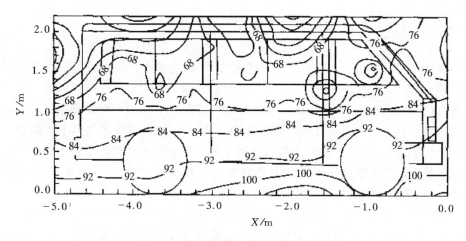

图 7.19　某旅行车车外的声强等高线图

除了上述的声强方法,表面声强方法和振强方法亦是确定复杂机器的声源贡献量排序的有效方法,如图 7.20 所示。表面声强方法需要使用一个传声器和一个加速度计,测量时把加速度计安装在振动结构的表面上,并把压力传声器固接在紧邻加速度计的位置上。这里假设声速大小从振动表面到传声器变化不大,即通过传声器测量声学质点速度从而得到振动表面的速度。表面声强方法的主要优点是不需要知道有关振动表面辐射比的信息,而且这种方法也适用于混响场非常接近机器表面的强混响空间。其主要缺点是必须准确计算传声器与加速度计之间的相位差。振强测量方法用于识别由固体中的弯曲波引起的自由场能量流,测量时需要使用两个加速度计。在实际应用中,振强方法须特别注意尽可能减少相位误差。有关振强方法的深入探讨可看文献[25]。

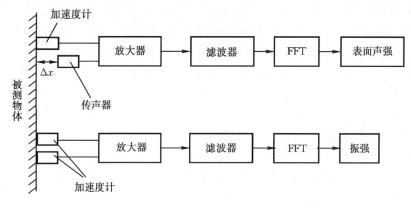

图 7.20　表面声强和振强测量示意图

7.4　基于声学成像的噪声源识别技术

相控阵广泛应用于无线通讯的智能天线领域,它是由许多辐射单元排成阵列形式构成的走向天线,而各单元之间的辐射能量和相位关系是可以控制的。2001年秋,波音公司的研究人员把相控阵原理推广到音频,用数百个传声器在机场的跑道上布设了直径达 150 英尺的螺旋形的传声器阵列,成功记录了飞越上空的波音777 发出的噪声。传声器阵列在波音飞机上的成功应用很快被传播到欧洲的空客和世界其他的飞机制造公司,而且不仅被用来研究飞机、汽车上的噪声源,还被用在潜水艇、建筑和家电等行业的噪声研究中。

传声器阵列是指由一定的几何结构排列而成的若干个传声器组成的阵列,具有很强的空间选择性,而且不需移动传声器就可获取移动的声源信号。同时还可以在一定的范围内实现声源的自适应检测、定位及跟踪,这使得它在诸多领域中有着广泛的应用。一般说来,传声器阵列是由许多高效率、高灵敏度和一致性较好的传感器构成。当阵列在辐射时,它能把声能尽可能地集中到某一指定方向上,而在其他方向上尽量减少声辐射;当阵列在接收时,它能增强待测信号能量和检测更远程的目标声源。这种阵列技术具有良好的指向性,具有抑制非主波束方向干扰和抑制各向同性噪声的能力。

基于传声器阵列的这种聚焦功能,传声器阵列声源定位用传声器阵列拾取声音信号,通过对多路声音信号进行分析与处理,在空间域中定出一个或多个声源的平面或空间坐标,即得到声源的位置。

传声器阵列再加上图像显示就形成了目前基于声学成像的噪声源识别技术,其技术核心即为:基于传声器阵列测量技术,通过测量一定空间内的声波到达各传声器的信号相位差异,从而确定声源的位置和测量声源的幅值,并以图像的方式显示声源在空间的分布,即取得空间声场分布云图-声像图,其中以图像的颜色和亮度代表声音的强弱。这种声成像测量技术将声像图与阵列上配装的摄像头所实拍的视频图像以透明的方式叠合在一起,就可直观分析和确定被测物的声源位置和声音辐射的状态。这种利用声学、电子学和信息处理等技术,将声音变换成人眼可见的图像的技术可以帮助人们直观地认识声场、声波、声源,便捷地了解机器设备产生噪声的部位和原因,物体(机器设备)的声像反映了其所处的状态。

这种声成像测量技术也形象地称为声学照相机。不过,普通照相机的镜头聚焦的是光波,而声学照相机的传声器阵列聚焦的是声波。如图 7.21 所示,传声器相控阵可以看作照相机镜头,把在相机镜头一定角度覆盖下的带有噪声源的汽车看作被摄物体,这样在相机镜头中就可以得到该汽车的指向性成像分布云图,从

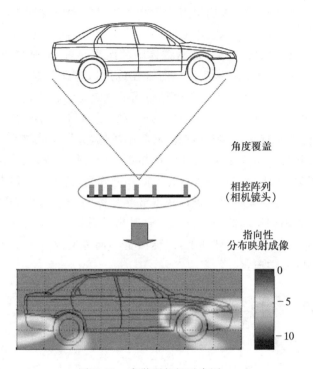

图 7.21　声学照相机示意图

而可以可视化地精确定位汽车的噪声源位置及噪声源的幅值大小。声学照相机其实就是一个小巧的、模式化的、非常灵活的噪声源定位和分析系统。

　　图 7.22 表示了声学照相机的主要功能组成部分，即由多通道传声器组、数据记录仪、标定测试仪和装在计算机上的一套分析软件组成。

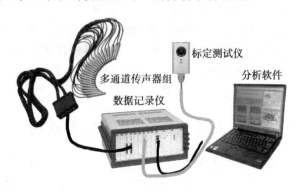

图 7.22　声学照相机的主要组成部分

在声学照相机问世前,人们用声全息技术测试噪声强度在空间的分布。虽然也使用传声器阵列,但声全息技术通常要求传声器阵列的面积至少和被测物体的表面一样大,而且要求传声器和被测物体间的距离足够小(通常在 10 cm 以内)。然而,在波音公司的应用中,被测飞机通常在传声器阵列上方 150 m 左右,所以声全息技术无法满足波音的需求。声全息技术的优点是它在低频段的分辨率是固定的,不随频率而变。而声学照相机图像的分辨率是与传声器的数量和阵列的形状密切相关的:传声器越多,分辨率越高;而频率越低,分辨率就越差。

从传声器阵列的布放形式上,声学照相机可分为平面阵列、星型阵列和球面阵列技术。如图 7.23 所示,图(a)所示为平面环型阵列,其中许多传声器分布在一平面环形圈上,而中心处置一照相机以获得被测物体的光学覆盖;图(b)所示的星型阵列是用于远距离测试和低频分析的多通道测量系统;图(c)所示为球面阵列,其中许多传声器均匀分布在一球面上,而球面上不同方向放置多个照相机以获得球面周围最完整的光学覆盖。

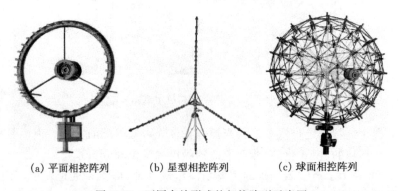

(a) 平面相控阵列   (b) 星型相控阵列   (c) 球面相控阵列

图 7.23   不同布放形式的相控阵列示意图

声学照相机的聚焦性能和传声器阵列形状的关系比较复杂。为了得到在不同型式的传感器布放条件下阵列的方向特性图,通常假定阵列的方向性是定义在远场区域内的,即认为声信号是直线平行入射的远场平面波。下面先以最简单的典型的直线均匀点源阵列为基础进行介绍和分析。

7.4.1   直线均匀点源阵列的波束形成原理

先考虑最简单、最基本的点源均匀直线阵列。若有 N 个强度为 P_0 的相同点源等间距地分布在 Oy 轴上,相邻两点源的距离为 d,如图 7.24 所示。由于声场对称于 Oy 轴,即在垂直于 Oy 轴的平面上声场不随方向改变,因而这里只需讨论 Oyz 平面内的声场。设这 N 个无方向性点源阵元的直径远远小于波长 λ,且阵元之间的相互作用可忽略不计,则总声场由各点源声场的叠加组成。

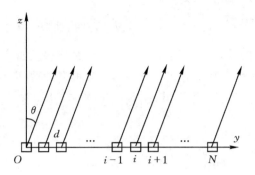

图 7.24　均匀间隔直线点源阵列示意图

在远场$(r \gg Nd)$中,当各阵元沿角度 θ 发射声波时,以坐标原点为参考点,各发射波因声程差不同而产生的相位差为 $\Delta\varphi_i = \dfrac{2\pi}{\lambda}(i-1)d\sin\theta$。当 $\theta=0°$,$\Delta\varphi_i=0$,显然此为极大值主波瓣方向。这样,这 N 个点源线列阵的方向特性函数就为

$$f(\theta) = \frac{\sum\limits_{i=1}^{N} P_0 \mathrm{e}^{-\mathrm{j}\frac{2\pi}{\lambda}(i-1)d\sin\theta}}{NP_0} = \frac{1}{N}\sum_{m=0}^{N-1} \mathrm{e}^{-\mathrm{j}m\frac{2\pi}{\lambda}d\sin\theta} \tag{7.16}$$

利用几何级数求和公式,可得

$$f(\theta) = \frac{1}{N}\mathrm{e}^{-\mathrm{j}\frac{(N-1)\pi}{\lambda}d\sin\theta} \frac{\sin\left(\dfrac{N\pi d\sin\theta}{\lambda}\right)}{\sin\left(\dfrac{\pi d\sin\theta}{\lambda}\right)} \tag{7.17}$$

最后取绝对值,得归一化方向特性函数为[28]

$$f(\theta) = \frac{\sin\left(\dfrac{N\pi d\sin\theta}{\lambda}\right)}{N\sin\left(\dfrac{\pi d\sin\theta}{\lambda}\right)} \tag{7.18}$$

从上式可以得到点源阵列的许多辐射特性。

①当声程差 $\xi = d\sin\theta = 0, \lambda, 2\lambda, \cdots, (N-1)\lambda$ 等值时,$f(\theta)=1$。在这些方向上,各点源声场同相叠加,声压振幅出现极大值。从 $d\sin\theta = i\lambda(i=0,1,2,\cdots,N-1)$ 可以求得辐射声场为极大值的方向为

$$\theta_i = \arcsin\left(\pm\frac{i\lambda}{d}\right) \quad (i=0,1,2,\cdots,N-1;\ i\lambda \leqslant d) \tag{7.19}$$

其中,$i=0$ 所对应的 $\theta=0$ 方向为主极大值(主波束)方向,$i=1$ 对应的 θ 方向为第

一个副极大值方向,……,以此类推。如果不希望这些点源阵列发射的声场中出现副极大值,则必须满足 $d < \lambda$ 的条件。

②当 $Nd\sin\theta = \dfrac{2i+1}{2}\lambda$ $(i = 1, 2, \cdots, N-1)$ 时,式(6.17)的分子等于 1,这时声压近似取极值,但 $|f(\theta)| \neq 1$,因而这些方向就是次极大或旁瓣方向。事实上,这些次极大方位角也可以通过对式(6.17)求极值得到,即要满足方程

$$\frac{\mathrm{d}}{\mathrm{d}\theta}\{f(\theta)\} = 0 \tag{7.20}$$

这样就有

$$\tan\left(N\frac{\pi d}{\lambda}\sin\theta\right) = N\tan\left(\frac{\pi d}{\lambda}\sin\theta\right) \tag{7.21}$$

这是一个超越方程,难于严格求解,但其近似解为

$$\theta = \arcsin\left(\frac{2i+1}{2}\frac{\lambda}{Nd}\right) \ (i = 1, 2, \cdots, N-1) \tag{7.22}$$

因而,次极大的幅值为

$$f(\theta) = \frac{1}{N\sin\{(2i+1)\pi/2N\}} \tag{7.23}$$

根据以上公式,靠近主极大值的第一个次极大值方向为 $\theta = \arcsin\left(\dfrac{3\lambda}{2Nd}\right)$。第一次极大声压与主极大声压之比等于 $\dfrac{1}{N\sin(3\pi/2N)}$,该比值随点声源个数增加而减少。当 N 很大时,比值近似等于 $\dfrac{2}{3\pi} = \dfrac{1}{4.7}$,也就是说,均匀点源直线阵列的主极大值声压最多等于次极大值声压的 4.7 倍,即相差 13.4 dB。图 7.25 表示了 $N = 5$ 和 $d = \lambda/2$ 时的归一化方向特性函数 $|f(\theta)|$,其中显示了主极大和各个旁瓣方向的方向特性大小。

③若要保证任何旁瓣的高度都不超过第一次极大的高度,即应满足 $\sin(2i+1)\dfrac{\pi}{2N} \geqslant \sin\dfrac{3\pi}{2N}$ $(i = 2, \cdots, N-1)$。此外,在式(6.21)中应有 $\dfrac{2i+1}{2}\dfrac{\lambda}{Nd} \leqslant 1$,考虑到正弦函数在第一、第二象限的性质,因此有 $\dfrac{(2i+1)\pi}{2N} \leqslant \dfrac{d}{\lambda}\pi \leqslant \pi - \dfrac{3\pi}{2N}$,最后即应满足 $d \leqslant (N-3/2)\dfrac{\lambda}{N}$。

同理,若要保证旁瓣一个比一个低,则必须有 $\dfrac{d}{\lambda}\pi \leqslant \dfrac{\pi}{2}$,即应满足 $d \leqslant \dfrac{\lambda}{2}$。

④当 $Nd\sin\theta = i\lambda$ $(i \geqslant 1$ 且不是 N 的整数倍$)$时,式(6.17)的分子等于零,分母不为零,这时 $f(\theta) = 0$,即在这些方向 $(\theta = \arcsin\dfrac{i\lambda}{Nd})$ 上各点声源的辐射声场相互

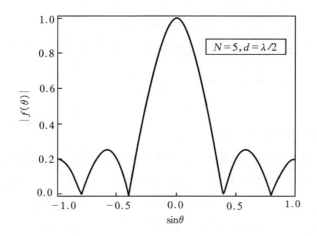

图 7.25　均匀五元直线阵列的归一化方向特性函数

抵消,总声压为零。

上面以直线均匀点源阵列的发射过程为例讨论了波束形成机理。类似于上述分析过程,十字形和矩形阵列的方向特性函数也可以解析表示出来,而其它形状阵列的方向特性函数就比较复杂了。

虽然上述只研究了直线均匀点源阵列的发射过程,但由于布阵传感器为线性、被动和无源的,根据声学互易原理(详见第 6 章),只要声传播介质是线性均匀的,则声学系统无论是作为发射阵列还是作为接收阵列,其方向性、阻抗都是一样的。

在波束形成原理基础上,现有的声源定位技术可以分为以下三类。

①基于最大输出功率的可控波束形成技术,其基本思想是将各阵元采集来的信号进行加权求和形成波束,通过搜索声源的可能位置来引导该波束,修改权值使得传声器阵列的输出信号功率最大。在传统的简单波束形成器中,权值取决于各阵元上信号的相位延迟,而相位延迟和声直达时间延迟有关,因此叫作延时求和波束形成器。后来出现的一些更复杂的波束形成系统中,在进行时间校正的同时还对信号进行了滤波,根据不同的滤波器形成了不同算法。

②基于高分辨率谱估计算法的声源定位技术,其中包括了自回归 AR 模型、最小方差谱估计和特征值分解方法等,所有这些方法都通过获取传声器阵列的信号来计算空间谱的相关矩阵。如果所需的矩阵未知,则须通过已得到的数据进行估计,这就要求空间中的声源或噪声必须是平稳时不变的,且在计算中运算量很大,还容易导致定位不准确,因而在现代的声源定位系统中很少采用。

③基于声直达时间差的声源定位技术。这类定位方法一般分为 2 个步骤:先进行声达时间差估计,并从中获取传声器阵列中阵元间的声延迟;再结合已知的传

声器阵列的空间位置进一步定出声源位置。这种方法的计算量一般比前两种要小,更利于实时处理,在语音信号的声源定位中占有很大的比重。

下面将利用上述波束形成原理来探究基于声学成像的噪声源识别技术。

7.4.2　平面相控阵列技术

1. 平面相控阵列技术的原理

当使用由 N 个传声器组成的传声器阵列对辐射物体上的声源进行定位时,可使用波束形成算法。从原理上来说,波束形成适合于在中、远距离下对中高频段声源进行定位。如图 7.26 所示,假设辐射平面上任一点 Q 处存在一个声源,使用传声器阵列对该点进行聚焦,则各传声器测得的来自声源点 Q 的信号之间发生相干,这样就可通过波束形成得到 Q 点声源的声压值。使用这种处理方法遍历整个辐射平面,则可以找到这个平面的主要声源。由于传统的"延时求和"波束形成算法具有实现简单、计算高效的优点,这里采用延时求和波束形成进行声源定位。下面首先介绍波束形成原理,进而探讨声源定位的延时求和法。

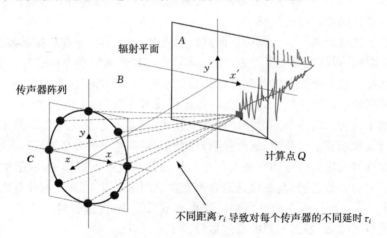

图 7.26　声源定位示意图

假定图 7.26 所示的辐射平面上点 Q 处存在一个窄带声源,中心圆频率为 ω,现采用由 M 个传声器组成的平面相控阵列接收声压信号。声源发出的声波到达传声器阵列中第 i 个传声器的时间设为 τ_i,则 $\tau_i = \dfrac{r_i}{c}$,其中 r_i 是声源 Q 点和第 i 个传声器之间的距离,c 是介质声速。传声器位置不同,这样不同距离 r_i 导致对每个

传声器的不同延时 τ_i。延时求和波束形成的原理是根据选定的聚焦方向,对每个传声器测量的声压值分别设置相应的延时 τ_i,以使所有通道的相位一致,然后对延时后的结果进行叠加,如图 7.27 所示。

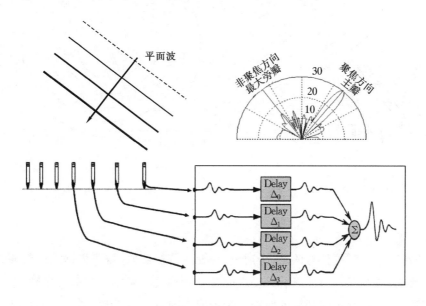

图 7.27　延时求和波束形成的原理图

事实上,通过延时求和还可以对特定方向信号或特定点信号进行对齐。如在图 7.28(a)中,当平面波从特定方向入射到传声器阵列时,沿着波矢方向 $\boldsymbol{k}$ 到达不同传感器的路径差 d_m 导致了相位差 $\Delta_m = d_m/c$(c 为声速),因而可通过调整相应传感器的不同对应延时来对特定方向信号进行对齐。图 7.28(b)表示从聚焦点发出的球面波到达不同传感器的路径差 $r - l_m$ 导致了不同相位差 $\Delta_m = (r - l_m)/c$,仍然可通过调整不同传感器的相应延时来对特定点的信号进行对齐。

这样就可以得到聚焦点的声压为

$$P(r,\omega) = \frac{1}{M}\sum_{i=1}^{M} W_i P_i(\omega) \mathrm{e}^{-\mathrm{j}\omega\tau_i} \tag{7.24}$$

式中:M 为传感器数量;W_i 为权值,可取为矩形窗滤波系数,即 $W_i = 1$。叠加和除以 M 是为了得到归一化的阵列输出值。相控阵列的指向性图如图 7.27 右上角所示,主瓣表示传声器阵列的聚焦方向,亦称为波束。而在非聚焦方向出现的主瓣附近较小的波瓣称为旁瓣。对于辐射平面上的确定点,根据式(7.16)就可以得到在所关心的频率下该点的声压聚焦值。遍历辐射平面上的离散点,从而可以找到其

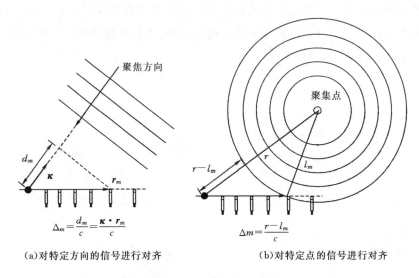

$$\Delta_m = \frac{d_m}{c} = \frac{\boldsymbol{\kappa} \cdot \boldsymbol{r}_m}{c}$$

$$\Delta m = \frac{r - l_m}{c}$$

(a)对特定方向的信号进行对齐　　　　　　(b)对特定点的信号进行对齐

图 7.28　对特定信号进行对齐

主要声源。这里需要注意的是,延时 τ_i 一般不是整数值,需要根据采样间隔进行插值,因而,提高采样率能显著地提高时延估计精度。根据香农采样定理,选择采样频率至少为信号最高频率的两倍。为了提高时延估计精度,应选择尽可能高的采样频率。这里一般将采样频率设定为信号最高频率的 10 倍。

　　此外,为了使读者更清楚,这里采用矩阵求逆过程来描述基于波束形成原理的噪声源识别技术。在图 7.26 中,假设辐射平面上声源分布以矩阵 $\boldsymbol{A}$ 表示,不同距离 r_i 导致对每个传声器的不同延时以矩阵 $\boldsymbol{B}$ 表示,而传声器阵列得到的声压值以矩阵 $\boldsymbol{C}$ 表示,这样其关系为 $\boldsymbol{AB} = \boldsymbol{C}$。为了识别出噪声源 $\boldsymbol{A}$,则有 $\boldsymbol{A} = \boldsymbol{CB}^{-1}$,$\boldsymbol{B}^{-1}$ 为 $\boldsymbol{B}$ 的逆矩阵。若矩阵 $\boldsymbol{B}$ 的行列式等于零,则 $\boldsymbol{B}^{-1}$ 不存在,这意味着传感器阵列的分布对矩阵 $\boldsymbol{B}$ 影响很大。若传感器阵列分布不好,则辐射平面上各个声源到传感器阵列之间的距离可能相同,从而以不同延时构成的矩阵 $\boldsymbol{B}$ 的行列式就可能等于或接近零,使噪声源矩阵 $\boldsymbol{A}$ 的求解变得困难或误差较大。表现在物理上,传感器阵列的分布不佳会使波束形成的旁瓣过大。

　　若波束形成的旁瓣过大会造成怎么样的结果呢?这里先介绍平面相控阵列的主要性能指标要求。

2. 平面相控阵列的主要性能指标

　　平面相控阵列的指标很多,其主要性能指标有以下几方面。

（1）指向特性函数

在以发射阵（或接收阵）的等效中心为球心的大球面上（在远场），不同方位（θ，φ）处的声压幅值 $P(\theta,\varphi)$ 与最大响应方向上的声压幅值 $P(\theta_0,\varphi_0)$ 之比称为该发射阵（或接收阵）的指向特性函数。

（2）方向锐度角

方向锐度角，也称角分辨率，是描绘阵列指向性图上主波瓣所张的角度。通常定义为主瓣的两个零点之间的角度范围，或主瓣半功率点之间的角度范围。较小的主瓣宽度给出更好的角分辨率。

（3）波束宽度角

波束宽度角是表示波束图中主瓣尖锐程度的参数。通常用波束图中的半功率点或主瓣的零点之间的对应角度量度。3 dB 指向角指在以发射阵的指向性函数从最大值降低 3 dB（幅值降低一半）所对应的方位角和仰角（θ_1，φ_1）范围。对于具有对称性能的阵列通常以（$\pm\theta_1$，$\pm\varphi_1$）表示。也可以用 6 dB 指向角或者 12 dB 指向角来表示。

（4）旁瓣抑制

由于主瓣以外的第一个旁瓣是所有旁瓣中幅度响应最大的一个，因此，用第一个旁瓣相对于主瓣的高低差来定义其旁瓣级。旁瓣级决定了发射阵对观测方向以外方向上到达干扰信号的抑制能力。

（5）频率范围（上限频率、下限频率）

声学照相机上限频率由阵列的阵元的最小间距决定，定义为在摄像头视角范围内不出现声源虚像的最高频率，其理论值是最小半波长应大于最小阵元间距。

声学照相机下限频率由阵列的分辨能力决定，定义为当两个声源位置处于摄像头视角边缘，阵列所能够分辨出两个声源的最低频率，其理论值是最大半波长应小于阵列孔径。

（6）声像与视频偏离度（°）

声像与视频偏离度指摄像头视频图像与阵列计算所得出的声像图重叠时的偏差，通常以角度（°）为单位。阵列通常需要用一个标准源来校验，该标准源为无限小声源，且声音强度足够大，可以发出单频（如 1 kHz）正弦声音和较高亮度的光，声音的频率最好可以在一定范围（如 100 Hz～10 kHz）内调节。

（7）响应速度（秒/帧）

指声学照相机取得一帧声像图所需要的时间，反映声相仪的信号处理速度，一般为秒级,能让人眼感觉图像连续变化的速度是 40 ms。

(8)最大和最小探测距离

最大探测距离指声学照相机能够取得清晰声像的最远距离,与声源的强度和信噪比有关;最小探测距离指声学照相机能够分辨声源的最小距离,与阵列的结构有关。

(9)视场虚像率和全景虚像率(dB)

视场虚像率指视场内出现的最大虚像相对于主声源的衰减量。全景虚像率指不涉及视频图像情况下,阵列声成像所涉及的最大范围内的虚像相对于主声源的衰减量。

3. 平面相控阵列技术的应用和限制

波束形成系统也可以看作是一种空间滤波器,使得阵列只在某一方向具有较高的灵敏度,而抑制来自别的方向的噪声和干扰。对噪声和干扰的抑制能力的一个直观表征就是波束的旁瓣级,低旁瓣级可以有效地抑制来自旁瓣区域的噪声和干扰,所以,低旁瓣波束形成一直是阵列信号处理的研究热点之一。

对于平面相控阵列技术,较大旁瓣必然造成主瓣成像中的"鬼影"虚像,即相控阵列在检测到真实声源的同时掺杂了真实世界中不存在的虚假声源。图 7.29 表示由十字形传感器阵列形成的大旁瓣波束及其造成的"鬼影"虚像。

图 7.30 显示分别用矩形(左图)和螺旋形(右图)传声器阵列计算得到的声强空间分布,螺旋形传声器阵列(见图 7.31(d))的结果明显比矩形传声器阵列(见图 7.31(a))的好。螺旋形阵列准确无误地检测到三个声源,而矩形阵列在检测到三个真实的声源的同时掺杂了多个真实世界中不存在的虚假声源,也称为"鬼影"虚像。为了减少"鬼影"虚像的影响,可以采用不同的平面阵列形式来抑制旁瓣,如图 7.31 所示。在这六种阵列形式中,抑制旁瓣的能力从(a)~(f)逐渐增加。也就是说,在图(f)中由五块完全相同的单元且每个单元由 12 个基元随机分布组成的阵列具有最好的抑制旁瓣的能力。这与 1961 年 John 和 Allen 在研究基元布放随机化对波束旁瓣的影响时所得结论是一致的,即基阵在稀释过程中,基元位置的随机化可以抑制旁瓣[28]。

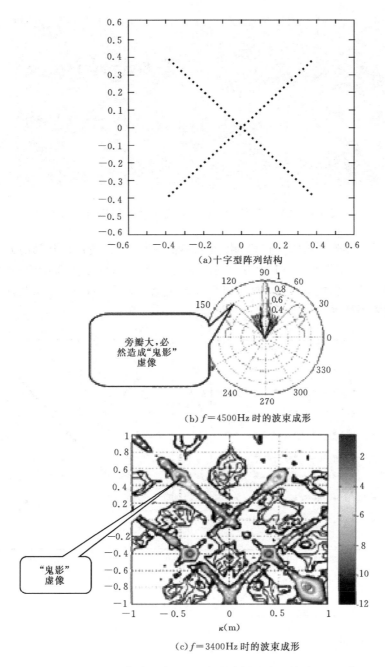

（a）十字型阵列结构

旁瓣大，必然造成"鬼影"虚像

（b）$f=4500\,\mathrm{Hz}$ 时的波束成形

"鬼影"虚像

（c）$f=3400\,\mathrm{Hz}$ 时的波束成形

图 7.29　十字形传感器阵列形成的大旁瓣波束及其"鬼影"虚像

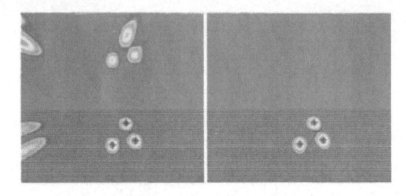

图 7.30　矩形(左图)和螺旋形(右图)传声器阵列计算得到的声强空间分布

　　但平面相控阵列技术亦有其局限性:仅能分析在平面传声器阵列前方的一个受限声场区域,而不能定位其他方向的声源,且这些声源将会引起相控阵列的结果发生混淆。球型相控阵列技术则可以很好地克服这些限制,因此,下面将深入讨论球型相控阵列技术。

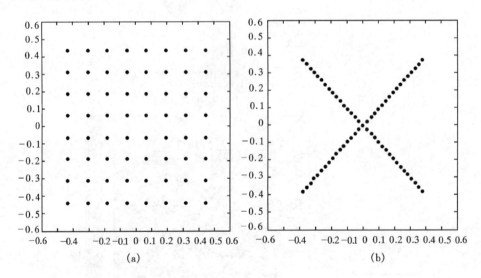

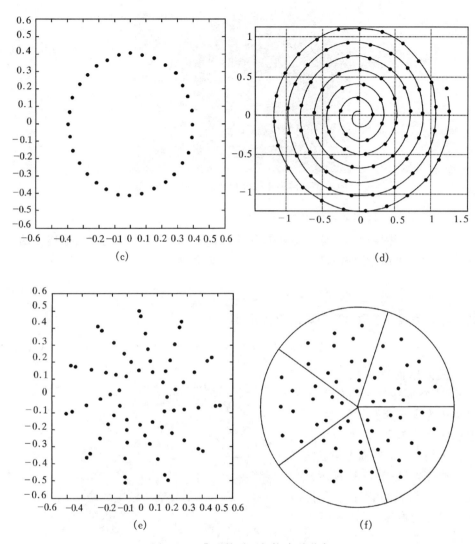

图 7.31　典型的平面相控阵列形式

7.4.3　球型阵列技术

　　球型阵列技术可以通过"缝合"图片很容易识别声源,是唯一能够在所有方向进行声源定位的技术,而且能够适用于任意的声场环境(消声室或者非消声室),能够和其他成像系统相结合形成一个稳定、快速的相控系统。图 7.32 就是球型阵列技术应用于识别汽车驾驶舱内的噪声源。

图 7.32　球型相控阵列在汽车舱内的应用

1. 球型阵列技术的理论基础

在第 3 章中曾介绍过球面谐函数及其完备性,即任何一个在球面上连续的函数 $f(\theta,\varphi)$ 都可用球面谐函数 $Y_{nm}(\theta,\phi)$ 展开为收敛级数

$$f(\theta,\varphi) = \sum_{n=0}^{\infty} \sum_{m=-n}^{n} A_{nm} Y_{nm}(\theta,\varphi) \tag{7.25}$$

其中,A_{nm} 为展开系数,Y_{nm} 为球面谐函数,且

$$A_{nm} = \int_0^{\pi} \int_0^{2\pi} Y_{nm}^{*}(\theta,\varphi) \sin\theta \mathrm{d}\varphi \mathrm{d}\theta \tag{7.26}$$

根据球面谐函数的上述完备性,声空间中任一点的声场能够描述为球谐函数的线性组合。但在实际由有限 M 个传声器在某一半径为 a 的球面上组成的球型相控阵列(见图 7.33 所示)中,我们仅仅知道球面上各个传声器位置处的声压,因此式(7.26)中求解分解系数 A_{nm} 的上述积分就为相应的离散数值积分。此外,虽然理论上式(7.25)的求和需要做到无限次,但在实际计算中其级数 n 只能取到有限值,再考虑到计算中所采用的近似声源模型(平面波模型或球面波模型),实际的球型阵列输出则可表示为

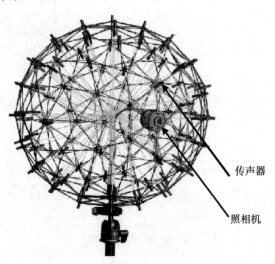

传声器

照相机

图 7.33　有限个传声器组成的球型阵列

$$f(\theta,\varphi) = \sum_{n=0}^{N} \sum_{m=-n}^{n} \frac{A_{nm}}{R_n(a,r_0)} Y_{nm}(\theta,\varphi) \tag{7.27}$$

式中：$R_n(a,r_0)$ 是相关于声源模型（平面波模型或球面波模型）的校正因子；r_0 是空间计算点到阵列的距离。

式(7.27)中的级数 n 只取到有限值 N，再加上球型阵列中传声器位置的离散化，这些就限制了球型阵列的分辨率和声源定位精度。这里我们借鉴光学中的瑞利准则给出球型阵列的分辨率计算公式。

为了分辨靠得很近的两个点光源，瑞利准则是这样规定的，对于具有圆形光瞳的衍射受限系统的两个非相干点光源，若一个点光源产生的爱里斑的中心正好落在第二个点光源所产生的爱里斑的第一个零点上，则称它们是这个系统刚刚能够分辨的两个点光源。

根据瑞利准则，球型阵列的分辨率 Θ 将和式(7.27)中球面谐函数的零点有关，因而主要和球谐函数的最大级数 N 相关。在第 3 章我们曾给出球谐函数中零阶 n 次 Legendre 函数 $P_n(x)$ 的图形表示，如图 3.6 所示，从图中可看出其零点数量和阶次 n 直接相关。这样，分辨率 Θ 可以以弧度表示为

$$\Theta \approx \frac{\pi}{N} \tag{7.28a}$$

从上式可以看出，最大级数 N 越大，其分辨率越高。实际上，对各个频率而言，总存在一个最优级数 N，而且最优级数 N 随频率增加而增加。

一般情况下，最大级数可取为 $N=ka=2\pi fa/c_0$（k 为波数，a 为球面半径，f 为频率，c_0 为声速），这样该分辨率的经验公式则为

$$\Theta \approx \frac{c_0}{2fa} \tag{7.28b}$$

从式(7.28b)可以看出，球的半径 a 越大，分辨率越好；频率 f 越高，分辨率越好。

因此，为了提高球型阵列的分辨率，第一个可以考虑的改进参数便是球面半径，但球型传声器阵列一般要求紧凑以便于操纵和安装，因而对球面半径就有一定的限制。对于一个可接受的球面半径，通常通过改进传声器分布来改进分辨率。

在确定传声器位置时，一般需要考虑这些因素：尽可能降低最大旁瓣水平；能够得到常数 A_{nm} 的最精确计算；为了"缝合"图片，在传声器位置间隙处布放的照相机要能获得球周围最为完整的光学覆盖，如图 7.33 中所示的球型阵列。

2. 球型阵列技术的精度限制

球型阵列可以定位任意方向的声源，但在定位某一方向声源时其存在对焦距离方面的限制。为了检验球型阵列对噪声源的计算精度，在一由 48 个传声器组成的直径为 35 cm 的球型阵列（表示为：Sph_M48_D35）前某个方向上放置一个宽带白噪声源，通过球型相控阵列技术的反求运算可以得到噪声源的声压值，并和实际放置的白噪声源的声压值进行比较检验。由于白噪声源位置和球型阵列中心的距

离对计算结果影响较大,这里采用相应的频率滤波器给出不同带宽时实测和计算结果的声压差异值随不同对焦距离的变化曲线,如图 7.34 所示[29]。事实上,在利用式(7.27)计算声源声压时,对于不同对焦距离式(7.27)中的校正因子 $R_n(a,r_0)$ 是不同的。从图 7.34 可以看出,在 $0.5\sim1\,\mathrm{kHz}$ 频率范围内对焦距离从 $0.2\,\mathrm{m}$ 到 $2\,\mathrm{m}$ 时实测结果和计算结果完全一致,而在 $1\sim2\,\mathrm{kHz}$ 范围略微有差异,差异值分别在频率范围 $2\sim4\,\mathrm{kHz}$、$4\sim8\,\mathrm{kHz}$、$0.1\sim20\,\mathrm{kHz}$、$8\sim16\,\mathrm{kHz}$ 内依次增大,即在高频范围内实测和计算结果的总声压差异较大,尤其是在对焦距离较小($0.2\sim0.8\,\mathrm{m}$)时。在对焦距离从 $0.8\,\mathrm{m}$ 到 $1.2\,\mathrm{m}$ 范围时,所有频段上总声压的实测值和计算值几乎一致,而在对焦距离增大时总声压差异亦慢慢增加。

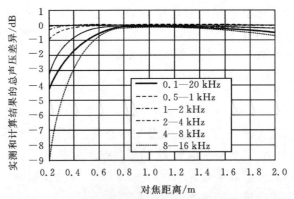

图 7.34 实测和计算值之间的总声压差异在不同频段上随对焦距离的变化
(球型阵列 Sph_M48_D35)

图 7.35 表示了由 48 个传声器组成的直径为 35 cm 的球型阵列(表示为:Sph_M48_

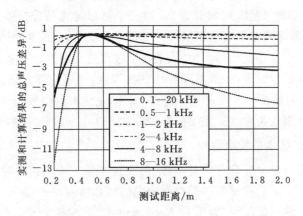

图 7.35 实测和计算值之间的总声压差异在不同频段上随测试距离的变化
(球型阵列 Sph_M48_D35,对焦距离为 0.5 m)

D35)对宽带白噪声源所进行的实测和计算结果之间的总声压差异在不同频段上随测试距离的变化,这里对焦距离为 0.5 m。当对焦距离确定为 0.5 m 时,总声压差异值在不同频段上只在测试距离为 0.5 m 左右时几乎为零,而在其他测试距离时差异较大[29]。

通过比较图 7.34 和图 7.35 可以知道,在应用球型阵列技术进行声源定位时,确定声源和阵列之间的对焦距离是非常关键的。因此,实际测试中要多加注意相控阵列和被测噪声源之间的对焦距离。

图 7.36 表示了由 48 个传声器组成的直径为 70 cm 的球型阵列(表示为:Sph_M48_D70)对宽带白噪声源所进行的实测和计算结果之间的总声压差异在不同频段上随测试距离的变化,这里对焦距离确定为 1.0 m[29]。通过比较图 7.35 和图 7.36 可以知道,尽管对焦距离都已确定,但增大球型阵列半径可以减少实测和计算结果的总声压差异值,这和上节得到的球型阵列分辨率的经验公式(7.28b)中的结论是一致的,即球的半径越大,分辨率越好。

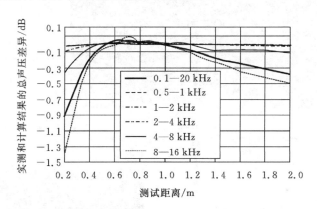

图 7.36　实测和计算值之间的总声压差异在不同频段上随测试距离的变化
(球型阵列 Sph_M48_D70,对焦距离为 1.0 m)

3. 球型相控阵列技术的应用实例

下面举例说明球型相控阵列技术用于识别车室内的噪声源。

①当发动机运转时,车室内的发动机就是一主要声源,这时球型相控阵列得到的声压云图如图 7.37(a)所示。将此球型云图按球坐标系的角度 θ 和 φ 展开,并和车室空间对应起来,则云图上声压最大区域对应的就是车室内发动机这个噪声源,如图 7.37(b)所示。

②对关门声的识别。关车门时,球型相控阵列得到的声压云图如图 7.38(a)所示,其按球坐标系的角度 θ 和 φ 的展开图如图 7.38(b),图中声压最集中的位置明显地对应着关门声。

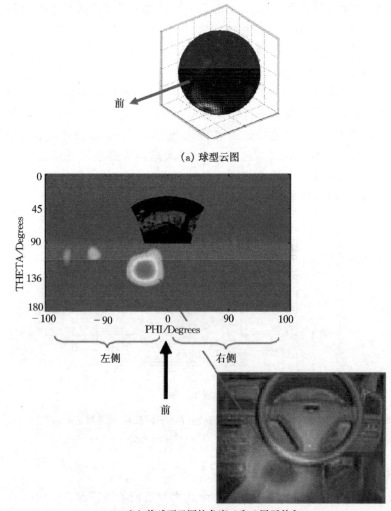

(a) 球型云图

(b) 将球型云图按角度 θ 和 φ 展开并和
车室空间对应起来以识别噪声源

图 7.37 在车室内应用球型相控阵列识别发动机运转时的噪声源(彩图见彩页)

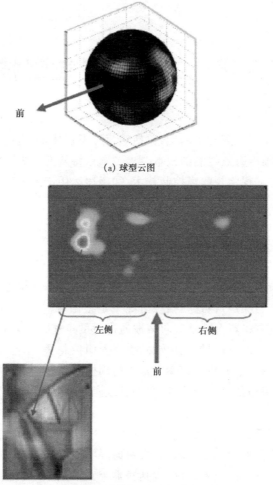

(a) 球型云图

(b) 将球型云图按角度 θ 和 φ 展开并和
车室空间对应起来以识别噪声源

图 7.38 在车室内应用球型相控阵列识别关门时的噪声源(彩图见彩页)

7.5 本章小结

本章详述了噪声源识别中常用的及最新发展的几种技术:物理声源分离识别技术、声强测试技术、基于声学成像的噪声源识别技术等。在物理声源分离识别技术中,举例说明了三种分离识别技术:传统的分别运行法、频谱分析法及传递路径分析方法。在声强测试技术中,详述了声强测试的原理及其突出优点,并举例说明其实际应用。在基于声学成像的噪声源识别技术中,以直线均匀点源阵列为基础分析了波束形成原理,详细介绍了平面相控阵列技术和球型阵列技术。

第8章 工程噪声控制技术

前面几章详述了噪声分析基础,包括噪声源识别技术,这些有关噪声分析的基础知识也是进行噪声有效控制的根本要求。本章将从两个方面集中阐述工程噪声控制技术:①概述工程常规噪声控制技术;②阐述适用于恶劣环境应用的噪声控制技术。

8.1 工程常规噪声控制技术简述

通常来说,噪声控制方法从声源、传播路径及接受体三个方面考虑可以分为三种:①从声源上控制噪声,但这在很多情况下是很困难的;②从声传播路径上控制噪声,包括使用吸声材料有效地吸收声波通过时的声能并使其转变为热能而消耗,及在声传输途径上改变声阻抗使声波发生反射而控制噪声,比如,一般工业机械噪声控制中常用的隔声罩或建筑声学中常用的固体隔声壁,在通风管道、进排气管道或液压管路中使用的抗性消声器等;③保护或隔离接受体,这可以采取隔振减振或隔声的方法。

而具体进行工程噪声控制时,可以分为以下几个步骤:首先是分析问题,识别噪声源,确定可接受的降噪量要求;其次考虑经济因素以确定费用最低廉的技术解决方案;最后提出具体的技术建议,包括声源修改、增加结构阻尼、振动隔离、采用声屏障等。图 8.1 给出了工程噪声控制各个阶段的典型流程图。

一般工程噪声和振动控制的一些指导准则总结如下[25]。

1. 机器的噪声和振动控制方法

①降低机器部件之间的撞击和作响;

②为机器提供足够的冷却片以减少对冷却风扇的需要;

③隔离机器内的振源;

④在可能的地方将机器中金属部件用塑料、尼龙或复合部件代替;

⑤对噪声过高的部件提供正确设计的封包;

⑥柔和地制动往复运动;

⑦选择具有低噪声速度调节的动力源和传动装置。

2. 一般设备的噪声和振动控制方法

①对通风管道结构提供声衰减器；

②液压管路安装阻尼器；

③保证液压系统蓄油器具有足够的刚性；

④为所有空气排气系统提供消声器；

⑤在购买所有新设备之前,建立检查其噪声规格的计划。

技术措施能达到的某些典型噪声下降值如下。

①消声器:30 dB;②振动隔离:30 dB;③屏障:15 dB;

④封包:40 dB;⑤吸声天花板:5 dB;⑥阻尼:10 dB;

⑦听力保护器:15 dB。

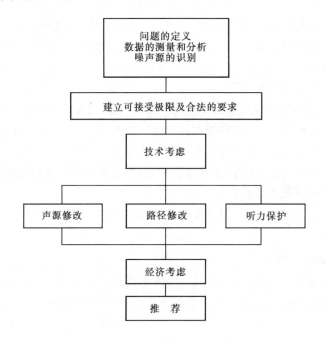

图 8.1　工程噪声控制不同阶段的流程图

下面介绍几种典型的工程常规噪声控制技术。

8.1.1　室内噪声的控制

现代厅堂、剧院、录音室等都需要对室内噪声进行声学设计和噪声控制。

混响时间是评定厅堂音质的第一个物理指标。所谓混响是声音在墙壁、天花板、地面和室内物体上多次反射,声强逐步降低传到人们耳朵中的声音。混响时间则和直达声、反射声、混响声的相互关系有关。如果回声比较强,混响时间较长,就会使人听不清楚;但如果没有回声,又会使人觉得声音发"干",不好听。

大量实验表明,原来的声音和第一个强回声之间的时间间隔如果不超过50 ms,那么就感觉不到回声而感到声音增强;而如果时间间隔扩大,就会听到回声,这就是哈斯效应。因而在设计厅堂时,要计算直达声和反射声的时间差不要超过 50 ms,也就是直达声经过的路径和反射声经过的路径差不要超过 17 m。

对各种不同房间,各种不同用途,最佳混响时间的长短是不同的。实验表明,小房间最佳混响时间为 1.06 s,房间体积增加,最佳混响时间也增加,到 100000 m³ 的房间最佳混响时间达到 2.4 s。

不同的演出内容,最佳混响时间是不一样的。报告厅对混响时间的要求就是不要太长,使先后发的音节不互相混淆,所以混响时间应该偏短。各种音乐演奏要求的混响时间差别较大,轻音乐、爵士乐等节奏快而鲜明,混响时间要短一些,才有鲜明的节奏感;而对于教堂音乐、风琴音乐,节奏慢,声音悠长,混响时间要长一些,这样演奏起来显得庄严肃穆。

使用吸声材料可以降低室内混响时间。在建筑设计中一般使用玻璃纤维、矿渣棉、甘蔗板、木丝板、泡沫塑料等多孔性吸声材料。多孔性吸声材料是靠其中的孔隙或狭窄的空气通道,使声波在孔隙或通道中受到摩擦和粘滞性损失,以及材料中细小纤维的振动,把声能转化为热能的。多孔性吸声材料在高频时吸声效果好,但其低频时的吸声效果较差。

除了使用吸声材料外,采用共振吸声结构和微穿孔板吸声结构是室内噪声控制的有效措施。

1. 共振吸声结构

单腔共振吸声结构即 Helmholtz 吸声器,如图 8.2(a)所示,由一个刚性空腔和一个连通外界的颈口组成。单腔共振吸声结构可以等效为一个单自由度振动系统,如图 8.2(b)所示,空腔中的空气类似于一个弹簧,具有一定的声顺 C_a(又称声容,与声弹性 K_a 互为倒数关系);颈口处的小空气柱类似于声质量 M_a;当声波入射到颈口时,在颈口处产生摩擦阻尼,因而振动系统还具有一定的声阻 R_a。这样的质量-弹簧-阻尼系统就组成了一个等效声学振动系统。设空气柱的宽度为 l,截面积为 S,空腔体积为 V,则 $M_a = \rho_0 l S$,$C_a = 1/K_a = V/\rho_0 c_0^2$。从图 8.2(b)所示的单自由度振动系统可以得到单腔共振吸声结构的共振频率为

$$f_r = \frac{1}{2\pi} \sqrt{\frac{K_a}{M_a}} \tag{8.1}$$

即当声场中输入频率 $f = f_r$ 时,共振吸声结构发生共振,此时吸声系数达到极大值。

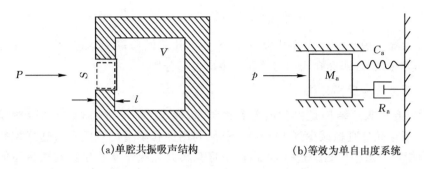

(a)单腔共振吸声结构　　　　　　　(b)等效为单自由度系统

图 8.2　单腔共振吸声结构示意图

共振式吸声结构在现代的厅堂、剧院、录音室等的声学设计中获得广泛应用。

2. 穿孔板共振吸声结构

在板材上以一定的孔径和穿孔率打上孔,背后留有一定厚度的空气层,就成为穿孔板共振吸声结构。通过板材的选择以及孔的布置,穿孔板还具有一定的装饰效果。

图 8.3 给出穿孔板共振吸声结构示意图,实际上穿孔板共振吸声结构是单腔共振吸声结构的一种组合形式,二者的吸声机理相同。同样,该结构在共振频率附近具有很高的吸声系数,但在偏离共振频率处吸声系数明显减小。

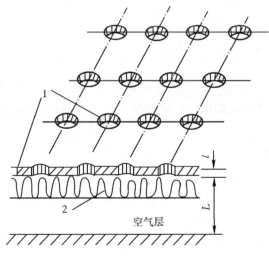

图 8.3　穿孔板共振吸声结构示意图

1—穿孔板;2—吸声材料

穿孔板的吸声特性取决于板的厚度、孔径、穿孔率、板后空气层厚度等因素。穿孔板共振吸声结构的共振频率为[30]

$$f_n = \frac{c_0}{2\pi} \sqrt{\frac{nS}{lV}} \quad \text{或} \quad f_n = \frac{c_0}{2\pi} \sqrt{\frac{q}{lL}} \tag{8.2}$$

式中:n 为穿孔板孔数;l 为穿孔板厚度;S 为单孔截面积;L 为穿孔板后空气层的厚度;q 为穿孔率,即穿孔面积在总面积中所占百分比。

3. 微穿孔板吸声结构

微穿孔板吸声结构是由我国著名声学家马大猷院士在 1975 年创造性提出的[31]。当穿孔板直径减少到 1 mm 以下时,利用穿孔本身的声阻就可达到控制吸声结构相对声阻率的目的,从而可以取消穿孔板共振吸声结构中穿孔板后面的吸声材料。用微孔管构成的穿孔板与普通细孔管的穿孔板相比,在同样穿孔比的情况下,其声质量要小,而声阻要大得多。

这种微穿孔板技术曾被成功地用于我国火箭发射井噪声控制,也成功地用于德国国会议事大厅的噪声控制。在德国波恩的国会议事大厅被设计成圆筒形,屋顶做成拱形,为了使观众可以看到议员议事的情况,周围的墙是用厚玻璃板做的。但这个大厅在第一天启用时,主持人的讲话在周围墙壁引起极强的回声,使电声系统闭塞,不能正常工作。如果在墙壁上采用不透明的吸声材料进行吸声处理,外面的人就见不到议员议事的情况了。许多噪声控制方案都被否定,最后采用马大猷院士提出的基于微穿孔板技术而设计制成的透明穿孔板吸声器才解决了这一难题。

微穿孔板技术多年来被广泛应用于制作微穿孔板消声器、透明消声通风百叶窗、声屏障等。

8.1.2　管道噪声的控制

在管道声学应用领域中,管道消声问题也已经成为管道传声研究的一个重要课题。目前在管道消声问题中广泛采用扩张管式消声器、管道共振式消声器及阻抗复合式消声器等。

1. 突变截面管

首先讨论声波在具有不同截面的管中的传播情形,如图 8.4(a)所示。一般来说,后面截面积为 S_2 的圆管对前面截面积为 S_1 的圆管是一个声负载,因而也会引起部分声波的反射和透射。假定坐标原点取在 S_1 管与 S_2 管的接口处,截面管中入射波、反射波和透射波的声压可分别表示为

$$\left. \begin{array}{l} p_i = p_{ai} e^{j(\omega t - kx)} \\ p_r = p_{ar} e^{j(\omega t + kx)} \\ p_t = p_{at} e^{j(\omega t - kx)} \end{array} \right\} \tag{8.3}$$

相应地,入射波、反射波和透射波的质点速度可分别表示为

$$v_i = \frac{p_{ai}}{\rho_0 c_0} e^{j(\omega t - kx)}$$

$$v_r = -\frac{p_{ar}}{\rho_0 c_0} e^{j(\omega t + kx)}$$

$$v_t = \frac{p_{at}}{\rho_0 c_0} e^{j(\omega t - kx)}$$

(8.4)

这时在管接口处存在两种边界条件:①声压连续;②体积速度连续。这里如果提出法向速度连续的条件是不合适的,因为在界面处截面有突变,界面处质点运动不再是单向的,在界面附近声场是非均匀的。然而由于界面处质点不会积聚,根据质量守恒定律,体积速度总应连续。假设该声场不均匀区远小于声波波长,因而可以把这一区域看成一点,而在此区域以外声波仍恢复平面波传播,如图 8.4(b)所示。所以可以近似获得界面处体积速度连续的条件[10]

$$S_1(v_i + v_r) = S_2 v_t$$

(8.5)

由管接口处($x=0$)声压连续条件可得

$$p_{ai} + p_{ar} = p_{at}$$

(8.6)

因而可以求解出突变截面管的声反射系数为

$$r_p = \frac{p_{ar}}{p_{ai}} = \frac{S_{21} - 1}{S_{21} + 1}$$

(8.7)

式中:$S_{21} = S_1/S_2$。

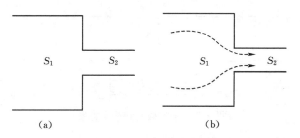

(a)　　　　　　　　　　　(b)

图 8.4　突变截面管示意图

由式(8.7)可知,声波的反射与截面面积比值有关。当 $S_2 < S_1$,$r_p > 0$,这就相当于声波遇到"硬"边界情形;当 $S_2 > S_1$,$r_p < 0$,相当于声波遇到"软"边界。进一步,当 $S_2 \ll S_1$,$r_p \approx 1$,相当于声波遇到刚性壁;而当 $S_2 \gg S_1$,$r_p \approx -1$,这好像声波遇到"真空"边界。

由式(8.7)还可得到声强的反射系数与透射系数

$$r_I = \left(\frac{S_{21} - 1}{S_{21} + 1}\right)^2$$

(8.8)

$$t_I = \frac{I_t}{I_i} = \frac{4}{(S_{12} + 1)^2} \tag{8.9}$$

为了反映突变截面管中声传播的能量关系,还可写出平均声能流或功率的透射系数

$$t_W = \frac{I_t S_2}{I_i S_1} = \frac{4S_{12}}{(S_{12} + 1)^2} \tag{8.10}$$

这些对指导管道式消声器,包括扩张管式消声器、管道共振式消声器及阻抗复合式消声器等的设计有非常大的作用。

2. 扩张管式消声器

扩张管式消声器的重要理论依据即是中间插管的滤波原理。图 8.5 表示中间插管结构的示意图,图中 S_1 是主管管道横截面积,S_2 是中间插管的横截面积,D 是中间插管的长度。对于这种结构,仍然可以采用上节的分析方法,但这里有两个突变界面,在每个界面处都要满足声压连续和体积速度连续的条件,最后可得中间插管部分的声强透射系数公式为[10]

$$t_I = \frac{4}{4\cos^2 kD + (S_1/S_2 + S_2/S_1)^2 \sin^2 kD} \tag{8.11}$$

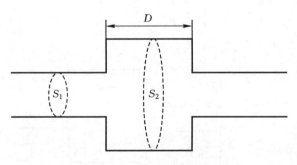

图 8.5　中间插管结构示意图

从上式看出,声波经过中间插管的透射,不仅同主管和插管的截面积比值有关,还与插管的长度有关。当 $kD = (2n-1)\dfrac{\pi}{2}$,即 $D = (2n-1)\dfrac{\lambda}{4}$($n=1,2,\cdots$)时,透射系数最小并等于

$$(t_I)_{\min} = \frac{4}{(S_2/S_1 + S_1/S_2)^2} \tag{8.12}$$

这就是说,当中间插管的长度等于声波波长 λ 的 1/4 奇数倍时,声波的透射本领最差,或者说反射本领最强,这就构成了对某些频率的滤波作用。

至于插入的是扩张管还是收缩管,在理论上并无区别。然而,在实用上为了减少对气流的阻力,常用扩张管。这样的消声器称为扩张式消声器。这种滤波原理只是使

声波反射回去,但并不消耗声能,因而,由这种原理设计的消声器也称为抗性消声器。

消声器的消声程度一般用传声损失(TL)来描述,传声损失(隔声量)定义为透射系数倒数的常用对数的 10 倍。扩张式消声器的传声损失为

$$TL = 10\lg \frac{1}{t_I} = 10\lg[1 + (S_2/S_1 - S_1/S_2)^2 \sin^2 kD/4] \text{ (dB)} \qquad (8.13)$$

当 $kD = (2n-1)\pi/2$ 时,消声量达到极大值,即

$$TL_{\max} = 10\lg \frac{1}{t_I} = 10\lg[1 + (S_2/S_1 - S_1/S_2)^2/4] \text{ (dB)} \qquad (8.14)$$

当 $kD = n\pi$ 或 $D = n\lambda/2$ 时,消声量为零。这就是说,当插管长度等于声波波长一半的整数倍时,声波将可以全部通过,与这一波长对应的频率称为消声器的通过频率。

由此可见,扩张管式消声器具有较强的频率选择性,所以适宜于消除声波中一些声压级特别高的频率成分。为了扩展消声的频率范围,可采取插入多节扩张管

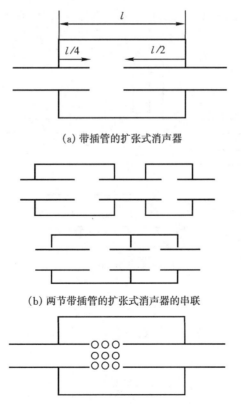

(a) 带插管的扩张式消声器

(b) 两节带插管的扩张式消声器的串联

(c) 为改善空气动力性能而在管壁上打孔的扩张式消声器

图 8.6　扩张管式消声器的不同形式

的方法,各节扩张管的长度可互不相同以消除不同频率。图 8.6 表示了扩张管式消声器的不同形式,其中(a)示出带插管的扩张式消声器,(b)示出两节带插管的扩张式消声器的串联,(c)示出为改善空气动力性能而在管壁上打孔的扩张式消声器。

此外,这里要注意的是,扩张管式消声器存在一低频极限。如果消声器中的扩张管以及它的前后连接管的长度都比声波波长小很多,那么这些管子已不再是分布参数系统而成为集中参数系统的声学元件了,即对低于低频极限的频率,这时的滤波器原理就不再遵循扩张管式的规律。

3. 有旁支的管

在有些声波传播的管道中常存在一些旁支,这种旁支的存在必然对声波传播产生影响。图 8.7 表示有旁支的声管,其中主管的截面积为 S,旁支管的截面积为 S_b。当平面波 p_i 从主管道传入,由于旁支的影响,主管道中会产生反射波 p_r 和透射波 p_t,但同时在旁支管中亦有声波 p_b 传入。如果旁支口的尺度远比声波波长小,则可以把旁支口看成一点。把坐标原点选在旁支位置,在主管道与旁支的连接处,有声压连续条件

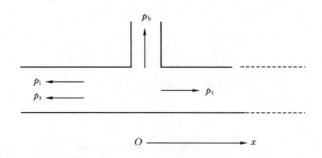

图 8.7　有旁支的声管

$$p_i + p_r = p_t = p_b \tag{8.15}$$

及体积速度连续条件

$$U_i + U_r = U_t + U_b \tag{8.16}$$

假设旁支管口的声阻抗为 $Z_b = R_b + jX_b$,则其体积速度 $U_b = p_b/Z_b$。这样可求得声压反射系数为

$$r_p = \left| \frac{\rho_0 c_0/2S}{\rho_0 c_0/2S + Z_b} \right| \tag{8.17}$$

声强透射系数

$$t_I = |t_p|^2 = \frac{R_b{}^2 + X_b{}^2}{\left(\dfrac{\rho_0 c_0}{2S} + R_b\right)^2 + X_b{}^2} \tag{8.18}$$

由此可见,声强透射系数与旁支的声阻抗关系非常密切。

4. 共振吸声结构

如图 8.8 所示,在主管道上增加一 Helmholtz 吸声器作为旁支,这时主管道的声强透射系数为[10]

$$t_I = \frac{1}{1 + \dfrac{(\rho_0 c_0)^2}{4S^2 \left(\omega M_a - \dfrac{1}{\omega C_a}\right)^2}} \tag{8.19}$$

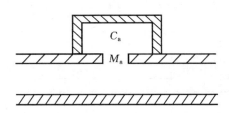

图 8.8　共振式消声器

从此式看到,当管道噪声频率 $\omega = \omega_r = 1/\sqrt{M_a C_a}$,即吸声器共振时,主管道透射系数等于零,这表示入射声波被吸声器旁支所阻拦,旁支起了滤波器的作用。这就是目前在管道消声问题中广泛采用的一种共振式消声器的原理。

共振式消声器的消声量公式为

$$TL = 10\lg \frac{1}{t_I} = 10\lg\left[1 + \frac{\beta^2 z^2}{(z^2 - 1)^2}\right] \text{ (dB)} \tag{8.20}$$

式中:$\beta = \dfrac{\omega_r V}{2 c_0 S}$;$z = \omega/\omega_r$;$V$ 为空腔体积;S 为空气柱在脖颈处的截面积。

从上式可知,TL 随频率比 z 增大而迅速减小,β 值越小消声频带越窄,因此为了扩展消声频带,必须选择足够大的 β 值。此外,为了扩展消声频率范围,也可在主管上装上共振频率各不相同的多个共振吸声器。

5. 阻抗复合式消声器

前面介绍的扩张管式消声器和共振吸声结构都属于抗式消声器。在实际工程应用中,常将阻式消声器和抗式消声器结合在管道消声中,如图 8.9 所示。

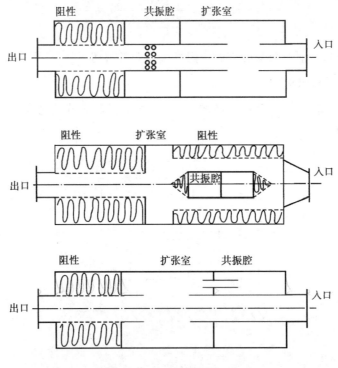

图 8.9　阻抗复合式消声器

8.2　适用于恶劣环境应用的噪声控制技术

　　机械、车辆、航空航天、水下、军工等工程领域的大量机械产品及工程结构都在恶劣的环境下应用,要求控制这些产品及结构的振动与噪声的阻尼技术也要适用于恶劣环境的应用,即要求阻尼技术的结构或材料在真空中不挥发,不惧辐射和腐蚀,能耐高温、低温,性能稳定,可靠性高,寿命长,有利于长期保存等。

　　以大阻尼粘弹材料为主要手段的阻尼减振降噪技术,由于其优越的减振降噪效果和便于实施的优点,近几十年来在工程应用中得到了迅速的发展和广泛的应用。但是,目前大多数粘弹材料只能在 $-50\sim 50℃$ 环境条件下使用,且粘弹材料的阻尼特性对温度异常敏感,因而在低温、高热流和高压力等恶劣环境条件下许多航空航天器、激光器、火箭发动机等不能采用粘弹材料。因此,开发适用于恶劣环境应用的阻尼新技术具有重要的工程意义和价值。

　　目前已经发展的和正在发展的这些阻尼新技术包括:①气体泵动阻尼技术;②豆包冲击阻尼技术;③非阻塞微颗粒阻尼技术;④金属橡胶阻尼技术。下面一一讨论这些阻尼新技术。

8.2.1　气体泵动阻尼技术

在机器或设备中的振动平板表面,用螺钉连接、铆接或点焊等方法附加一辅助平板,并使两板之间的狭小空间保持一层薄的空气层,这种附加阻尼处理的方法叫气体泵动阻尼技术或气体薄膜阻尼技术,其结构示意图如图 8.10 所示。

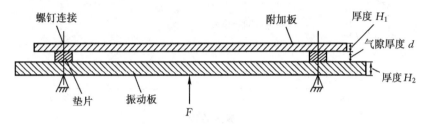

图 8.10　气体薄膜阻尼结构示意图

当结构受到外力激励,振动板以一定的频率振动时,振动板面的振动快速地迫使两板之间气隙中的空气流体层产生高速流动,空气层的粘性阻尼作用使振动能量耗损。附加板由于附加在振动板上,受激后也要振动,而由于两板结构参数的不同,两者的振动形态也就不同,这样处于两板之间的空气层产生强烈抽动运动,即泵动效应。因为空气层很薄,其较大的粘性损耗使振动能量得以耗损,从而降低振动板的振动和声辐射。也就是说,气体泵动阻尼技术是固体与空气流体振动耦合产生的阻尼。

为了说明空气薄膜阻尼结构中两板气隙中的空气流体是产生阻尼的主要机理,Chow L C 等人[32]将两块平行钢板组成的薄膜阻尼结构悬挂在密闭的减压舱里,其中振动钢板厚度 $H_1 = 6.1$ mm,附加钢板厚度 $H_2 = 1.5$ mm,气隙厚度 $d = 0.38$ mm。减压舱的内壁用较厚的吸声泡沫覆盖以防止声反射。在不同的舱内压力下测量气体薄膜阻尼结构的损耗因子,实验结果如图 8.11 所示,1 mmHg = 133.322 Pa。实验结果表明:气体薄膜阻尼结构的损耗因子 η 随压力的变化而变化,这意味着这种阻尼与两板之间气隙层的气体泵动耗能关系密切,而与两板连接点处的摩擦耗能关系不大。这就说明,两板气隙层中的空气流体粘性是振动板能量损耗的主要原因。

Trochidis A[33] 在真空舱里通过调节舱内压力测量了两块直接固定($d \approx 0$)铝板的损耗因子,多次测量的结果如图 8.12 所示。测量结果表明:两块平行平板损耗因子随气隙压力的减小而减小,这又进一步说明气隙层空气流体的粘性损耗是形成薄膜阻尼的主要原因。

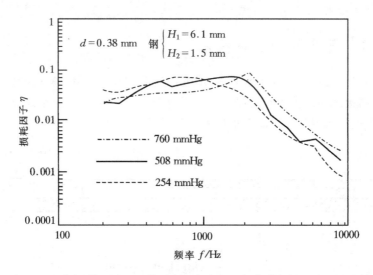

图 8.11　不同环境压力下两块平行钢板之间空气薄膜损耗因子的测量结果

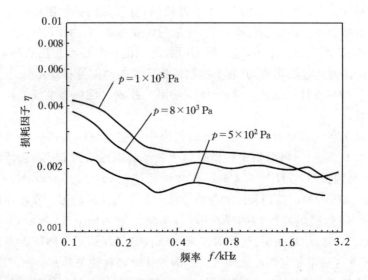

图 8.12　在真空舱中测量直接固定两块平行板的损耗因子

1. 影响气体薄膜阻尼结构损耗因子的主要因素

（1）附加板的临界频率

在振动板的临界频率处,吻合效应使振动板的声辐射达到极大,这时由于泵动运动,流体的粘性损耗相当大,所以阻尼结构的损耗因子就相当高。在振动板临界频率以下,振动板附近存在一个无功压力场,因而不存在辐射噪声,这时可认为振动板和附加板是以同相位振动的,不会产生泵动运动,所以阻尼结构的损耗因子较低。但在振动板临界频率以上,振动板的辐射效率下降很快,这时振动板的泵动运动减弱,而附加板以自身的固有频率振动,使两板之间的振动耦合大大减弱,损耗因子迅速下降。在附加板临界频率以下,来自附加板振动的气体泵动,对阻尼结构的损耗因子贡献仍然非常大,使得在两板临界频率之间的频带仍然具有相当高的损耗因子,因此,阻尼结构设计时应尽量使附加板的临界频率高于振动板的临界频率,这点对噪声控制来说是非常有利的。根据第 2 章临界频率的定义,两板同质时也即要求附加板厚度小于振动板厚度。

(2)振动板和附加板的质量比

气体薄膜阻尼结构的耗能效果取决于泵动作用下气体薄膜的粘性损耗。为了得到最佳的结构损耗因子,最简单易行的方法就是设计振动板和附加板的质量比,使两板波数失谐。

图 8.13 是同质钢板质量比(或厚度比)对气体薄膜阻尼结构损耗因子影响的试验曲线,其中气隙厚度 $d = 1$ mm。从图中可以看出,为了使两板波数失谐,对同质材料两板的质量比 m_1/m_2 应略大于 2 是较好的配置。虽然 $H_1/H_2 = 4$ 时有较大的阻尼效果,但从阻尼效果和稳定性看 $H_1/H_2 = 2$ 是较好的配置。显然,$H_1/H_2 = 1$ 时的阻尼效果最差,这同时也验证了上一小节中的分析。

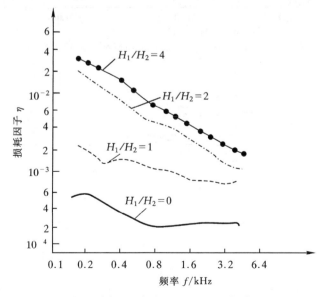

图 8.13　两钢板厚度比对损耗因子的影响(气隙厚度 $d = 1$ mm)

　　在振动板与附加板的质量比具有最佳值的情况下,为了使附加板的临界频率尽量高于振动板的临界频率,可在不改变附加板质量的同时尽可能降低附加板的刚度。

　　(3)气隙厚度

　　图 8.14(a)和(b)是两板间气隙厚度大小对结构损耗因子的影响曲线。从图中可看到,气隙厚度越小,损耗因子越大,这是由于两板间气隙厚度大时流体速度降低而导致粘性损耗下降;两块钢板直接用螺栓固定($d=0$)时,阻尼值达到最高,这是来自非平整两板表面包围的空气被泵动的结果。

　　对于两块相同厚度平板,图 8.15 表示了不同气隙厚度对损耗因子的影响。在其他条件相同时,气隙厚度 $d=0.5$ mm 的状况对损耗因子最有利,但两块平板直

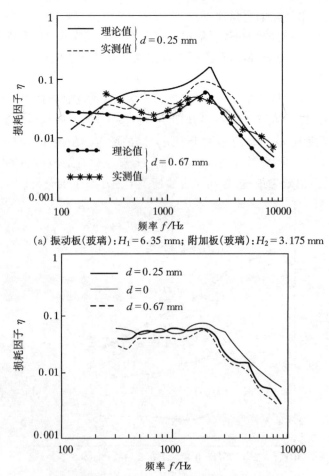

(a) 振动板(玻璃):$H_1=6.35$ mm;附加板(玻璃):$H_2=3.175$ mm

(b) 振动板(钢):$H_1=6.1$ mm;附加板(钢):$H_2=1.5$ mm

图 8.14　两板间气隙厚度 d 对结构损耗因子的影响

接固定时,却比气隙厚度 $d=1.0$ mm 时的损耗因子都低。因此,两块板直接固定时要达到较大的阻尼,就必须考虑两板的质量比,即考虑两板弯曲波速度失谐条件,这样才能得到较高的阻尼。

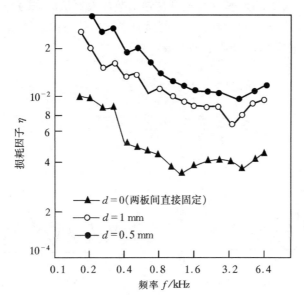

图 8.15　两块相同厚度板的不同气隙厚度 d 对损耗因子的影响

(4)振动板和附加板的连接间距

两板之间的连接间距不同亦会对气体薄膜阻尼结构的损耗因子产生影响。当连接间距为振动板振动的半波长的整数倍时,损耗因子可达到最大值。另外,损耗因子随连接间距的增大而提高。如果连接间距小,两块平板振动起来就像一块板一样,这样两板之间的相对运动小,泵动所产生的阻尼效果就小;而连接间距较大时,两板之间的相对运动就大,从而使损耗因子也随之增大。

此外,大量试验证明:气体薄膜阻尼结构两板连接处的接触压力大小,对结构损耗因子几乎没有什么影响;接触面的粗糙度高低对结构损耗因子的影响也是无关紧要的,进一步说明这种阻尼结构摩擦不是造成结构损耗因子增大的原因。

2. 气体薄膜阻尼结构的应用

气体薄膜阻尼结构特别适用于低温、高温、油、有污染的恶劣环境条件下的平整表面板的减振降噪,对比较薄的板更为有效。

(1)降噪效果实验

把 500 mm×500 mm×5 mm 的钢板用两根钢丝悬挂,用脉冲激励方法得到

5 mm 厚钢板的加速度传递函数如图 8.16(a)所示。当再附加 1 mm 厚钢平板,保持气隙 $d=0.18$ mm,其加速度传递函数如图 8.16(b)所示。气体薄膜阻尼结构在 0~5 kHz 范围内传递函数主要频率峰值的放大比下降为原来 1/5 左右。在最大峰值的 4280~4320 Hz 处,振动加速度传递函数放大比从原来的 54.8 降为 12.3,即降为原来的 22.5%。综合来看气体薄膜阻尼结构的减振效果相当明显,因此对降低板结构的声辐射将起到明显的效果。

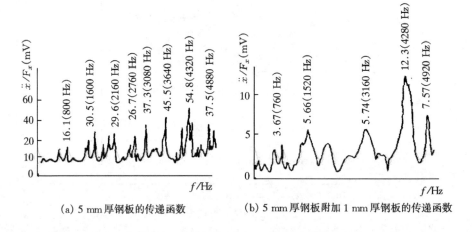

(a) 5 mm 厚钢板的传递函数　　　　　(b) 5 mm 厚钢板附加 1 mm 厚钢板的传递函数

图 8.16　气体薄膜阻尼结构的减振效果

图 8.17 比较了 5 mm 厚钢板附加 1 mm 厚钢板在几种不同间隙下的平均声辐射。把 500 mm×500 mm×5 mm 的钢平板用两根钢丝悬挂,用白噪声信号进行力

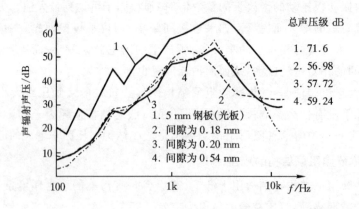

图 8.17　5 mm 厚钢板附加 1 mm 厚钢板在几种间隙下的平均声辐射

激励,在距钢板 30 mm 处的平面上布置 400 个测点,经平均得到声压平均值随频率变化的特性。当采用 1 mm 厚附加钢板构成气体薄膜阻尼结构后,当气隙 d 为 0.18 mm 时,声压级由原来单板的 71.6 dB(A)降至 56.98 dB(A)。

现对 500 mm×500 mm×1.8 mm 钢板附加上 500 mm×500 mm×0.5 mm 钢板,其中气隙间隔为 0.1 mm,我们对这样形成的总厚度为 2.3 mm 的复合板与 500 mm×500 mm×3.0 mm 的单层钢板分别进行了隔声实验。实验结果表明气体薄膜阻尼结构(总厚度 2.3 mm)隔声量与单板(厚度 3.0 mm)相比反而提高,在 0~8 kHz 频率范围提高 0.9 dB,而在 3.5~8 kHz 频率范围提高 6 ~8 dB。这表明气体薄膜阻尼结构对在高频处隔声量的增加贡献较大,对噪声控制非常有利。

上述实验表明,气体薄膜阻尼结构对降低结构板的声辐射是非常有效的。

(2)气体薄膜阻尼结构在工程应用中的设计准则

①气体薄膜阻尼结构在小间隙($0<d<0.7$ mm)情况下,间隙越小,隔声量越大。对于工程应用钢板来说,当两板用螺栓直接连接时,其间隙 d 约为 0.1 mm,这时结构的隔声量很大。

②当气体薄膜阻尼结构采用同质的金属板时,在其厚度比 $H_1/H_2=2\sim4$ 时隔声性能最高。

③气体薄膜阻尼结构具有宽频带的隔声性能,特别在高频段的隔声性能较好,并且其隔声量大于厚度为振动板与附加板厚度和的单板的隔声量。这样就可以在不增加总体质量情况下增加隔声量,这对于工程应用来说很有意义。

④对于隔声设计而言,在条件许可情况下尽可能提高振动板厚度,这有利于改善低频段和高频段的隔声性能。

8.2.2 豆包冲击阻尼技术

豆包冲击阻尼技术是利用"豆包"作减振冲击质量的技术,是一种在柔性约束颗粒结构的调节补充作用下的冲击阻尼技术。如图 8.18 所示,将用柔性包袋包裹着无数颗粒制成的"豆包"放置在与主振动系统相连的空腔中形成"豆包"(beam bag)冲击阻尼减振器。"豆包"质量与空腔保持一定间隙,当主系统振动时,通过动量交换,"豆包"质量获得能量并冲击腔体,从而吸收和耗散主系统的振动能量,达到减振降噪的目的。

研究指出:豆包冲击减振器的减振机理是"豆包"质量和主系统在碰撞过程中,碰撞力对主系统做负功的结果,是冲击阻尼和颗粒阻尼的组合,冲击阻尼起动量交换作用,颗粒阻尼起耗能作用。

豆包冲击阻尼技术具有如下特点:

①冲击质量具有柔性和松散性,冲击恢复系数小,冲击作用时间长,冲击力峰

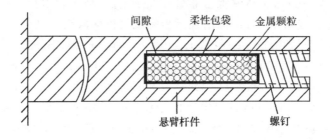

图 8.18　豆包冲击阻尼结构示意图

值小,由碰撞引起的噪声非常小;

②"豆包"质量不仅有冲击作用,且有颗粒之间的摩擦效应,耗散结构振动能量的能力强,减振降噪效应好;

③冲击质量减振降噪频带非常宽;

④"豆包"质量工程实施方便。

1. 豆包冲击阻尼技术在工程应用中应注意的问题

①"豆包"质量的设计应取较大的恢复系数(有利动量交换)和较大的颗粒摩擦系数(有利耗能)及较大密度的颗粒(有利增加质量比)。

②对阻尼较大的主振动系统,"豆包"质量的设计应取较大质量和较大直径与密度的颗粒以增加"豆包"冲击阻尼的动量交换作用,提高其减振效果。

③主振动系统属高频振动时,"豆包"质量设计应取较紧程度及取较小的碰撞间隙。若以低频振动为主,则取较松程度和较大的碰撞间隙。采用较薄的包袋材料有利于提高豆包冲击阻尼技术的综合减振性能。

④"豆包"质量应尽可能设置在主振动系统振动最大处。

2. 豆包冲击阻尼技术应用实例

这里介绍豆包冲击阻尼技术应用于镗杆的实例[34]。图 8.19 比较了在使用包括豆包冲击阻尼技术在内的不同形式冲击质量时镗杆镗削的极限切深与噪声级[34]。图中(a)的实验条件:试件为钢管,外径 ϕ73 mm,壁厚 6.35 mm,工件转速135 r/min,进给量 15 mm/r。图中(b)的实验条件:试件和转速与(a)相同,进给量0.038 mm/r,镗杆长径比为 8,在离开镗刀头 300 mm 处的水平方向测量声压级。从图中可以看出,使用单个"豆包"的冲击阻尼吸振器比其他形式的冲击阻尼吸振器具有最大的极限切深,且切削噪声最低;使用集中质量的冲击阻尼吸振器比实心镗杆具有更大的极限切深,但切削噪声最高。

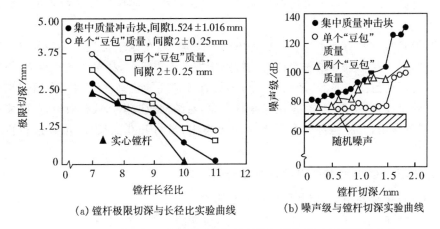

(a) 镗杆极限切深与长径比实验曲线　　(b) 噪声级与镗杆切深实验曲线

图 8.19　用冲击阻尼吸振器时镗杆镗削的极限切深和切削噪声实验

8.2.3　非阻塞微颗粒阻尼(NOPD)技术

非阻塞微颗粒阻尼(Non-Obstructive Particle Damping,缩写为 NOPD)技术是微小颗粒(尺寸在 $0.1 \sim 1$ mm 之间)在非阻塞状态下的阻尼减振技术,是继豆包冲击阻尼技术之后的又一种颗粒阻尼技术。

NOPD 技术是在结构振动的传递路径上或在结构振动最大的位置加工出一定数量的小孔或空腔,其中填充适当数量的金属或非金属微小颗粒,使之在孔中处于非阻塞状态,以增加结构阻尼而不增加结构重量。随着结构体的振动,颗粒相互之间以及颗粒与结构体之间不断发生碰撞和摩擦,由此产生的摩擦阻尼及其动量交换作用可以耗散结构体的振动能量从而达到减振降噪的目的。为了取得满意的减振效果,NOPD 一般采用比重较大的金属颗粒材料,如钨粒、铅粒、铁砂等。一般情况下选用级配均一、无粘滞力的理想散粒体。由于在减振过程中 NOPD 颗粒材料受到往复力的作用,其抗剪强度将对减振效果有一定影响。

NOPD 技术具有多种复杂的耗能机理:主要为微颗粒之间的摩擦;微颗粒与振动壁面的摩擦及动量交换作用;此处还有微颗粒材料的粘滞性、内聚性、剪切变形等等。

NOPD 技术是一种新型的适合恶劣环境的阻尼技术,结合了颗粒阻尼技术与冲击阻尼技术的优点,但比两者有更佳的性能。其主要优点在于:①与刚性冲击减振器相比,NOPD 技术具有减振频带宽,效果好,无噪声等优点;②与传统的封砂结构相比,它具有空间尺寸小,附加重量轻,对结构改动小的优点;③与粘弹阻尼结构相比,它不但适合常规的减振降噪,而且适合于恶劣环境下工作。因此,NOPD

技术具有其他阻尼技术无可比拟的优点,正是这些特点使得 NOPD 技术的研究及应用得以不断地开展下去。

NOPD 技术具有如下特点:①不必更改结构,可在原结构进行 NOPD 处理;②对空间尺寸及重量等限制严格的结构不增加结构重量,这样对如航空航天、军工产品等的振动控制更具有其独特之处;③具有多种耗能机理使结构临界阻尼率提高一个数量级,极容易实现,减振降噪频带宽,对结构薄弱模态减振效果好;④实施方便,节省费用;⑤结构件开孔易产生应力集中,需对开孔的尺寸、位置进行良好设计。

1. 影响 NOPD 性能的有关参数实验

NOPD 优越性很多,但其影响因素也很多:

① 微颗粒材料的材质,粉粒尺寸大小,填充的密度,质量比;

② 结构的开孔(或空腔)尺寸大小、位置、数量;

③ 结构振动的大小,振动频率的高低等。

图 8.20 表示了在纵向加工 6 个小孔并填充金属微颗粒材料的两端自由铝梁。在脉冲激励下,图 8.21 比较了该自由梁在加入和不加入 NOPD 两种情况下的响应衰减曲线,图(a)为不加入 NOPD 的情况,其开始时刻振动加速度幅值为 $\pm 92 \, \mathrm{m/s^2}$,经过 1 s 后振动幅值衰减为 $\pm 25 \, \mathrm{m/s^2}$;图(b)为加入 NOPD 的情况,其开始时刻振动加速度幅值为 $\pm 50 \, \mathrm{m/s^2}$,经过 1 s 后振动幅值衰减为零。因而,NOPD 处理有效增加了结构阻尼。表 8.1 表示了该两端自由铝梁使用 NOPD 处理前后弯曲模态的减振效果,使用 NOPD 处理前后自由梁在脉冲激励下弯曲模态的加速度幅值由原来的 911.7 $\mathrm{m/s^2}$ 下降为采用钢微粒的 87.9 $\mathrm{m/s^2}$ 及采用钨颗粒的 14.9 $\mathrm{m/s^2}$,其中加速度幅值最大下降 60 倍。从表 8.1 可以看出,由于钨颗粒的密度大于钢颗粒的密度,因而使用钨粉颗粒的减振效果更佳。

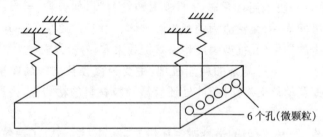

6 个孔(微颗粒)

图 8.20 加入 NOPD 的两端自由铝梁

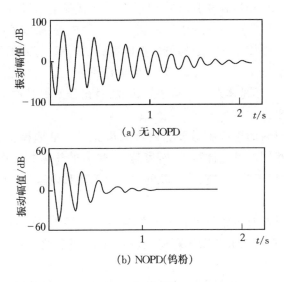

(a) 无 NOPD

(b) NOPD(钨粉)

图 8.21　两端自由梁的响应衰减曲线

表 8.1　两端自由铝梁使用 NOPD 处理前后弯曲模态的减振效果

条件		加速度幅值/m·s^{-2}	弯曲模态频率/Hz	备注
原始自由梁		911.7	276	加速度幅值 最大下降 60 倍
NOPD 处理	钢微颗粒	87.9	272	
	钨微颗粒	14.9	266～280	

注:激励使用脉冲激励方式

　　由于 NOPD 技术的突出优点,NOPD 技术必将有很好的应用前景,但在实际应用中,应考虑以下影响因素。

　　①施加 NOPD 时,必定要在原结构体上打孔,这样就对原结构强度产生或多或少的影响。因此,打孔前需要对打孔后结构体的应力和强度进行分析,在满足结构强度的前提下打孔。

　　②施加 NOPD 的位置很重要。首先,应该在振动剧烈的零部件上打孔,这样可以使填入其中的粉体颗粒被充分激振起来参与系统振动,使减振效率提高。此外,对振动的传输路径进行分析,在其传输路径上打孔可以通过粉体颗粒的振动和冲击消耗所传递的振动能量,起到切断振动传输路径的作用,也能取得较好的减振效果。

　　③打孔时孔径的大小也会影响减振效果。实际应用中,在强度允许的情况下尽量打较大直径的孔,但同时也要考虑到系统振幅的大小。若振幅较大,孔径可适

当增大,但当振幅很小时,在条件允许的情况下应以多个小直径的孔代替大直径孔。这是因为较大振幅亦能充分激振起填入大孔径中的数量较多的粉体颗粒,但小振幅的振动却无法使放在一起的很多粉体颗粒同时参与振动,致使其中一部分颗粒的冲击和摩擦作用很小,但如果以多个小孔径代替单个大孔径,就相当于将粉体颗粒分散放置,这样粉体颗粒容易被激起,从而充分发挥其冲击和摩擦作用,取得更好的减振效果。

④粉体颗粒材料的选择很重要。在可能情况下尽量选择密度较大的颗粒材料。这是由于在相同的填充体积下,密度越大,填入的粉体颗粒质量就越大,冲击作用就越强,而且密度较大的粉体颗粒的内摩擦系数和内压力也较大,产生的摩擦阻尼也就较大。

⑤颗粒粒径虽然对减振效果有一定影响,但影响不大,在不至于造成颗粒阻塞情况下,尽量选择粒径较大的粉体颗粒,这样可以使颗粒之间的活动间隙较大,不至于限制颗粒的冲击运动。

⑥颗粒的填充百分比应该根据颗粒粒径的大小确定,较大粒径的颗粒应以100%的填充百分比填充,小粒径颗粒以 90%左右的填充百分比较合适。

2. 基于统计方法的 NOPD 耗能机理定量分析[35]

此前,国内外针对 NOPD 的研究多停留在实验或简化模型的数值模拟上。近年随着颗粒物质力学的发展,散体单元法(DEM)也已开始应用于 NOPD 的减振机理研究,基于内时理论的研究也有人涉及。散体单元法(DEM)是一种不连续数值方法模型,其明显的优点在于能够考虑散体中实际颗粒的组成结构,并能根据静力学或动力学原理研究单个颗粒及其总和的性质,它适用于模拟离散颗粒组合体在准静态或动态条件下的变形过程。文献[36]结合 NOPD 的结构特点,构造了一种球体元模型,认为 NOPD 的耗能机理分为两种:一种为冲击耗能,另一种为摩擦耗能。影响冲击耗能的主要因素为弹性恢复系数,影响摩擦耗能的主要因素为摩擦系数和法向作用力。文献通过计算机仿真得到 NOPD 阻尼机理的一般性结论,初步分析了颗粒填充率、颗粒大小等因素对能量耗散的影响。但是,当 NOPD 结构的微颗粒数目较多(超过 1 万粒),或者 NOPD 的结构较为复杂时,该模型的计算效率及精度显得不令人满意。

内蕴时间理论(简称内时理论)是 Valanis K C 在 1971 年提出[37],并用于描述耗散材料的粘塑性过程的理论,内时理论是通过对由内变量表征的材料内部组织结构不可逆变化所满足的热力学约束条件的研究,得到内变量变化所必须满足的规律,从而给出具体材料在具体条件下一条特定的不可逆热力学变量的演变路径。文献[38]应用内时理论分析 NOPD 的结构响应,确定了材料的内时本构特性,建立起散粒体的增量型内时本构方程,并基于此给出了 NOPD 结构的有限元动力方程,然后用 New mark 方法对动力方程进行了数值计算,结论认为 NOPD 阻尼结构对振幅较大的薄弱模态有较好的减振效果,计算结果与实验结果具有较好的一致性。应用上述方法建立的 NOPD 模型,虽与实验数据有较好的一致性,也具有一定的工程指导意义,但上述研究并未得出 NOPD 能量耗散的定量规律,颗粒直径、材料密度及颗粒流体积比(颗粒体积/孔洞体积)对能量耗散率的具体影响依然不清楚。

工作状态中的 NOPD 颗粒群运动状态十分复杂,既不是简单的弹性流也不是纯粹的惯性流,颗粒间相互作用复杂,因此,无法用弹性流或者惯性流的模型来简单处理。本节基于湍流的耗能统计模型,根据颗粒流的类流体性质,从颗粒流的一般本构关系出发,借鉴局部各向同性湍流的耗能模型,得到了 NOPD 能量耗散率及能谱密度的表达式。

颗粒物质理论中,将颗粒流分为弹性流(弹性准静态颗粒流)和惯性流(惯性碰撞颗粒流),其研究对象均为处于相对简单运动状态的颗粒流。NOPD 中颗粒的运动包含了挤压、相对滑动、碰撞等,运动形式更为复杂,简单弹性流及惯性流的知识显然并不能直接应用到 NOPD 的耗能分析。

在一般流体中,当雷诺数超过某临界值时,层流变得不稳定,并开始向湍流过渡。湍流场中,湍动量及湍动能在雷诺应力作用下由均流传递到大涡,再由大涡逐级传递到小涡,最终在小涡中由于粘性作用耗散为热。在湍流场中存在一高波数区,在此区域内,由大涡(低波数区)传递来的能量可不计粘性耗散的作用,完整的传递到小涡(高波数区),湍流场整体达到动态平衡。Kolmogorov 由此不仅提出局部各向同性的概念,还提出速度场结构函数的概念来描述该类湍流速度起伏强度的统计特征,并提出两个著名假设:假设一,湍流能量传递过程中,能量耗散率 ε 与运动粘性系数 ν 是决定能量传递的两个特征量,由上述两个特征量,通过无因次分析可确定湍流场的特征长度 η 和特征速度 V;假设二,在惯性副区($r \gg \eta$, r 为湍流场中任意两点间的距离,η 为湍流特征尺寸),湍流场的纵向速度关联函数与运动粘性系数 ν 无关。

处于静止或低速运动状态下的颗粒流,各颗粒间相对运动不明显,可认为各点处的速度近似等于一平均速度,表现出与一般流体相似的性质(类流体性)。而处于工作状态时,NOPD 颗粒流在外界振动激励下,各颗粒间发生明显的相对运动,当外界的激振频率超过某个临界值时,颗粒流之间发生对流,随振激频率的增高,对流现象越明显,不同速度的颗粒之间发生相互挤压、摩擦、碰撞,部分颗粒将不再跟随颗粒流整体一起运动,颗粒的运动状态较运动初期显得混乱无序,表现出强烈的波动特性,当 NOPD 达到工作平衡状态时,以近似平均速度运动的颗粒流将被具有不同速度的颗粒取代,大量颗粒在振动激励下以各自速度往复运动,呈现出一定的周期性。NOPD 运动的混乱性以及体现出的"一定的周期性"与湍流的不规则性及准周期性极为相似,虽然两者的产生机理在本质上并不相同,但我们可以用湍流理论中的相关分析方法来研究 NOPD 的耗能机理。由此,根据 Kolmogorov 提出的假设,应用湍流统计理论建立 NOPD 的能量耗散模型。假设孔洞尺寸远大于颗粒直径且不考虑边界条件的影响,处于低速运动状态的颗粒流可看作均流,具有不同速度的颗粒与周围速度相近颗粒组成的颗粒群可看作由均流发展而来的湍流。当外界激振频率高于对流发生临界值时,NOPD 颗粒间发生对流,此时可认为 NOPD 进入湍动状态,并消耗外界振动能。与其能量耗散相关的因素可归结为两点:①颗粒群从外界接收以及传到其他颗粒群的能量;②由于颗粒间的相互摩擦而表现出的粘度。由于颗粒流表现出的类流体特性以及连续介质的假设,可借鉴湍流的耗能模型,引入两个量 ε(能量耗散率)、ν(等效运动粘性系数)来描述 NOPD 的耗能机理。

　　鉴于工作状态下 NOPD 颗粒流表现出的类流体性质,根据流体力学中的一般表示方法,将颗粒流中的速度场表示为 $U_i = \overline{U_i} + u_i$,式中 $\overline{U_i}$ 为平均速度,u_i 为脉动速度。我们将颗粒流的一般本构关系带入到经典 N-S 方程中,得到适应颗粒流的广义 N-S 方程,将颗粒流速度表达式带入广义 N-S 方程后,经过进一步整理,可得到颗粒流的脉动能量方程,并进一步得到 NOPD 的能谱密度为

$$E = A_0 \varepsilon^{2/3} k^{-5/3} \tag{8.21}$$

式中:k 为波数,$k = 2\pi f / \overline{U_i}$;$f$ 为频率,$\overline{U_i}$ 为颗粒流平均速度;A_0 为普适常数;ε 是 NOPD 中能量耗散率,其具体定量表达式为

$$\varepsilon = B_0 d^{3/2} \overline{\left(\frac{\mathrm{d}u}{\mathrm{d}y}\right)^2} \tag{8.22}$$

式中:B_0 为与颗粒体积比、颗粒弹性恢复系数及颗粒之间摩擦力有关的系数;d 为颗粒粒径,$\overline{(\mathrm{d}u/\mathrm{d}y)^2}$ 为速度梯度平方的平均值,它是由颗粒间的碰撞和扩散作用引起的。

　　结果表明,同种材料,相同颗粒直径情况下,能量耗散率随颗粒群体积比的增加而增大;相同颗粒群体积比时,能量耗散率随颗粒直径的增加而增大。在能量耗散率为定值的情况下,能谱密度随着波数的增高而降低。

　　该方法的引入为 NOPD 的工程应用提供了一种有效的定量分析方法,具体的分析可参看文献[17]。

3. NOPD 技术的工程应用实例

（1）NOPD 技术在捆钞机减振降噪中的应用[39]

自动捆钞机是新近研制开发的专利产品，其主要特点是采用了高速摩擦热合原理将塑料捆扎带的断口热合，克服了以往采用加热方法热合塑料捆扎带断口过程中散发有害气味的不足，而且自动化程度和工作效率都很高。但是由于工作性能的要求，偏心旋转机构最高转速可达 11500 r/min，导致捆钞机的噪声问题比较突出，在距捆钞机 0.5 m 处其实测噪声声压级高达 89 dB(A)。

整个捆钞过程中，捆扎带的成圈和热合是通过高速主电机和偏心旋转机构实现的。由于偏心旋转机构是瞬时升速和降速的，因而存在强烈的非稳态激振力，引起机架的振动并辐射噪声。由此可见，偏心旋转机构是产生噪声的主要振源，但机架是由高强度铝合金精密铸造而成，自身阻尼很小，使得振动不能有效衰减。

偏心旋转机构的高转速决定了振动的频带很宽，又由于偏心轴结构小、工作空间有限、工作中有润滑油润滑，所以其他的减振方法很难实施，而 NOPD 非常适用于这样的工作环境。因此，可以对偏心旋转机构和机架进行 NOPD 处理，减少其振动，从而有效降低噪声。

在偏心轴上打孔径为 $\phi 6$ mm、孔深 32 mm 的中心孔，灌入粒径为 $\phi 0.5$ mm 的粉体颗粒，开口处用螺钉固定。机架工作过程中处于非稳态的宽频带振动状态，针对机架的 NOPD 处理方式如图 8.22 所示。其中图（a）所示为在高速轴承孔周围进行 NOPD 处理。由于高速轴的振动首先传递给轴承，造成轴承孔周围部分振动较大，所以在轴承孔周围打上 12 个 $\phi 3$ mm 的小孔，孔深均为 20 mm，填入其中的

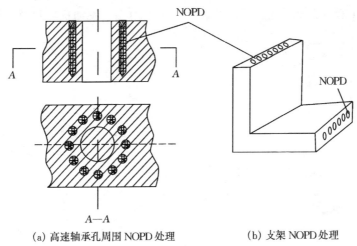

（a）高速轴承孔周围 NOPD 处理　　　　　　（b）支架 NOPD 处理

图 8.22　捆钞机机架的 NOPD 处理示意图

钨粉颗粒能够被充分激振起来,从而起到很好的减振效果;图(b)所示为在支架板上施加 NOPD。支架板面积大,振动剧烈,振动频带范围宽,因而在支架的横向和纵向分别打孔径均为 $\phi 4$ mm 的小孔,孔深根据打孔位置确定。

　　自动捆钞机的偏心旋转机构和机架同时进行 NOPD 处理后,对其正常工作时的噪声进行实地测量,比较了施加 NOPD 前后的降噪效果,如图 8.23 所示。结果表明:捆钞机的整体噪声由原来的 89 dB(A)降低为 83 dB(A),减振降噪效果非常显著。

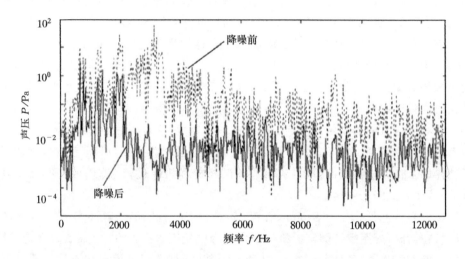

图 8.23　自动捆钞机施加 NOPD 处理前后降噪效果的比较

(2)NOPD 技术在发动机叶片减振中的试验[36]

图 8.24 所示为某研究所研制的涡喷 6 型军用飞机发动机叶片及其试验用模

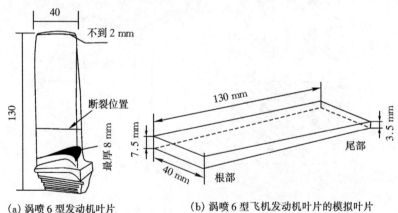

(a) 涡喷 6 型发动机叶片　　　　　(b) 涡喷 6 型飞机发动机叶片的模拟叶片

图 8.24　涡喷 6 型飞机发动机叶片及其试验模拟叶片

拟叶片。该叶片工作在高温高速气流环境中,常因振动问题发生裂纹破坏,此故障主要是由于弯曲振动所引起的疲劳破坏。为了将 NOPD 技术应用于该叶片的减振处理,以图(b)所示的模拟叶片为试验对象,比较分析了 NOPD 技术对该叶片减振处理的有效性。

针对图 8.24(b)所示的模拟叶片,设计了如图 8.25 所示的与主结构尺寸相同但分别沿叶片长度方向打了两条纵孔和三条纵孔的试验模型,每个试件中孔径均为 $\phi 3.2$ mm,孔深为叶片长度的一半,在各小孔中均填充钨粉颗粒(填充率为 90%)。

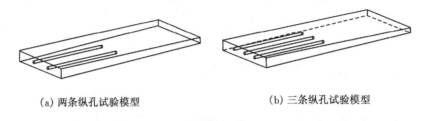

(a) 两条纵孔试验模型　　　　　　　　(b) 三条纵孔试验模型

图 8.25　模拟叶片的 NOPD 处理模型

试验装置如图 8.26 所示,对每个试件的根部固定,其他各边自由,并在试件上设置两个测点,分别测试在不同测点处试件在带宽为 6400 Hz 的随机激励下的传递函数。模拟叶片施加 NOPD 处理前后在不同测点处的传递函数比较如图 8.27 所示。从其比较中可以看出:NOPD 技术对如图 8.24 所示的飞机发动机模拟叶片有很好的减振作用,此外,开三个孔的 NOPD 处理比开两个孔的 NOPD 效果好,即质量比越大减振效果越好。

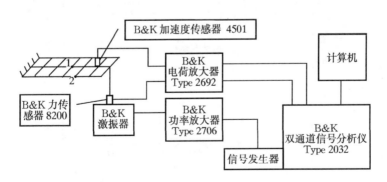

图 8.26　模拟叶片的试验装置

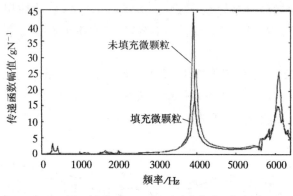

（a）两条孔 NOPD 处理叶片的传递函数(测点 1)

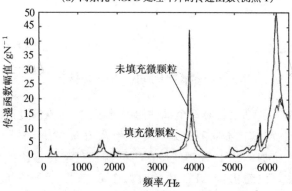

（b）两条孔 NOPD 处理叶片的传递函数(测点 2)

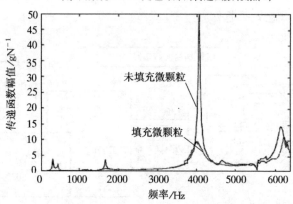

（c）三条孔 NOPD 处理叶片的传递函数(测点 1)

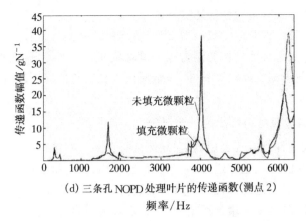

(d) 三条孔 NOPD 处理叶片的传递函数(测点 2)

频率/Hz

图 8.27　模拟叶片施加 NOPD 处理前后的传递函数比较

8.2.4　金属橡胶阻尼技术

金属橡胶是一种金属丝网材料,其模拟了橡胶等高聚物的网络结构,用细金属丝代替网络中的分子链而达到较好性能。用细金属螺旋丝来代替高聚物中的螺旋分子链,通过金属螺旋丝的各种缠绕方式和压制成型来模拟螺旋分子通过化学交联反应最终形成高聚物的过程,这样就制成了一种具有均质弹性的多孔材料,由于金属螺旋丝之间的相互勾联相当于高聚物中支化链节的作用,因而将其称为金属橡胶材料,如图 8.28 所示。

图 8.28　螺旋编织的金属橡胶材料

基于金属橡胶材料的构成机理,它具有类似于橡胶的弹塑性性质。当受到振动力作用时,通过细金属螺旋丝之间的摩擦、滑移、挤压和变形可以耗散大量能量而起到大阻尼粘弹性材料的作用。另一方面,它又是由金属丝制成的具有孔状结构的金属制品,因而具有很高的静动态强度,而且通过选用不同的金属丝就可以在有高温、腐蚀的恶劣环境中正常工作,且不会产生挥发性物质,保存期不受限制,还可以在高真空环境中使用。总体来说,这种材料克服了一般橡胶材料和粘弹性材料对温度过于敏感的缺点,既具有较高的损耗因子来消耗振动能量,又具有较好的导热性能。因而具有非常广阔的应用前景。

金属橡胶阻尼结构具有如下特点。

①适用高低温及有腐蚀性的恶劣环境应用。

②由金属橡胶材料制成的减振器、阻尼器等保存时间长,稳定性好。

③金属橡胶阻尼结构的耗能能力强。其耗能机理主要是干摩擦阻尼耗能,包括:金属橡胶材料内部之间的摩擦耗能;金属橡胶材料与连接体表面之间的摩擦耗能;金属橡胶材料与周围空气或液体的摩擦自然耗能。

1. 影响金属橡胶材料性能的一些因素

①密度对减振性能有较大影响,在相同前提条件下有最佳密度参数。

②渗透性与孔隙度、空隙通道的有效直径及分布状况微观粗糙度等有关,直接影响消声、节流、降压、过滤等性能。具有流速高,流阻大的特点。

③热膨胀性,随密度的增加而增加,当密度较大时,接近实体密度,线膨胀系数与实体近似相等,影响安装体积尺寸。

④弹性恢复,压制过程和压制后,其体积尺寸有增大趋势,影响安装尺寸。

⑤循环压缩性能,材料具有非弹性变形特征。

⑥内摩擦,线与线之间的杂乱分布,决定它们之间的啮合、滑动形式,影响稳定性。啮合接触变化会改变材料的刚度,滑动接触的变化会改变材料的内摩擦系数。

2. 金属橡胶阻尼技术在降噪中的应用实例

金属橡胶材料可制作各种减振器、阻尼器、消声器、过滤器、节流阀、散热器、减振轴承结构等,在航空航天、机床隔振等各个方面具有广泛的应用前景。金属橡胶材料在降噪中的应用一方面是通过减振来降低结构振动的声辐射,另一方面其本身就是一种有效的吸声材料,可以通过吸声来降噪。但要想达到各项设计性能指标,首先必须从材料入手,其次才考虑结构设计。因为只有使用新型材料,特别是金属材料,才能很好地避免粘弹性材料不能在高温和有腐蚀的恶劣环境中长期工作的缺陷。

影响金属橡胶材料吸声性能的参数比较多,如丝径、孔隙率、厚度等,而材料用量则影响整个噪声处理的成本。本节选用丝径 0.1 mm 的金属丝,实验研究了金属橡胶材料在材料厚度相同而孔隙率变化,及孔隙率相同而厚度变化等两种不同工况下的吸声性能[40]。

实验一:金属橡胶材料厚度相同、孔隙率变化的情况

制作材料厚度均为 $d=0.05$ m,孔隙率分别为 0.85、0.80、0.75、0.70、0.65 的五种不同试件,实验得到的吸声系数对比结果如图 8.29 所示。随着孔隙率的减少,吸声曲线直线段向低频移动。总体上看,孔隙率为 0.75 时吸声效果最好,这时整个频段上吸声系数较平稳,低频吸声系数接近 1,高频吸声系数稳定在 0.9 上下。

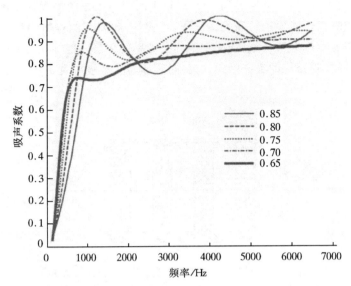

图 8.29　厚度相同情况下孔隙率变化对吸声系数的影响

实验二：金属橡胶材料孔隙率相同、厚度变化的情况

将孔隙率选择在等厚对比中吸声性能较好的 0.75 和 0.80 之间，取为 0.775，金属橡胶材料厚度对吸声性能的影响如图 8.30 所示。由图可见，吸声性能随材料

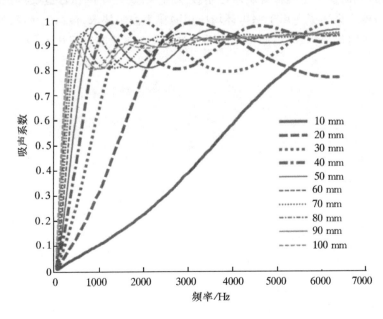

图 8.30　孔隙率相同情况下材料厚度变化对吸声系数的影响

厚度增加而增大,但当厚度增大到 80 mm 以上时吸声系数的增大效果不明显。因而,在对低频吸声性能要求较高的情况下,不宜一味地增加材料厚度,还应采取其他措施,如增加背部空气气隙,或采用不同孔隙率的多层匹配等。

鉴于金属橡胶材料的良好吸声性能,可用于恶劣环境中管道消声器的设计中,如图 8.31 所示。

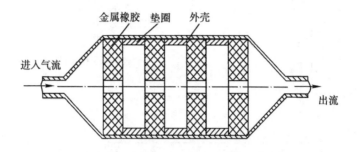

图 8.31　金属橡胶材料用于管道消声器设计示意图

8.3　本章小结

本章首先简述了工程常规噪声控制技术,包括室内噪声和管道噪声的控制原理和方法;然后详述了适用于恶劣环境应用的噪声控制技术,包括气体泵动阻尼技术、豆包冲击阻尼技术、非阻塞微颗粒阻尼技术及金属橡胶阻尼技术等。

附录 A 不同坐标系位移向量和
应力张量之间的关系

在直角坐标系中,位移向量 u 的分量和形变张量 ε 的分量之间具有如下关系

$$\varepsilon_{xx} = \frac{\partial u_x}{\partial x}$$

$$\varepsilon_{yy} = \frac{\partial u_y}{\partial y}$$

$$\varepsilon_{zz} = \frac{\partial u_z}{\partial z}$$

$$\varepsilon_{xy} = \frac{1}{2}\left(\frac{\partial u_x}{\partial y} + \frac{\partial u_y}{\partial x}\right)$$

$$\varepsilon_{yz} = \frac{1}{2}\left(\frac{\partial u_y}{\partial z} + \frac{\partial u_z}{\partial y}\right)$$

$$\varepsilon_{zx} = \frac{1}{2}\left(\frac{\partial u_x}{\partial z} + \frac{\partial u_z}{\partial x}\right)$$

在直角坐标系中应力张量分量由以下公式确定

$$\sigma_{xx} = \lambda \mathbf{\nabla} \cdot \mathbf{u} + 2\mu\varepsilon_{xx}$$

$$\sigma_{xy} = 2\mu\varepsilon_{xy}$$

$$\sigma_{yy} = \lambda \mathbf{\nabla} \cdot \mathbf{u} + 2\mu\varepsilon_{yy}$$

$$\sigma_{yz} = 2\mu\varepsilon_{yz}$$

$$\sigma_{zz} = \lambda \mathbf{\nabla} \cdot \mathbf{u} + 2\mu\varepsilon_{zz}$$

$$\sigma_{zx} = 2\mu\varepsilon_{zx}$$

在柱坐标系(r,θ,z)中,位移向量 u 的分量和形变张量 ε 的分量之间具有如下
关系

$$\varepsilon_{rr} = \frac{\partial u_r}{\partial r}$$

$$\varepsilon_{\theta\theta} = \frac{u_r}{r} + \frac{1}{r}\frac{\partial u_\theta}{\partial \theta}$$

$$\varepsilon_{zz} = \frac{\partial u_z}{\partial z}$$

$$\varepsilon_{\theta z} = \frac{1}{2}\left(\frac{1}{r}\frac{\partial u_z}{\partial \theta} + \frac{\partial u_\theta}{\partial z}\right)$$

$$\varepsilon_{rz} = \frac{1}{2}\left(\frac{\partial u_r}{\partial z} + \frac{\partial u_z}{\partial r}\right)$$

$$\varepsilon_{r\theta} = \frac{1}{2}\left(\frac{1}{r}\frac{\partial u_r}{\partial \theta} + \frac{\partial u_\theta}{\partial r} - \frac{u_\theta}{r}\right)$$

在柱坐标系中应力张量分量由以下公式确定

$$\sigma_{rr} = \lambda \boldsymbol{\nabla} \cdot \boldsymbol{u} + 2\mu\varepsilon_{rr}$$

$$\sigma_{r\theta} = 2\mu\varepsilon_{r\theta}$$

$$\sigma_{\theta\theta} = \lambda \boldsymbol{\nabla} \cdot \boldsymbol{u} + 2\mu\varepsilon_{\theta\theta}$$

$$\sigma_{\theta z} = 2\mu\varepsilon_{\theta z}$$

$$\sigma_{zz} = \lambda \boldsymbol{\nabla} \cdot \boldsymbol{u} + 2\mu\varepsilon_{zz}$$

$$\sigma_{rz} = 2\mu\varepsilon_{rz}$$

在球坐标系(r,θ,φ)中,位移向量 $\boldsymbol{u}$ 的分量和形变张量 $\boldsymbol{\varepsilon}$ 的分量之间具有如下关系

$$\varepsilon_{rr} = \frac{\partial u_r}{\partial r}$$

$$\varepsilon_{\theta\theta} = \frac{u_r}{r} + \frac{1}{r}\frac{\partial u_\theta}{\partial \theta}$$

$$\varepsilon_{\varphi\varphi} = \frac{1}{r\sin\theta}\frac{\partial u_\varphi}{\partial \varphi} + \frac{u_\theta}{r}\cot\theta + \frac{u_r}{r}$$

$$\varepsilon_{\theta\varphi} = \frac{1}{2r}\left(\frac{\partial u_\varphi}{\partial \theta} - u_\varphi\cot\theta\right) + \frac{1}{2r\sin\theta}\frac{\partial u_\theta}{\partial \varphi}$$

$$\varepsilon_{r\theta} = \frac{1}{2}\left(\frac{\partial u_\theta}{\partial r} - \frac{u_\theta}{r} + \frac{1}{r}\frac{\partial u_r}{\partial \theta}\right)$$

$$\varepsilon_{\varphi r} = \frac{1}{2}\left(\frac{1}{r\sin\theta}\frac{\partial u_r}{\partial \varphi} + \frac{\partial u_\varphi}{\partial r} - \frac{u_\varphi}{r}\right)$$

在球坐标系中应力张量分量由以下公式确定

$$\sigma_{rr} = \lambda \boldsymbol{\nabla} \cdot \boldsymbol{u} + 2\mu\varepsilon_{rr}$$

$$\sigma_{r\theta} = 2\mu\varepsilon_{r\theta}$$

$$\sigma_{\theta\theta} = \lambda \boldsymbol{\nabla} \cdot \boldsymbol{u} + 2\mu\varepsilon_{\theta\theta}$$

$$\sigma_{r\varphi} = 2\mu\varepsilon_{r\varphi}$$

$$\sigma_{\varphi\varphi} = \lambda \boldsymbol{\nabla} \cdot \boldsymbol{u} + 2\mu\varepsilon_{\varphi\varphi}$$

$$\sigma_{\varphi\theta} = 2\mu\varepsilon_{\varphi\theta}$$

附录 B 分离变量法应用举例

分离变量法是求解波动方程初边值问题的一种常用方法,它将方程中含有各个变量的项分离开来,从而将原方程拆分成多个更简单的只含一个自变量的常微分方程。下面以一维波动方程为例来介绍这个方法。

应用分离变量法求解下面一维波动方程

$$u_{tt} = a^2 u_{xx} \tag{B.1}$$

设上式具有如下可变量分离的形式解

$$u(x,t) = X(x)T(t) \tag{B.2}$$

将式(B.2)代入式(B.1)中,得到

$$T''(t)X(x) = a^2 T(t)\ddot{X}(x) \tag{B.3}$$

用 $a^2 X(x)T(t)$ 去除两边

$$\frac{T''(t)}{a^2 T(t)} = \frac{\ddot{X}(x)}{X(x)} \tag{B.4}$$

式(B.4)的左边只依赖于 t,而右边只与 x 有关,要使上式成立,只有两边都既与 t 无关又不依赖于 x,也就是说,两边只能是同一常数,记作 λ,即

$$\frac{T''(t)}{a^2 T(t)} = \frac{\ddot{X}(x)}{X(x)} = \lambda \tag{B.5}$$

此时由式(B.5)可得到两个常微分方程

$$T''(t) = \lambda a^2 T(t) \tag{B.6}$$

$$\ddot{X}(x) = \lambda X(x) \tag{B.7}$$

常微分方程(B.6)和(B.7)的通解很容易得到,然后将它们的解代入式(B.2)就得到一维波动方程(B.1)的解的形式。将所有分离变量形式的解叠加起来,就得到原偏微分方程的一般解。

式(B.2)之所以是形式解,是因为在求解过程中假定所有的运算都是合法的。然后再研究要对定解问题中的已知函数加上怎样的条件,方可保证所得形式解确实是解,即解具有所要的光滑性且适合方程和定解条件。

附录 C　平稳相位法

考虑如下积分式

$$I(M) = \int_a^b f(x)\,\mathrm{e}^{\mathrm{i}M\varphi(x)}\,\mathrm{d}x \tag{C.1}$$

式中：$f(x)$ 是在实区间 $[a,b]$ 作慢变化的实函数；参量 M 为很大的实数；$\varphi(x)$ 是相位函数。

上面被积函数的振幅变化很慢，但相位变化却很快。下面具体分几种情况进行讨论。

1. 在实区间 $[a,b]$ 中若导数 $\varphi'(x) \neq 0$

这时由分部积分可得

$$I(M) = \frac{f(x)\,\mathrm{e}^{\mathrm{i}M\varphi(x)}}{\mathrm{i}M\varphi'(x)}\bigg|_a^b - \frac{1}{\mathrm{i}M}\int_a^b \left(\frac{f(x)}{\varphi'(x)}\right)'\mathrm{e}^{\mathrm{i}M\varphi(x)}\,\mathrm{d}x \tag{C.2}$$

式中上标 $(')$ 表示求导。上式中第一项的数量级为 $O\left(\dfrac{1}{M}\right)$，第二项的数量级为 $O\left(\dfrac{1}{M^2}\right)$（对第二项再次进行分部积分可以确定）。由于 M 值很大，式(C.2)近似计算时可仅取第一项，即

$$I(M) \approx \frac{f(x)\,\mathrm{e}^{\mathrm{i}M\varphi(x)}}{\mathrm{i}M\varphi'(x)}\bigg|_a^b \tag{C.3}$$

2. 若 $\varphi'(x_0)=0$，即导数 $\varphi'(x)$ 在实区间 $[a,b]$ 中点 x_0 为零

此时式(C.3)仅在 $[a,x_0-\delta x]$ 及 $[x_0+\delta x,b]$ 区域中成立。将函数 $\varphi(x)$ 在点 x_0 附近展开为泰勒级数，并取到二阶项，可得

$$\varphi(x) \approx \varphi(x_0) + \frac{1}{2}\varphi''(x_0)(x-x_0)^2 \tag{C.4}$$

由于 $\varphi'(x_0)=0$，函数 $\varphi(x)$ 在 x_0 附近变化比较缓慢，因此，点 x_0 就称为式(C.1)中被积函数的稳定相位点。但当 x 偏离 x_0 时，因为 M 值很大，该被积函数的相位发生剧烈变化，这里被积函数就发生剧烈振荡，因此积分贡献可相互抵消。也就是说，式(C.1)中被积函数对积分的主要贡献是在点 x_0 邻域内。因而，该积分区域也可以延拓到 $[-\infty,\infty]$ 区间，这样积分式(C.1)可以表示为

$$I(M) = \int_{-\infty}^{\infty} f(x) e^{iM[\varphi(x_0) + \frac{1}{2}\varphi''(x_0)(x-x_0)^2]} \mathrm{d}x \qquad (C.5)$$

由于函数 $f(x)$ 在实区间 $[a, b]$ 中变化缓慢，则上式变为

$$I(M) = f(x_0) e^{iM\varphi(x_0)} \int_{-\infty}^{\infty} e^{\frac{1}{2}iM\varphi''(x_0)(x-x_0)^2} \mathrm{d}x \qquad (C.6)$$

考虑到恒等式

$$\int_{-\infty}^{\infty} e^{-hx^2} x^{2m} \mathrm{d}x = \frac{\sqrt{\pi}(2m)!}{m! 2^{2m}} \frac{1}{h^{m+\frac{1}{2}}} \quad m = 0, 1, 2, \cdots \qquad (C.7)$$

则有

$$I(M) = \frac{\sqrt{2\pi} f(x_0) e^{iM\varphi(x_0) \pm \frac{i\pi}{4}}}{\sqrt{M|\varphi''(x_0)|}} \qquad (C.8)$$

式中：指数函数的指数符号和 $\varphi''(x_0)$ 值的符号相同。因而，积分值和在平稳相位点处的振幅值成正比。

上述积分求值方法为稳定相位法。这里需注意上述公式的适用范围，除对变量 M、实变函数 $f(x)$ 及 $\varphi(x)$ 有限制外，还要求导数 $\varphi'(x)$ 在闭区间 $[a, b]$ 中仅有一个零点 x_0。若该零点 $x_0 = a$ 或 b 时，则该积分的近似值应该减半。若在 x_0 处，$\varphi'(x_0) = \varphi''(x_0) = 0$，则称 x_0 为二阶稳定相位点，此时可取到泰勒展开式中三阶项作为近似。若在闭区间中存在几个稳定相位点，则应根据各个稳定相位点之间的距离决定近似求解的方法，这些内容可参阅有关参考书。

参考文献

[1] 马富银,吴九汇.耳蜗力学研究进展[J].力学与实践,2014,36(6):685-715.

[2] Zwicker E, Fastl H. Psychoacoustics: Facts and Models. Berlin: Springer-verlag, 1999.

[3] [苏]E.JI.沈杰罗夫.水声学波动问题[M].何祚镛,赵晋英,译.北京:国防工业出版社,1983.

[4] 王竹溪,郭敦仁.特殊函数概论[M].北京:科学出版社,1965.

[5] 王子昆,黄上恒.弹性力学[M].西安:西安交通大学出版社,1995.

[6] 孙进才,王冲.机械噪声控制原理[M].西安:西北工业大学出版社,1993.

[7] Wu J H, Liu A Q, Chen H L. Exact Solutions for Free-Vibration Analysis of Rectangular Plates by Bessel Function Method[J]. ASME Journal of Applied Mechanics, 2007,74(6):1247-1251.

[8] 吴九汇,陈花玲,胡选利.任意形状封闭薄壳内部声场计算的一种新方法研究[J].声学学报,2000,25(5):468-471.

[9] Prasad C. On Vibration of Spherical Shells[J]. J. Acoust. Soc. Am.,1964,36(3):489-494.

[10] 杜功焕,朱哲民,龚秀芬.声学基础[M].南京:南京大学出版社,2004.

[11] 吴九汇,陈花玲,黄协清.旋转点声源空间声场频域精确解[J].西安交通大学学报,2000,34(1):71-75.

[12] 方丹群.空气动力性噪声与消声器[M].北京:科学出版社,1978.

[13] 钟芳源.叶片机械风机和压气机气动声学译文集[M].北京:机械工业出版社,1987.

[14] 孙新波,吴九汇,陈花玲.Kirchhoff公式在电容器装置噪声水平预估中的应用[J].噪声与振动控制,2009,29(5):140-143.

[15] HVDC Stations Audible Noise[R]//CIGRE Technical Report. W G 14.26, France, 2002,202.

[16] 马大猷.噪声控制学[M].北京:科学出版社,1987.

[17] 吴九汇.振动与噪声前沿理论及应用[M].西安:西安交通大学出版社,2014.

[18] 弟泽龙,吴九汇.高压交流输电线路电晕可听噪声机理及理论模型研究[J].西安交通大学学报,2012,46(8):128-132.

[19] B.B.伏尔杜耶夫.互易定理[M].北京:科学出版社,1959.

[20] 陶擎天,赵其昌,沙家正.音频声学测量[M].北京:中国计量出版社,1983.

[21] 沙家正.在非消声室中传声器灵敏度的互易校正[J].南京大学学报,1963(6):135-144.

[22] Koss L L, Alfredson R J. Transient Sound Radiated by Spheres Undergoing an Elastic Collision[J]. Journal of Sound and Vibration, 1973,27(1):59-75.

[23] 徐秉业,黄炎,刘信声,等.弹塑性力学及其应用[M].北京:机械工业出版社,1984:174-184.

[24] Peter A. Engel:Impact Wear of Materials[M]. New York:Elsevier Scientific,1978:46-50.

[25] [澳]M.P.诺顿.工程噪声和振动分析基础[M].北京:航空工业出版社,1993.

[26] [美]J.S.贝达特,A.G.皮尔索.相关分析和谱分析的工程应用[M].北京:国防工业出版社,1983.

[27] 蒋孝煜,连小珉.声强技术及其在汽车工程中的应用[M].北京:清华大学出版社,2001.

[28] 袁易全,雷家煜,姚治国.近代声学基阵原理及其应用[M].南京:南京大学出版社,1994.

[29] Dirk Döbler, Gunnar Heilmann, Ralf Schröder, et al. Investigation of the depth of field in acoustic maps and its relation between focal distance and array design [C]. 37th International Congress and Exposition on Noise Control Engineering, 26-29 October 2008, Shanghai, China.

[30] 方丹群,王文奇,孙家麒.噪声控制[M].北京:北京出版社,1986.

[31] 马大猷.微穿孔板吸声结构的理论和设计[J].中国科学,1975,18(1):38-50.

[32] Chow L C, Pinnington R J. On the predication of loss factors due to squeeze film damping mechanisms[R]//ISVR Technical Report. University of Southampton, 1985,130:280-310.

[33] Trochidis A. Vibration damping due to air or liquid layers[J]. Acustica, 1982, 51(4):201-212.

[34] 戴德沛.阻尼技术的工程应用[M].北京:清华大学出版社,1991.

[35] Cui Z Y, Wu J H, Chen H, et al. A quantitative analysis on the energy dissipation mechanism of the non-obstructive particle damping technology[J]. Journal of Sound and Vibration, 2011,330(11):2449-2456.

[36] 毛宽民.非阻塞性微颗粒阻尼力学机理的理论研究及应用[D].西安:西安交通大学,1999.

[37] Valanis K C, Fan J. A numerical algorithm for endochronic plasticity and comparison with experiment[J]. Computrs & Structures, 1984,19(5):717-724.

[38]　王炜,黄协清,陈天宁,等.内蕴时间理论用于 NOPD 结构相应计算的研究[J].
　　　　力学学报,2003,35(2):246－252.

[39]　徐志伟. NOPD 减振技术的理论研究及工程应用[D]. 西安:西安交通大
　　　　学,1999.

[40]　奚延辉.金属橡胶材料的吸声性能及圆锥形金属橡胶隔振元件的动态性能研究
　　　　[D]. 西安:西安交通大学,2009.

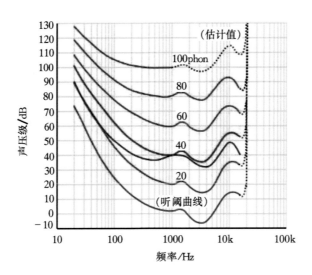

图 2.7　国际标准等响曲线

（红线为 ISO226：2003 标准，蓝线（40sone 时）为以前 ISO 标准）

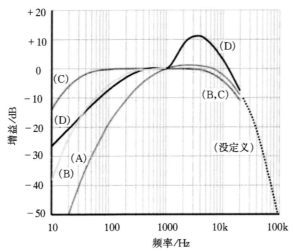

图 2.8　计权网络的频率特性

（蓝线为 A 计权，黄线为 B 计权，红线为 C 计权，黑线为 D 计权）

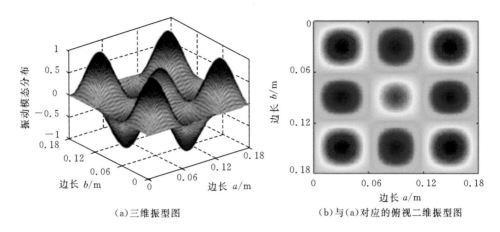

(a)三维振型图　　　　　　　　　　(b)与(a)对应的俯视二维振型图

图 3.11　正方形薄板在四边简支边界条件下的某阶固有振动模态[7]

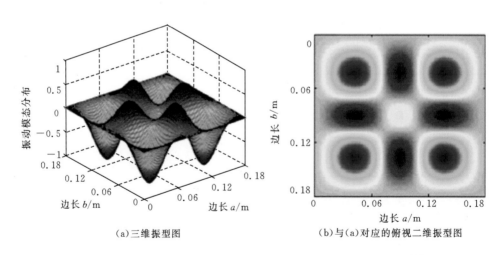

(a)三维振型图　　　　　　　　　　(b)与(a)对应的俯视二维振型图

图 3.12　正方形薄板在四边固支边界条件下的某阶固有振动模态[7]

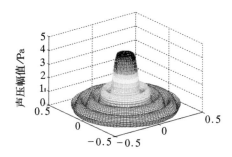

图 3.17　在球心处的点源作用下球壳内任一过球心截面上的散射声场分布

图 3.18　压电换能器产生声波的仿真

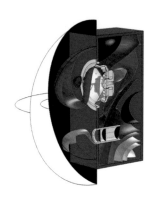

图 3.19　音响设备内部发音单元的电磁-振动-声的多场耦合仿真

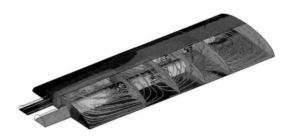

图 3.20　混合动力汽车消声器内的声场分布仿真

图 3.21　声波在有限长圆柱体内的传播特性仿真

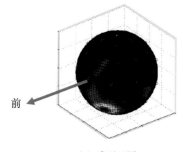

（a）球型云图

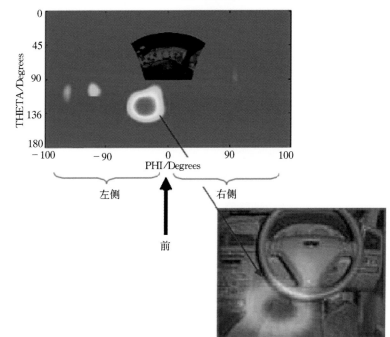

（b）将球型云图按角度 θ 和 φ 展开并和
车室空间对应起来以识别噪声源

图 7.37　在车室内应用球型相控阵列识别发动机运转时的噪声源

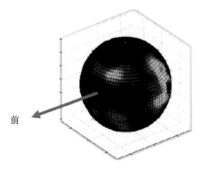

(a) 球型云图

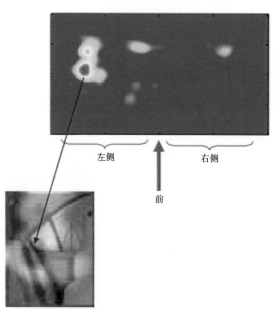

左侧　　　　　右侧

前

(b) 将球型云图按角度 θ 和 φ 展开并和
车室空间对应起来以识别噪声源

图 7.38　在车室内应用球型相控阵列识别关门时的噪声源